Benzin, Benzinersatzstoffe und Mineralschmiermittel

ihre Untersuchung, Beurteilung und Verwendung

von

Dr. J. Formánek

Professor an der k. k. böhmischen technischen Hochschule
in Prag

Mit 18 Textfiguren

Berlin

Verlag von Julius Springer

1918

ISBN-13: 978-3-642-89689-7   e-ISBN-13: 978-3-642-91546-8

DOI: 10.1007/978-3-642-91546-8

Vorwort.

Das vorliegende Werk, in welchem ich zugleich als lang-
jähriger Kraftfahrer und Chemiker meine Erfahrungen über die
Prüfung und die Begutachtung von Motorenbetriebsstoffen und
Schmierölen niedergelegt habe, ist trotz der bisher erschienenen
einschlägigen Handbücher notwendig geworden.

Dieses Buch verfolgt zweierlei Zwecke. Einerseits soll es den
Kraftfahrer, Benzinmotorenbesitzer, Fachingenieur und jeden,
der mit Benzin und Benzol überhaupt zu tun hat, über die Bedeutung, Art und Ausführung von auf wissenschaftlicher Grundlage vorzunehmenden Prüfungen der Betriebsmittel belehren und
zugleich soll es ihm ein Ratgeber sein, wie er mit einfachen
Mitteln Betriebsstoffe selbst untersuchen kann und wie er sie
beurteilen und wirtschaftlich ausnützen soll. Andererseits soll
es dem Chemiker bei Begutachtung der zum Betriebe des Benzin-
motors verwendeten Stoffe eingehend mit Rat zur Seite stehen.
Zwecks Erreichung dieser Ziele wurden mehr Kürze und Über-
sichtlichkeit als absolute Vollständigkeit angestrebt.

Bei meinen Arbeiten wurde ich in dankenswerter Weise von der
Automobilabteilung der Ersten Böhmisch-Mährischen Maschinen-
fabrik in Prag unterstützt. Den Petroleumraffinerien in Kolin,
Pardubitz und Kralup, welche mir ihre Produkte mit größtem
Entgegenkommen zur Verfügung gestellt haben, sage ich auch
meinen besten Dank.

Ebenfalls danke ich verbindlichst dem Herrn Ing. Chem.
Hugo Bauer, Direktor der Petroleumraffinerie in Kolin, der
in entgegenkommendster Weise die sorgfältige Durchsicht einiger
Kapitel dieses Werkes vorgenommen hat.

Es wäre mir angenehm, wenn mich die Herren Fachkollegen
auf Umstände, welche in einer eventuellen nächsten Auflage zu
berückstichtigen wären, aufmerksam machen würden.

Möge das Buch seine Zwecke erfüllen und den Kreisen, für
die es bestimmt ist, gute Dienste leisten.

Prag, März 1918.

Der Verfasser.

Inhaltsverzeichnis.

Analytischer Teil.

Technischer Teil.

Einleitung.

Solange Explosionsmotoren nur in beschränktem Maße verwendet wurden, konnte man im Handel reines und leichtflüchtiges Benzin billig erhalten.

In den letzten Jahren erfuhr aber die Verwendung der Benzin-Kraftfahrzeuge, sowie der Benzinmotoren überhaupt einen derart raschen Aufschwung, daß sich trotz der Einfuhr von Benzin aus Amerika und Ostindien ein äußerst unliebsamer Mangel an leichtem Benzin fühlbar machte. Das indische Rohbenzin, welches gegenwärtig nach Europa eingeführt wird, enthält nur verhältnismäßig geringe Mengen von leichtem Benzin. Deutschland erzeugt bloß einige Tausend Tonnen minderwertiges Benzin aus Braunkohle, und durch Kracken der Petroleumdestillate erhält man auch nur minderwertige Benzine.

Aus diesen Gründen war man genötigt, den Benzinbedarf in schweren und schlechteren Benzinsorten zu decken, welcher Umstand allerdings der Petroleumindustrie, die bei erhöhter Nachfrage nach leichtem Benzin für das ihr fast zur Last fallende schwere Benzin keinen Absatz hatte, äußerst willkommen war.

Infolge des wachsenden Benzinmangels kam allmählich auch Benzol als Betriebsstoff zur Verwendung und in der Not um Benzol, welches letztere zwar in immer größeren Mengen gewonnen wird, jedoch auch zu vielen anderen Zwecken Verwendung findet, griff man auch zu Spiritus und schließlich zu Petroleum.

Gleichzeitig wurden verschiedene Gemische von Benzin, Benzol, Spiritus und Petroleum unter den mannigfaltigsten Namen in den Handel gebracht, nicht selten mit einer der Wahrheit nicht entsprechenden Anpreisung.

Um eine leichte Entzündbarkeit solcher Gemische zu erzielen, wurden denselben verschiedene andere, besonders leicht brennbare Stoffe, wie Schwefeläther, Schwefelkohlenstoff, Azeton, Nitroverbindungen, z. B. Pikrinsäure usw., zugesetzt. Von diesen Gemischen erreichen jedoch nur wenige die Leistungsfähigkeit des Benzols, noch weniger jene des Benzins.

Benzin wurde gewöhnlich und wird auch jetzt noch meistens nach seiner Dichte (spezifischem Gewichte) gekauft. Die Beschaffenheit des Benzins war eine Vertrauenssache, und niemand kümmerte sich um dessen Zusammensetzung; es genügte dem Verbraucher vollständig, wenn das Benzin leicht war, d. i. ein spezifisches Gewicht von höchstens 0,700 besaß und »gut zündete«.

Gegenwärtig genügt jedoch die bloße Bestimmung des spezifischen Gewichtes zur Beurteilung des Benzins oder eines anderen Betriebsmittels nicht, denn das spezifische Gewicht gestattet keinen Rückschluß auf die Qualität und Zusammensetzung eines solchen Stoffes. So erhält man z. B. durch Vermischen von niedrig- mit hochsiedenden Benzinfraktionen oder durch Zusatz größerer Mengen Gasolin zu schwerem Benzin ein Benzin von mittlerem spezifischen Gewicht; und doch kann ein derartiges Gemisch nicht dieselben Eigenschaften besitzen, wie ein direkt durch Destillation aus dem Rohmaterial erzeugtes »natürliches« Benzin gleicher Dichte, weil einem solchen Gemische die für den Motorbetrieb wichtigen mittleren Anteile fehlen, während es reich ist an hochsiedenden Anteilen, welche im Vergaser nur schwer verdampfen.

Und umgekehrt wiederum erhält man, durch Vermischen von Benzol, dessen spezifisches Gewicht 0,885 ist, mit Benzin von einem spezifischen Gewichte von 0,700, ein Gemisch, dessen Dichte ein schweres Benzin anzeigen würde, und dennoch eignet sich ein solches Gemisch gut zum Motorenbetriebe, weil Benzol selbst auch als Betriebsstoff gut verwendbar ist.

Aus der Bestimmung des spezifischen Gewichtes allein läßt sich auch nicht feststellen, in welchem Verhältnis Benzin und Benzol in einem Gemische vorhanden sind.

Bei ganz gleicher Temperatur von 60—130° C siedende Fraktionen amerikanischer und russischer Benzine unterscheiden sich außerordentlich durch deren spezifisches Gewicht; das spezifische Gewicht der genannten Fraktionen des amerikanischen Benzins ist um etwa 0,015 niedriger als dasjenige der gleich hoch siedenden Fraktionen russischen Benzins.

Ebenfalls hat das spezifische Gewicht von Handelsbenzolen keinen besonderen Wert und dient meistens zur Orientierung. Es ist nämlich sehr gut möglich, aus den Komponenten Benzol, Toluol und Xylol Mischungen herzustellen, die scheinbar den Prüfungsvorschriften entsprechen und dennoch die richtige Zusammensetzung nicht aufweisen.

Auf Grund des spezifischen Gewichts und der äußeren Merkmale des Betriebsstoffes allein kann man auch nicht erkennen, ob dieser nicht etwa absichtliche oder natürliche Beimengungen enthält, welche, zwar anscheinend unbedenklich, bei längerer Verwendung jedoch auf die Bestandteile des Motors schädlich einwirken können, wie z. B. größerer Gehalt an Schwefelkohlenstoff in Benzin oder Benzol.

Es ist also von großer Wichtigkeit, die Betriebsstoffe überhaupt nur nach deren chemischer Zusammensetzung und nach deren physikalischen Eigenschaften zu kaufen und gemäß diesen ihnen im Handel bestimmte Bezeichnungen zu geben.

Ferner ist es unbedingt nötig, bei Gemischen, welche im Handel unter einer Bezeichnung vorkommen, aus welcher deren Zusammensetzung nicht ersichtlich ist, anzugeben, welche Stoffe dieselben enthalten, was ein für den richtigen Motorbetrieb äußerst wichtiger Umstand ist.

In Berücksichtigung aller dieser Umstände hat sich die internationale Petroleumkommission bereits im Jahre 1912 mit der Frage der Vereinheitlichung der an Benzine zu stellenden Anforderungen in bezug auf Provenienz, Siedegrenzen usw. befaßt, aber bisher wurde eine diesbezügliche Vereinbarung nicht erzielt[1]).

Wenn man die neuere Literatur über die Untersuchung von Benzin, Benzol und Mineralschmiermitteln zum Zwecke des Betriebes von Explosionsmotoren durchsieht, so findet man, daß gegenwärtig weder einheitliche und eingebürgerte Vorschriften für die Prüfung, noch vereinbarte Normen für die Beurteilung der Betriebsstoffe bestehen, wie solche für andere industriell wichtige Stoffe zu finden sind, obzwar Benzin und Benzol entschieden hierzu zu zählen sind. Man findet größtenteils allgemeine, mitunter unvollständige und praktischen Bedürfnissen gar nicht Rechnung tragende Angaben, welche zur richtigen Beurteilung von obgenannten technischen Produkten weitaus nicht genügen.

Erst in den in der letzten Zeit veröffentlichten Schriften und namentlich in den in Fachzeitschriften erschienenen Abhandlungen findet man, daß die genannten Betriebsstoffe von technischen Gesichtspunkten aus auf wissenschaftlicher Grundlage weit eingehender studiert werden als früher, aber eine erschöpfende physikalisch-chemische Untersuchungsmethode der Betriebsstoffe im Hinblick auf ihre technische Verwendung zum Motorenbetriebe wurde noch nicht eingeführt.

In den neueren Büchern von Engler-Höfer, Holde, Lunge-Berl usw. findet man in dieser Beziehung zwar schon mehrere wertvolle Angaben, jedoch entsprechen auch diese nicht ganz den praktischen Bedürfnissen und der wirklichen Sachlage.

So werden z. B. in verschiedenen Büchern folgende Eigenschaften für Motorenbenzine vorgeschrieben: ein leichtes Motorenbenzin soll ein spezifisches Gewicht von 0,700—0,720 haben;

---

[1]) Vergleiche Zeitschr. Petroleum, Bd. VII, 1911—12, S. 394.

es soll farblos und leicht flüchtig sein; nach dem Verdunsten soll es weder einen Rückstand noch auf Papier einen Fettfleck hinterlassen. Ein leichtes Motorenbenzin soll nicht mehr als 5% über 100° C siedender Anteile und nicht mehr als 2% ungesättigter oder aromatischer Kohlenwasserstoffe enthalten und möglichst enge Siedegrenzen besitzen. Ein mittleres Benzin von spezifischem Gewichte ungefähr 0,724 soll keine über 110° C siedende Anteile enthalten und ein schweres Benzin soll zwischen 80 bis 150° C liegende Siedegrenzen aufweisen usw.

Diese sowie noch andere Forderungen für Motorenbenzine werden jedoch in der Praxis nicht geltend gemacht, obwohl viele Petroleum- und Benzinraffinerien solche Forderungen zu erfüllen mit Leichtigkeit in der Lage wären und überdies diese Bestrebungen tatkräftigst unterstützen würden, weil durch dieselben der wertvolle, den Produkten einzelner derselben, dank der einheitlichen Zusammensetzung gebührende Vorzug augenfällig zutage treten würde.

Benzine mit jenen Eigenschaften und jenen engen Siedegrenzen, wie man sie in verschiedenen Werken angeführt findet, erhält man im Handel heute im allgemeinen zu Betriebszwecken nicht. Der Vorteil, den dieselben in bezug auf Sicherheit und Störungsfreiheit des Betriebes bieten, wiegt aber reichlich eine eventuelle kleine Preismehrforderung seitens des Erzeugers auf, und daher sollte eine solche gerne zugestanden werden.

Im Handel kommen mannigfaltige Sorten von Benzin vor; sie enthalten, so wie man aus den später angeführten Tabellen entnehmen kann, Anteile, welche von 24° C bis ungefähr 200° C sieden. Die Erfahrung hat gelehrt, daß die Motoren bei der gegenwärtigen Einrichtung derselben zum Betriebe kein besonders leichtes Benzin benötigen.

Die Ausarbeitung analytischer Methoden für die Bestimmung der Eigenschaften der Betriebsstoffe und die Feststellung der für dieselben erforderlichen Normen ist nun die Aufgabe solcher Chemiker, welche gleichzeitig in Kraftfahrzeugwesen praktisch tätig sind und die auch zu beurteilen imstande sind, was dem Motor nützlich oder schädlich sein kann, und welche Forderungen man an die Petroleum- und Benzinraffinerien in den Grenzen der Möglichkeit bei niedrigem Preise stellen kann.

Ein Chemiker, der gleichzeitig im Kraftfahrzeugwesen praktisch tätig ist, hat einen naturgemäß viel tieferen und demzufolge richtigeren Einblick in die Bedürfnisse des Motors in bezug auf die Eigenschaften der Betriebsmittel als ein reiner Analytiker, selbst wenn demselben die theoretischen Grundlagen des Explosionsmotors bekannt wären.

In dieser Beziehung war Dr. K. Dieterich der erste, der nicht nur als Chemiker, sondern auch als praktisch tätiger Automobilist eine wertvolle Schrift »Die Analyse und Wertbestimmung der Motorenbenzine, -Benzole und des Motorenspiritus« und als Ergänzung zu derselben »Die Unterscheidung und Prüfung der leichten Motorbetriebsstoffe und ihrer Kriegsersatzmittel« herausgegeben hat[1]).

Er weist in dieser Schrift nach, daß man Benzine weiterhin nicht mehr nur nach dem spezifischen Gewichte kaufen soll, und befürwortet ebenfalls einen einheitlichen Vorgang bei der Analyse der Betriebsstoffe sowohl vom physikalischen als auch vom chemischen Standpunkte aus. Er führt ferner an, daß es bis dahin keine einheitlichen Methoden und keinen einheitlichen Vorgang bei der Analyse und Beurteilung von Motorenbenzin und Motorenbenzol gab.

Dieser Schritt auf dem Wege zur genauen Vereinbarung analytischer Methoden ist daher wärmstens zu begrüßen.

Ebenfalls schon mehrere Jahre auch im Kraftfahrzeugwesen praktisch tätig, befaßte ich mich namentlich in der letzten Zeit, ursprünglich nur in meinem eigenen Interesse, mit Untersuchungen von verschiedenen im Handel vorkommenden Benzinen, Benzolen und Schmierölen, sowohl vom physikalisch-chemischen als auch vom technischen Standpunkte.

Die bisher gesammelten und auch von mir erworbenen Erfahrungen legte ich nun in diesem Buche nieder, welches zum praktischen Gebrauche bei der Untersuchung und Beurteilung der für die Explosionsmotoren verwendeten Betriebsstoffe dienen soll.

Dieses Werk enthält einen allgemeinen Teil, in welchem kurz Fundorte, Zusammensetzung und Verarbeitung des Erdöles auf einzelne Produkte beschrieben werden, ferner einen analytischen Teil, in welchem eingehend Zusammensetzung, Untersuchung und Beurteilung des Benzins, des Benzols und der Mineralschmiermittel vom physikalischen und chemischen Standpunkt behandelt erscheinen, und schließlich einen technischen Teil, in welchem besondere Eigenschaften, der Wert und die praktische Verwendbarkeit der zum Betriebe von Benzinmotoren gebrauchten Stoffe zur Erörterung gelangen. Diesen Teil schließt das Kapitel über feuer- und explosivsichere Lagerung von Benzin und Benzol ab.

---

[1]) Verlag des Mitteleuropäischen Motorwagen-Vereins in Berlin 1915, Heft Nr. 18 und 1916, Heft Nr. 19.

Das Erdöl, seine Zusammensetzung und Verarbeitung.

Geschichtliches über Erdöl und seine Fundorte.

Das Erdöl (Rohöl, Naphta, Ropa), aus welchem Benzin, reines Petroleum und verschiedene Schmiermittel gewonnen werden, ist ein Körper, welcher sich wahrscheinlich ähnlich, wie die Kohle aus Pflanzenresten, durch Zersetzung von Tierresten unter Einwirkung höherer Temperatur und hohen Druckes gebildet hat. Es gibt zwar verschiedene andere Ansichten über die Entstehung des Erdöles, aber die eben angeführte Anschauung scheint nach den Versuchen von C. Engler die wahrscheinlichste zu sein.

Das Erdöl war schon den ältesten Kulturvölkern, den Ägyptern, Babyloniern, Assyrern, Griechen und Römern bekannt, die es zu den verschiedensten Zwecken, wie zum Heizen, Leuchten, Verkitten, Konservieren, auch als Heilmittel usw. verwendet haben. Doch auch im Mittelalter fand das Erdöl noch wenig Verwendung und erst im vorigen Jahrhundert begann man es in größerem Maßstabe industriell zu verarbeiten.

Im Jahre 1854 wurden in Pennsylvanien (Nordamerika) die ersten Versuche unternommen, Erdöl durch Erbohren der tief in der Erde gelegenen Lagerstätten zu gewinnen; die Gewinnung und Verarbeitung des Erdöles erreichte daselbst schon in den sechziger Jahren einen solch ungeahnten Aufschwung, daß sowohl dieses selbst sowie die Erzeugnisse daraus in großen Mengen nach Europa ausgeführt wurden. Im Jahre 1859 wurde in Baku (Rußland), woselbst zahlreiche Erdölquellen vorkommen, die erste Fabrik zur Verarbeitung desselben errichtet.

Die Erdölquellen in Galizien waren schon seit dem Jahre 1790 bekannt, und das Erdöl wurde zu verschiedenen Zwecken verwendet. Im Jahre 1817 unternahm zwar J. Hecker, ein Beamter der Salzwerke in Galizien, mit dem von ihm erzeugten Petroleum die ersten öffentlichen Beleuchtungsversuche in Prag, aber erst im Jahre 1855 wurde eine größere Petroleumdestillation in Lemberg errichtet. Auch in Rumänien und in Italien entwickelte sich die Petroleumindustrie erst in neuerer Zeit. Eine allgemeine großindustrielle Verarbeitung des Erdöles fand in Europa erst nach dem Jahre 1880 statt.

Das Erdöl findet sich an verschiedenen Orten des Erdballes vor, mitunter in sehr ausgedehnten Gebieten. Es quillt an manchen Stellen aus dem Erdboden frei heraus, meistens gelangt es jedoch erst durch eigenartiges Anbohren des Bodens an die Erdoberfläche, und zwar entweder selbsttätig durch den Druck der unter der Erde über demselben lagernden Gase, oder es wird durch Pumpen gefördert.

Die ergiebigsten europäischen Fundorte befinden sich in Rußland (Baku, Kaukasus), in Rumänien (Câmpina, Bustenari, Baicoi, Moreni usw.) und in Galizien (Boryslaw, Tustanowice, Schodnica, Urycz, Nadwórna, Krosno usw. auf einer Fläche von mehr als 10 000 km^2).

In geringen Mengen findet man Erdöl in Deutschland (Wietze in Hannover, Pechelbronn im Elsaß), in Italien; in fast allen übrigen europäischen Staaten ist das Vorhandensein von Erdöllagerstätten nachgewiesen.

Nordamerika besitzt die wertvollsten und ertragreichsten Ölgebiete und kommt Erdöl in den Staaten Pennsylvanien, Ohio, Westvirginien, Indiana, Illinois, Texas, Oklahoma, Kalifornien, in Kolorado und in Kanada, ferner in Mexiko, in Südamerika in Venezuela, Peru, Argentinien, Bolivia usw. vor.

In Asien sind es das britische und holländische Indien (Sumatra, Borneo, Java) und Japan, wo Erdöl in größeren Mengen sich vorfindet.

Den größten Anteil an der Weltproduktion von Rohöl haben Amerika und Rußland, dann Niederländisch-Indien, Britisch-Indien, Rumänien und Galizien. Die Erdölförderung in Deutschland ist nur eine geringe.

Im Jahre 1910 betrug die Weltproduktion an Erdöl 43 071 000 Tonnen, im Jahre 1914 stieg sie auf 53 448 200 Tonnen und im Jahre 1915 erreichte sie 57 480 500 Tonnen.

Zusammensetzung, Eigenschaften und Verwendung des Erdöles.

Das Erdöl ist kein einheitlicher Körper, sondern es stellt im wesentlichen ein Gemisch von zahlreichen sog. Kohlenwasserstoffen dar, chemischen Verbindungen, welche aus den Elementen Kohlenstoff und Wasserstoff in verschiedenen Verhältnissen zusammengesetzt sind.

Es kommen aber im Erdöl, wie wir später sehen werden, auch andere Verbindungen vor, welche außer Kohlenstoff und Wasserstoff auch Sauerstoff, Stickstoff oder Schwefel enthalten.

Die Kohlenwasserstoffe sind teils gasförmig, teils flüssig oder fest; jede Art von Kohlenwasserstoffen hat eine besondere Dichte (spezifisches Gewicht), welche aber stets geringer ist als jene des Wassers. Die flüssigen Kohlenwasserstoffe sieden bei verschiedenen Wärmegraden von 18° bis über 300° C.

Die im Erdöl vorkommenden Verbindungen werden je nach ihrer chemischen Zusammensetzung und nach ihren Eigenschaften in folgende Gruppen eingeteilt:

1. Gesättigte Kohlenwasserstoffe der Methanreihe oder Paraffine von der allgemeinen Formel C_nH_{2n+2}[1]). Diese Kohlenwasserstoffe bestehen aus einer verschiedenen Anzahl von Gruppen des Kohlenstoffs mit Wasserstoff, CH_3 oder CH_2, untereinander zu einer offenen Kette verbunden.

Gesättigt nennt man diese Kohlenwasserstoffe deshalb, weil sie sich auch durch Einwirkung chemischer Agenzien nicht mit weiteren Atomen von Wasserstoff zu verbinden vermögen. Man bezeichnet diese Kohlenwasserstoffe auch als Paraffine nach dem Paraffin, welches zu diesen Kohlenwasserstoffen gehört.

Die einfachsten von diesen Verbindungen sind Methan CH_4 und Äthan C_2H_6 oder $CH_3.CH_3$, welche als Gase gleichzeitig mit Erdöl aus der Erde herausströmen und zur Beheizung oder Beleuchtung dienen.

Weitere im Erdöl vorkommende gasförmige und flüssige Kohlenwasserstoffe dieser Gruppe sind:

Propan $CH_3.CH_2.CH_3$ oder C_3H_8.

Butane (Normal-, Isobutan) C_4H_{10} z. B. Normal - Butan $CH_3.CH_2.CH_2.CH_3$.

Pentane (Normal-, Iso-, Tertiärpentan) C_5H_{12} z. B. Normal-Pentan $CH_3.CH_2.CH_2.CH_2.CH_3$.

Hexan $CH_3.CH_2.CH_2.CH_2.CH_2.CH_3$ oder C_6H_{14}, ferner

Heptan C_7H_{16},

Oktan C_8H_{18},

Nonan C_9H_{20},

Dekan $C_{10}H_{22}$ usw.

Von der Zusammensetzung $C_{16}H_{34}$ an sind diese Verbindungen bei gewöhnlicher Temperatur fest, und die komplizierteste von ihnen ist das Paraffin Hexakontan $C_{60}H_{122}$, welches bei 101° C schmilzt[2]).

---

[1]) C bedeutet ein Kohlenstoffatom, H ein Wasserstoffatom, der Buchstabe n eine willkürliche ganze Zahl.

[2]) Die Namen dieser Kohlenwasserstoffe werden von den griechischen Namen der Zahlwörter abgeleitet, z. B. Pentan von dem griechischen Pente (fünf), weil es 5 Atome Kohlenstoff enthält, Hexan von Hex, d. i. sechs, weil es 6 Atome Kohlenstoff enthält usw. Der Name Paraffin stammt von dem lateinischen parum affinis, d. i. wenig verwandt.

Sie sieden bei einer um so höheren Temperatur, je komplizierter ihre Moleküle sind. In konzentrierter Schwefelsäure lösen sie sich nicht auf und werden von derselben nicht angegriffen.

2. **Ungesättigte Kohlenwasserstoffe der Äthylenreihe oder Olefine** von der allgemeinen Formel C_nH_{2n}. Ungesättigte nennt man sie deshalb, weil sie durch Einwirkung chemischer Agenzien noch Wasserstoff aufnehmen können.

Die einfachste von diesen Verbindungen ist das *Äthylen* $CH_2 : CH_2$ bzw. C_2H_4; weitere Kohlenwasserstoffe dieser Reihe sind: *Propylen* $CH_2 : CH.CH_3$ oder C_3H_6, *Butylene* C_4H_8 z. B. *α-Butylen* $CH_2 : CH.CH_2.CH_3$, *Amylen* C_5H_{10} usw.

Auch bei diesen Verbindungen sind die Kohlenstoffatome zu einer offenen Kette verbunden. Diese Kohlenwasserstoffe kommen im Erdöl nur in geringen Mengen vor; in konzentrierter Schwefelsäure sind sie löslich.

3. **Ungesättigte Kohlenwasserstoffe von der allgemeinen Formel** C_nH_{2n-2}; das niedrigste Glied dieser Reihe ist das *Azetylen* $CH : CH$ oder C_2H_2; ferner gehört hierher das *Isopren* C_5H_8, *Diallyl* C_6H_{10} usw.

Das Azetylen ist jenes bekannte Gas, welches zur Beleuchtung dient und sich beim Übergießen von Karbid (einer Kalziumkohlenstoffverbindung) mit Wasser entwickelt.

4. **Ungesättigte Kohlenwasserstoffe von der allgemeinen Formel** C_nH_{2n-4}, C_nH_{2n-6} usw., deren Kohlenstoffatome zu einer offenen Kette oder auch ringförmig verbunden sind. Hierher gehören z. B. die Terpene, deren Oxydation durch Luftsauerstoff die Verharzung der Öle verursacht.

5. **Gesättigte Kohlenwasserstoffe von der allgemeinen Formel** C_nH_{2n} **Naphtene** (Zykloparaffine, Polymethylene), deren Kohlenstoffe zu einem geschlossenen Ring verbunden sind, z. B.: *Pentamethylen* oder *Zyklopentan*, $\overline{CH_2.CH_2.CH_2.CH_2.CH_2}$,

Hexamethylen $\underline{CH_2.CH_2.CH_2.CH_2.CH_2.CH_2}$ usw.

Die Naphtene bilden den Übergang zu den aromatischen Kohlenwasserstoffen (siehe unten), sie stehen aber ihren Eigenschaften nach den Paraffinen näher.

Den größten Teil der Naphtene kann man als zyklische Polymethylene oder Zykloparaffine mit sechs und mehreren Kohlenstoffatomen betrachten, von denen sechs Kohlenwasserstoffe einfach, aber ringförmig verbunden sind, z. B. *Hexanaphten* C_6H_{12} oder *Hexahydrobenzol* (Zyklohexan), *Heptanaphten* C_7H_{14}, *Oktanaphten* C_8H_{16} usw.

Die Zykloparaffine sind in ihrer Zusammensetzung gleich den hydrierten aromatischen Kohlenwasserstoffen, nämlich solchen, welche durch Aufnahme von sechs weiteren Wasserstoffatomen die doppelten Bindungen des Benzolringes verloren haben; ihre Kohlenstoffatome sind daher ringartig (zyklisch), aber einfach verbunden; so verwandelt sich z. B. das Benzol C_6H_6 durch Aufnahme von sechs Wasserstoffatomen in Hexahydrobenzol, C_6H_{12}, was durch folgendes Schema ausgedrückt wird[1]):

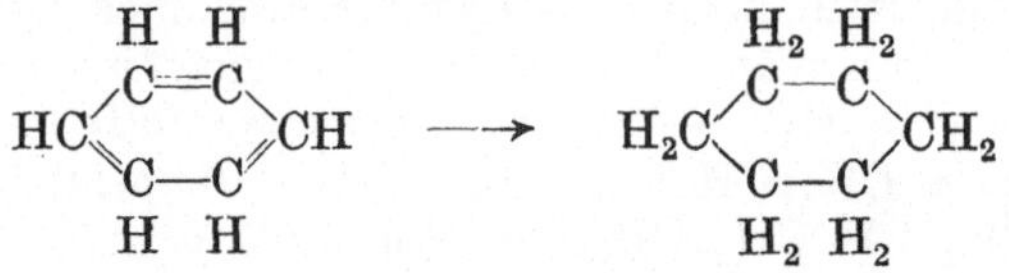

Selbst die höchsten Glieder dieser Reihe bilden dicke, halbfeste Massen, wodurch sie sich von den gesättigten Kohlenwasserstoffen der Methanreihe unterscheiden. In konzentrierter Schwefelsäure sind sie zum Unterschied von den die gleiche Formel besitzenden Olefinen unlöslich. Im Erdöl, namentlich im russischen, sind sie in größeren Mengen vorhanden.

6. Kohlenwasserstoffe der aromatischen Reihe; hierher gehören das *Benzol* und die *Benzolderivate*, welche aus ringartig verbundenen Gruppen von Kohlenstoff mit Wasserstoffatomen bestehen. Der einfachste dieser Kohlenwasserstoffe ist das Benzol von der Formel C_6H_6, dessen chemischer Aufbau aus dem nachstehenden Schema ersichtlich ist:

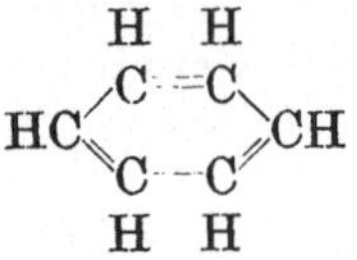

oder einfacher geschrieben

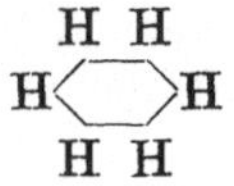

Ferner gehört in diese Reihe das *Toluol* $C_6H_5 . CH_3$ (Methylbenzol), die *Xylole* (Dimethylbenzole) $C_6H_4(CH_3)_2$ und zwar Ortho-, Meta- und Paraxylol[2]).

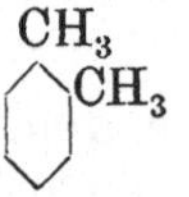

Orthoxylol 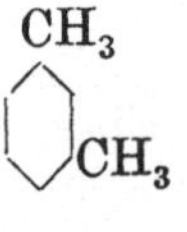   Metaxylol    Paraxylol

Cymol $CH_3 . C_6H_4 . C_3H_7$ usw.

---

[1]) In der Chemie wird die Zusammensetzung der Verbindungen außer durch Angabe der Elemente und deren ziffermäßiger Mengenverhältnisse auch bildlich durch Figuren bezeichnet, welche die Aneinanderlagerung der Atome bzw. der Atomgruppen versinnbildlichen

[2]) Die Bezeichnung Ortho-, Meta-, Para- dient zur Unterscheidung der Stellung der CH_3 oder anderer Gruppen am Benzolring.

Sie bilden farblose, in reinem Zustande angenehm riechende Flüssigkeiten. Man findet sie im Erdöl bald in geringeren, bald in größeren Mengen, der Hauptmenge nach werden sie aber aus dem Leuchtgas und aus dem Steinkohlenteer der Gasanstalten oder der Kokereien als in diesen enthaltene Zersetzungsprodukte von der trockenen Destillation der Steinkohle gewonnen.

In Wasser sind diese Kohlenwasserstoffe unlöslich, durch Einwirkung von konzentrierter Schwefelsäure werden sie jedoch in wasserlösliche Verbindungen umgewandelt. Durch Behandlung mit Salpetersäure entstehen aus diesen Kohlenwasserstoffen die als Sprengstoffe wichtigen Nitroverbindungen.

In diese Gruppe von Kohlenwasserstoffen gehört auch das *Naphtalin* $C_{10}H_8$; sein chemischer Aufbau ist aus dem nachstehenden Schema ersichtlich:

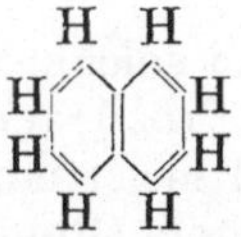

$$\begin{array}{ccc} & \text{H} \quad \text{H} & \\ \text{H} & \bigcirc\!\bigcirc & \text{H} \\ \text{H} & & \text{H} \\ & \text{H} \quad \text{H} & \end{array}$$

Es besteht aus zwei aneinandergelagerten Benzolringen und wird später im technischen Teile ausführlicher besprochen werden.

7. Schwefel und Schwefelverbindungen: Schwefelwasserstoff, Schwefelkohlenstoff, Thiophen und ihm verwandte Verbindungen, Alkylsulfide (Methyl- bzw. Äthylsulfid), Merkaptane; sie verleihen dem Erdöl und dessen Produkten einen unangenehmen Geruch, der nur schwer zu beseitigen ist. Schwefelhaltige Verbindungen enthaltendes Leuchtpetroleum riecht beim Verbrennen nach brennendem Schwefel.

8. Stickstoffhaltige Verbindungen, welche außer Kohlenstoff und Wasserstoff auch Stickstoff enthalten, wie z. B. Pyridin, findet man im Erdöl meistens nur in ganz geringen Mengen.

9. Sauerstoffhaltige Verbindungen, welche nebst Kohlenstoff und Wasserstoff Sauerstoff enthalten, sind saurer Natur; es sind dies die sog. Petrolsäuren, von welchen die Naphtensäuren von der allgemeinen Formel $C_nH_{2n-1}\cdot CO_2H$ oder $C_nH_{2n-2}O_2$ die wichtigsten sind. Sie sind ihrer chemischen Zusammensetzung nach den Ölsäuren verwandt, sie haben denselben Prozentgehalt an Kohlenstoff, Wasserstoff und Sauerstoff, unterscheiden sich aber von den Ölsäuren dadurch, daß sie gesättigt sind und daher keine Wasserstoffatome mehr aufnehmen können.

Die Petrolsäuren bilden wie die Fettsäuren mit Alkalien Seifen, welche neuerdings infolge des derzeitigen Mangels an Fettstoffen bei der Seifenfabrikation mit befriedigenden Ergebnissen Verwendung finden.

Hierher gehören schließlich auch die asphalt- und harzartigen Stoffe, sauerstoffhältige Verbindungen, welche das Erdöl verunreinigen und ihm seine Farbe verleihen. Sie bilden Verbindungen, deren Natur noch nicht genügend erforscht ist.

Die Erdölsorten sind in ihrer chemischen Zusammensetzung und in ihren Eigenschaften je nach deren Fundstellen derart beispiellos verschieden, daß eine brauchbare allgemein gültige Einteilung derselben nach dieser Richtung bisher nicht gelungen ist. Hingegen kann man dieselben mit Bezug auf die Art und Weise der technischen Verarbeitungsmöglichkeit nach dem Gehalt an Paraffin in engerem Sinne des Wortes in zwei Hauptarten einteilen, und zwar in:

I. Paraffinreiche Erdöle,
II. Paraffinfreie, bzw. paraffinarme Erdöle.

Paraffinreiche Erdöle sind solche, welche infolge deren größeren Paraffingehaltes (3—12 Proz.) auch industriell zur Paraffinfabrikation dienen. Sie sind meist naphtenarm. Hierher gehören viele der amerikanischen Rohöle (Rohöle aus dem appalachischen Gebiet, Oklahoma, Kansas), einige asiatische Rohöle der Sundainseln (Java) und Britisch-Ostindiens (Ober-Burma) und der Insel Tscheleken, von den europäischen einige rumänische (Câmpina ein Teil, Policiori, Glodeni), einige galizische (Boryslaw-Tustanowice, Mraznica, Schodnica), von den deutschen Rohölen jenes von Pechelbronn, von den russischen jenes von Grosny.

Paraffinfreie bzw. paraffinarme Erdöle sind solche, deren Paraffingehalt höchstens ungefähr 1 Proz. beträgt, und die infolgedessen sich in lohnender Weise industriell nicht auf Paraffin verarbeiten lassen.

In diese Gruppe gehören von den amerikanischen Erdölen z. B. jene von Texas-Louisiana, Kalifornien und Mexiko, von den asiatischen einige Erdöle der Sundainseln, von den europäischen die meisten russischen (Balachany, Ssurachany, Bibi Eybat, Maikop), von den rumänischen z. B. Câmpina ein Teil, Bustenari, Mareni, von den galizischen die westgalizischen wie Potok, Krosno, Rogi, Harklowa, Kleinkowka usw. und von den ostgalizischen als Hauptvertreter Urycz und Bitkow, von den deutschen jenes von Wietze in Hannover.

Während die paraffinhaltigen Rohöle im allgemeinen leichter und benzinärmer sind, enthalten die etwas schwereren paraffinfreien Rohöle meist größere Mengen von Benzin und eignen sich infolge ihres meist hohen Gehaltes an Naphtenen und ihres geringen Paraffingehaltes bzw. ihrer Paraffinfreiheit insbesondere zur Fabrikation von tiefstockenden Maschinenschmierölen. Die paraffinfreien Erdöle eignen sich auch besonders gut zur Herstellung von künstlichem Asphalt.

Die Zusammensetzung verschiedener Erdöle ist eine verschiedene und hängt von der Herkunft derselben ab.

Amerikanische Rohöle, z. B. das pennsylvanische, bestehen fast nur aus gesättigten Kohlenwasserstoffen (Paraffinen), einige Arten enthalten wenig, andere wieder viel von eigentlichem festem Paraffin. Die Rohöle von Kalifornien, Texas und Ohio enthalten aber nebstdem größere Mengen von aromatischen Kohlenwasserstoffen wie Toluol, Xylol, aber wenig Benzol, und auch Naphtenverbindungen. Die Rohöle von Texas enthalten neben Paraffinen Naphtene und Schwefelverbindungen.

Russische Erdöle je nach dem Fundorte unterscheiden sich voneinander ebenfalls. Einige derselben enthalten größtenteils Paraffine (Paraffinöle), andere wieder bis 80 Proz. Naphtene (Naphtenöle), Zyklopentan, Zyklohexan, Methylzyklohexan usw. und geringe Mengen von aromatischen Kohlenwasserstoffen, namentlich Benzol.

Galizische Erdöle ähneln ihrer Zusammensetzung nach teils dem amerikanischen, teils dem russischen Erdöl. Je nach dem Fundorte enthalten sie wechselnde Mengen von Paraffinen und Naphtenen; einige Rohölarten enthalten wenig, andere wieder viel Paraffin und mitunter auch erhebliche Mengen von aromatischen Kohlenwasserstoffen Benzol, Toluol und Xylol.

Das rumänische Erdöl nähert sich in seiner Zusammensetzung dem russischen; es enthält einerseits Paraffine, andererseits Naphtene, daneben aber auch Olefine; einige Rohölarten enthalten auch größere Mengen von aromatischen Kohlenwasserstoffen.

Das Erdöl von *Indien, Java, Borneo* und *Japan* enthält neben Paraffinen auch ganz erhebliche Mengen von aromatischen Kohlenwasserstoffen, dasjenige von *Sumatra* enthält auch größere Mengen von Olefinen. Die Produkte aus diesen Erdölen, vorzugsweise Benzin, werden vorwiegend nach Deutschland eingeführt.

Je nach seiner Herkunft enthält das Roherdöl auch verschiedene Mengen von Benzin. *Galizisches* Erdöl enthält 3—35 Proz. (Bitkow) bis 150° C siedendes Benzin, *russisches* (Baku) 6—10 Proz. bis 150° siedendes Benzin, *rumänisches* 4—25 Proz. bis 150° C siedendes Benzin und *pennsylvanisches* 10—20 Proz. bis 120° C siedendes Benzin.

Das Erdöl zeigt je nach seiner Herkunft eine verschiedene Beschaffenheit; es bildet jedoch meistens eine dicke gelbbraune, dunkelbraune bis braunschwarze, bläulich oder grün schimmernde (fluoreszierende) Flüssigkeit von einem eigenartigen, meist nicht unangenehmen Geruch; enthält es aber schwefelhaltige Verbindungen, dann ist sein Geruch unangenehm. Mitunter findet man auch Erdöl, welches hellgelb und dünnflüssig ist.

Das Erdöl ist leichter als Wasser; seine Dichte schwankt je nach der Zusammensetzung ungefähr zwischen 0,700—0,960; in Wasser ist es vollkommen unlöslich, enthält aber selbst geringe Mengen von Wasser oder kommt mit Wasser vermischt (emulgiert) vor.

Erdöle verschiedener Herkunft enthalten ungefähr

$$79,5—88,7 \text{ Proz. Kohlenstoff,}$$
$$9,6—14,8 \text{ » Wasserstoff,}$$
$$0,02—1,1 \text{ » Stickstoff,}$$
$$0,01—2,2 \text{ » Schwefel,}$$
$$0,1\ —7,0 \text{ » Sauerstoff,}$$

doch sinkt der Gehalt an Kohlenstoff nur ausnahmsweise unter 83 Proz. und geht nur selten über 86 Proz. heraus, während der Wasserstoffgehalt fast stets zwischen 11—13 Proz. liegt.

Das Erdöl wird als solches oder mit festen Brennmaterialien gemischt als Heizmaterial verwendet, ferner von mechanischen Verunreinigungen und Wasser befreit zum Betriebe von Dieselmotoren, zum Schmieren von Eisenbahnwagenachsen, zum Imprägnieren von Eisenbahnschwellen und Holz überhaupt, als Desinfektionsmittel und schließlich auch als staubbindendes Mittel zum Bespritzen von Straßen usw.; überwiegend wird das Erdöl jedoch auf Benzin, Petroleum, Gas- und Treiböle, Schmieröle, Vaselin, Paraffin, Petroleumpech und Petroleumkoks verarbeitet.

Verarbeitung des Erdöles.

Ursprünglich wurde das Erdöl bloß auf Leuchtpetroleum und Schmieröle verarbeitet; das Benzin bildete hierbei ein lästiges Nebenprodukt, für welches kein Bedarf vorhanden war und dessen sich die Petroleumraffinerien daher auf verschiedene Weise zu entledigen trachteten. Seitdem aber die Verwendung der Explosionsmotoren und insbesondere der Kraftfahrzeuge eine ungeahnte Verbreitung gefunden hat, bildet das Benzin ein äußerst wertvolles und vielgesuchtes Erzeugnis[1]).

Aus dem Erdöl werden die einzelnen integrierenden Bestandteile desselben durch sog. fraktionierte Destillation in besonderen

---

[1]) Die Benzinmotoren wurden anfangs 1870 in den Handel gebracht. In Österreich wurde der erste brauchbare Benzinmotor von J. Hock in Wien im Jahre 1873 auf den Markt gebracht.

hierfür geeigneten Destillationsapparaten abgeschieden. Das Rohöl wird durch diesen Prozeß vor allem im allgemeinen in vier Teile zerlegt.

Das erste Destillat, das Rohbenzin, bildet das Rohmaterial zur Gewinnung des Benzins, das mittlere Destillat, das Rohpetroleum oder Petroleumdestillat, wird auf Leuchtpetroleum verarbeitet, und das letzte Destillat dient zur Erzeugung von Gas- und Treibölen, Schmierölen, Vaseline und Paraffin, während der im Destillationskessel verbleibende Destillationsrückstand bereits ein fertiges Produkt, Petroleumpech, -asphalt oder -koks darstellt.

Bevor man das Erdöl den Destillationskesseln zuführt, unterwirft man es meist in einem System zum Teil stehend, zum Teil liegend angeordneter, zylindrischer Gefäße, den sogen. Vorwärmern, einer Vorwärmung unter Ausnützung der Wärmekapazität, welche in den aus den Destillierkesseln entweichenden Dämpfen und abfließenden Rückständen enthalten ist. Dabei entweichen bereits aus dem Erdöl beträchtliche Mengen der leichtflüchtigen Bestandteile, welche der Kondensation zugeführt werden. Hiebei nicht kondensierte, Gase (Methan, Äthan, Propan, Butan und andere leichte Kohlenwasserstoffe) werden aufgefangen und entweder zum Heizen der Destillierkessel verwendet oder komprimiert.

Das auf diese Weise hoch vorgewärmte Erdöl wird dann einer sogen. kontinuierlichen Destillation unterworfen. Diese Destillationsart besteht darin, daß Batterien von 10—12 Destillationskesseln stufenförmig derart untereinander angeordnet sind, daß das in die höchstgelegene Destillierblase gelangende Erdöl nach Abgabe der flüchtigsten Bestandteile diese Batterie von Kesseln unter Abgabe immer höher flüchtiger Fraktionen, selbsttätig in immer tiefer gelegene Kessel gelangend, durchfließt[1]).

Die Beheizung der Destillationskessel erfolgt mittels direktem Feuer und wird in dieselben zur Förderung der Destillation gleichzeitig direkter Dampf eingeleitet.

Die Kondensation der aus den Destillierblasen entweichenden Dämpfe erfolgt teilweise bereits beim Durchströmen der Vorwärmer, und soweit dies nicht der Fall ist, in mit einem System von Kühlschlangen ausgestatteten, durch ständigen Wasserzufluß gekühlten Gefäßen, den sogen. Kühlern.

Die aus den einzelnen Kühlschlangen abfließenden Destillate besitzen bei der kontinuierlichen Destillation ein annähernd konstantes spezifisches Gewicht und können gemäß demselben durch

---

[1]) Die periodische oder diskontinuierliche Destillation wird jetzt nur wenig verwendet.

eigene, an den Empfangsapparaturen, den sogen. Laternen angebrachte Verteiler in jene Vorratsbehälter geleitet werden, die
zur Aufnahme der Destillate von bestimmtem spezifischem Gewichte dienen.

Benzingewinnung.

Den ersten Teil der bei der Destillation des Erdöles übergehenden Anteile, und zwar meist jener, welche bis 150° C sieden, bildet
das Rohbenzin[1]); dieses enthält hauptsächlich die Kohlenwasserstoffe Pentan C_5H_{12} bis Nonan C_9H_{20}, in geringen Mengen
auch Dekan $C_{10}H_{22}$ bis Dodekan $C_{12}H_{26}$, auch Naphtene C_5H_{10}
bis $C_{12}H_{24}$ und je nach Herkunft des Rohöles auch ungesättigte
und aromatische Kohlenwasserstoffe. Es besteht also auch aus
über 150° C siedenden Körpern, die mit den leichter flüchtigen
Anteilen übergegangen sind.

Das Rohbenzin, das demnach auch bis etwa bei 200° C siedende Kohlenwasserstoffe enthält, wird meist zunächst der Raffination, d. i. einer chemischen Reinigung mit Schwefelsäure
und Ätznatron oder Soda unterworfen und nachher durch eine
nochmalige fraktionierte Destillation neuerdings in mehrere Anteile (Fraktionen) zerlegt, rektifiziert, und dieser als »Rektifikation« bezeichnete Reinigungsvorgang erfolgt in den sog. Kol-
lonenapparaten, welche den bei der Spiritusfabrikation verwendeten Destillier-Säulenapparaten ganz ähnlich sind.

Mitunter wird nicht das Rohbenzin selbst, sondern es werden
erst die aus demselben durch die Rektifikation gewonnenen Fraktionen raffiniert. Die Raffination selbst erfolgt auf die unter
»Raffination der Erdölprodukte« besprochene Weise.

Nicht selten gelangen weder das Rohbenzin noch die aus
demselben erhaltenen Benzinfraktionen zur chemischen Raffination. Die im letzteren Fall erhaltenen Handelsbenzinsorten werden
als rektifizierte (rekt.) Benzine bezeichnet, zum Unterschied
von den durch den erstgenannten Arbeitsgang hergestellten raffinierten rektifizierten (raff. rekt.) Benzinen.

Die Anzahl und Beschaffenheit der durch die Rektifikation
des Rohbenzins zur Erzeugung gelangenden Benzinfraktionen ist
leider eine recht verschiedene und willkürliche und hängt im all-

---

[1]) Das Rohbenzin wird nicht in einer Fraktion aufgefangen, sondern
es wird gewöhnlich noch in ein leichtes Rohbenzin (das sind die bis
120° C siedenden Anteile) und in ein schweres Rohbenzin (das sind die
von 120°—150° C siedenden Anteile) geteilt; zuweilen wird auch noch
eine dritte höher siedende Rohbenzinfraktion hergestellt, welche besonders zur Herstellung der sog. Lack- und Petrolbenzine dient.

gemeinen zunächst von der Zusammensetzung des Rohöles, dann aber hauptsächlich von der herrschenden Nachfrage nach denselben ab.

Das galizische Rohbenzin wird zumeist nach folgendem Schema verarbeitet:

Rohbenzin.

a) leicht

1. Hydrür,
2. Gasolin,
3. Fleckwasser oder Putzbenzin,
4. Grubenlampenbenzin,
5. Extraktions- und Motorenbenzin,
6. Benzinrückstand (primär).

raffin. rektif. oder nurrektif. Benzine

b) schwer

1. Grubenlampenbenzin,
2. Extraktions- und Motorenbenzin
3. Benzinrückstand.

Der Benzinrückstand gelangt zur Weiterverarbeitung auf:
1. Lackbenzin,
2. Terpentinölersatz (Testbenzin),

raffin. rektif. oder nur rektif.

3. Petrolbenzin,
4. Benzinrückstand (sekundär), welcher auf Petroleum verarbeitet wird.

Die Bezeichnung der einzelnen Benzinsorten ist bisher noch keine einheitliche; oft haben verschiedene Erzeugnisse eine gleiche Bezeichnung, dagegen werden gleiche Erzeugnisse nicht selten verschieden benannt. So versteht man z. B. in Rußland unter der Bezeichnung Gasolin die Anteile von einer Dichte von 0,740 bis 0,760 und 100—140° C Siedepunkt, wogegen bei uns mit dem Namen Gasolin ein leichtes Benzin von der Dichte 0,660—0,680 und 70—90° C Siedepunkt bezeichnet wird.

Man unterscheidet in Österreich-Ungarn folgende Benzinsorten:

Hydrür, Dichte 0,640—0,650;

Gasolin (Ligroin) oder Petroleumäther, Dichte 0,660 bis 0,680;

Fleckwasser, Putzbenzin, Dichte 0,695—0,705 oder 0,690 bis 0,700;

Motorenbenzin, verschiedene Sorten von der Dichte 0,680 bis 0,700, 0,700—0,715, 0,715—0,725, 0,725—0,745, 0,745 bis 0,755, 0,745—0,760, 0,750—0,760;

Lackbenzin, Dichte 0,760—0,770, 0,770—0,785;

Terpentinölersatz (Testbenzin), Dichte 0,775—0,780, 0,780—0,785;

Petrolbenzin, Dichte 0,790—0,795.

In Amerika unterscheidet man folgende Benzinsorten:

Zymogen (enthält Butan), Dichte 0,590;

Rhigolen (enthält Pentan), Dichte 0,625—0,631, Siedepunkt 18—37° C;

Kanadol (Sheerwoodoil), Dichte 0,610—0,669, Siedepunkt 37—50° C;

Naphtha (Petroleumäther), Dichte 0,670—0,700, Siedepunkt 50—60° C;

Petroleumbenzin (Gasolin, Kerosol), Dichte 0,700 bis 0,729, Siedepunkt 60—80° C;

Ligroin, Dichte 0,722—0,737, Siedepunkt 80—120° C;

Putzöl (Terpentinölersatz), Dichte 0,760—0,810, Siedepunkt 120—150° C.

Zymogen, Rhigolen und Hydrür können auch durch direkte Destillation des Erdöles ohne Rektifikation gewonnen werden, indem die bei der Destillation entweichenden Gase und Dämpfe in Verdichtungsmaschinen verflüssigt werden. Auch das Gasolin kann durch direkte Destillation von Erdöl erzeugt werden.

Zymogen, Rhigolen, Petroleumäther und Hydrür enthalten Propan, Butan und Pentan, Gasolin enthält Pentan und Hexan. Die übrigen Benzinsorten enthalten hauptsächlich Hexan, Heptan, Oktan, bzw. Zyklopentan, Zyklohexan, Heptanaphthen bis Nonanaphthen, schwerere Benzinsorten enthalten hauptsächlich Nonan und Dekan, bzw. Dekanaphthen bis Dodekanaphthen.

Hydrür, Gasolin, Petroleumäther, Zymogen, Rhigolen sowie das Kanadol dienen zur Kohlenstoffanreicherung (Karburation) von Leuchtgas, zur Beleuchtung, zum Fettausziehen (Extraktion), zum Betriebe von Flugzeugmotoren (Äro-, Fliegerbenzin), zum Sengen, Erzeugung von Gas für Industrie und Laboratorium statt des Steinkohlengases, zur Eiserzeugung, in der Medizin als Wundbenzin usw.

Schwerere Benzinsorten, welche eine höhere Dichte als 0,680 besitzen, werden verwendet zum Heizen, Löten, zur Reinigung, zu Lösungszwecken, z. B. in Kautschukfabriken, bei der Erzeugung von Riechstoffen und Heilmitteln, bei der Lackerzeugung anstatt Terpentinöl, bei der Herstellung von künstlicher Seide, als Lösungsmittel für Harze, Phosphor, Schwefel, bei der Patronenfabrikation und namentlich zum Motorenbetriebe.

Leuchtpetroleumgewinnung.

Der zweite (mittlere) Anteil, der bei der Destillation des Erdöles zwischen 150—300° C übergeht, das Rohpetroleum oder Petroleumdestillat, hat die Dichte 0,780—0,870 und wird auf Leuchtöl (Leuchtpetroleum) verarbeitet. Dieser Anteil wird nach der Destillation ausnahmslos mit Schwefelsäure und Ätznatron raffiniert, wiederholt mit Wasser gewaschen, über Salz und Sägespäne zwecks Entfernung des anhaftenden Wassers filtriert und ergibt je nach der Art der vorgenommenen Fraktionierung ein Leuchtöl von verschiedener Qualität, Kaiseröl, Salonpetroleum, Starklichtlampenpetroleum, Standardpetroleum.

Das gereinigte Petroleum wird mitunter noch »geschönt«. Dieses »Schönen« hat den Zweck, den oft gelblichen Stich des Petroleums durch Farbstoffe, Methylviolett oder Fluorin fettlöslich, zu verdecken. Die Schönungsmittel sind nicht immer beständig; sie setzen sich nicht selten zum Boden des Gefäßes und können schon durch bloße Filtration durch Filtrierpapier oder Watte, an denen sie haften bleiben, erkannt werden.

Sämtliche, auch die feinsten Petroleumsorten wie Kaiseröl, Salonpetroleum, fluoreszieren bläulich zum Unterschiede von Benzin, das keine Fluoreszenz besitzt; feine Petroleumsorten fluoreszieren weniger als die gewöhnliche Standardmarke.

Die Fluoreszenz kann man im Bedarfsfalle mit sog. Entscheinungsmitteln, wie α-Nitronaphthalin oder Anilinfarben oder mit dem sog. »oxydierten Terpentinöl«, welches aus sauerstoffhaltigen Derivaten des Terpentinöls besteht[1]), beseitigen. In der Praxis findet jedoch bei Petroleum eine Beseitigung der Fluoreszenz nicht statt, hingegen wird dieses Verfahren bei Schmierölen auch praktisch verwendet (s. über die Fluoreszenz der Schmieröle).

Das Leuchtpetroleum enthält die Paraffinkohlenwasserstoffe $C_{10}H_{22}$ bis $C_{16}H_{34}$, nicht selten Naphthene $C_{10}H_{20}$ bis $C_{16}H_{32}$ und mitunter auch geringe Mengen von Benzol. Sein Entflammungspunkt ist in den einzelnen Staaten gesetzlich bestimmt und darf in Österreich und Deutschland z. B. nicht unter $21°$ C liegen.

Petroleum (Kaiserpetroleum, Salonpetroleum, Kerosin usw.) dient hauptsächlich zur Beleuchtung, minderwertige Erzeugnisse zum Motorenbetriebe, zum Putzen usw.

Schmierölgewinnung.

Der nach Abtreiben des Rohbenzins und Rohpetroleums in den Destillationskesseln verbleibende Anteil des Erdöles (Rückstand, Residuum, Massut, Astatki), welcher bei einer Temperatur

---

[1]) M. Riegel, Entscheinen von Petroleum, Chem. Ztg., Chem.-techn. Übersicht 1917, S. 194.

über 300° C siedet, dient teilweise als Heizmaterial für Dampf-
schiffe und Lokomotiven, sowie als Schmiermittel für Eisenbahnwagenachsen. Meistens wird aber dieser Teil auf einer zweiten
besonderen Destillationsapparatur, den Vakuumdestillierkesseln,
mittels überhitzten Wasserdampfes weiter abgetrieben, und zwar
so, daß einzelne bei bestimmten Temperaturen übergehende Anteile getrennt aufgefangen werden, letztes Destillat. Die Einrichtung der Vakuumdestillation ermöglicht es, die bei hoher Temperatur siedenden Anteile ohne wesentliche Zersetzung übergehen
zu lassen.

Auf diese Weise werden bei Verarbeitung von paraffinfreien
bzw. paraffinarmen Rohölen direkt verschiedene Arten von
Schmierölen, von dünnflüssiger bis zu salbenartiger Konsistenz
und schließlich in manchen Fällen auch natürliches Vaselin
gewonnen.

Natürliches Vaselin ist ein Gemisch von leichter schmelzen-
den Paraffinkohlenwasserstoffen, ungefähr $C_{16}H_{34}$ bis $C_{20}H_{42}$,
welches bei 35—45° C schmilzt[1]).

Es bildet eine farblose oder hellgelbe salbenartige Masse, welche
zu pharmazeutischen und kosmetischen Zwecken, ferner als
Schmiermittel und Rostschutzmittel Anwendung findet und früher
nur aus amerikanischem Erdöl gewonnen wurde.

Bei Verarbeitung von paraffinhaltigen Erdölen stellen
diese Destillate das sog. Paraffinöl dar[2]), welches fast das gesamte
im Erdöl vorhandene Paraffin enthält und aus welchem dieses
zunächst meist durch künstliche Kühlung abgeschieden werden
muß, bevor dieselben zur Weiterverarbeitung auf Gas-, Treib-
und Schmieröle gelangen können. Letztere erfolgt in diesem
Falle durch eine mehrmalige fraktionierte Destillation (Reduktion
oder Konzentration) des entparaffinierten Paraffinöles auf eigens
und hierfür bestimmten Vakuumdestillierkesseln, wodurch die
einzelnen bei verschiedenen Temperaturen siedenden Gasöl-, Va-
selinöl-, Spindelöl-, Maschinenöl- und Zylinderölfraktionen gewonnen werden.

Je nach der Art der Führung der Destillation bleibt im Kessel
zuletzt

---

[1]) Künstliches Vaselin ist ein Gemisch von einem Teil Zeresin
(ein Erzeugnis aus Ozokerit oder Erdwachs) und vier Teilen von ge-
bleichtem schwerem Mineralöl; es schmilzt bei 47° C.

[2]) Bei paraffinhaltigen Erdölen wird häufig auf den Vakuumdestillierkesseln nur ein Teil der Paraffinöle und aus dem dortbleibenden Destillationsrückstand erst auf einer dritten Destillationsapparatur, den so-
genannten Krackkesseln, das restliche Paraffinöl abgetrieben.

1. ein schwarzer, schmieriger Rückstand, sog. Goudron, oder
2. Petroleumpech, Petroleumasphalt oder künstlicher Asphalt oder
3. Petroleumkoks zurück.

Paraffingewinnung.

Die bei der Verarbeitung von paraffinhaltigen Erdölen gewonnenen Paraffinöle bilden das Ausgangsmaterial für die Gewinnung des Paraffins. Dasselbe ist in den Paraffinölen in gelöstem Zustande vorhanden und wird heute fast ausschließlich aus denselben durch Auskristallisieren unter Anwendung von weitgehender künstlicher Abkühlung, bis zu $-20°$ C, gewonnen.

Das Paraffin scheidet sich hierbei zum größten Teil als eine schuppenförmige, kristallinische Masse ab, welche durch Filterpressen von dem dasselbe gelöst enthaltenden Öle getrennt wird.

Das in den Filterpressen verbleibende Paraffin, der sog. Gatsch, wird zum Zwecke der Reinigung durch das sog. Umkristallisations- oder Fraktionier- oder andere Verfahren entölt und schließlich durch das sog. Schwitzverfahren von den noch anhaftenden Ölresten befreit. Letzteres Verfahren besteht hauptsächlich darin, daß das entölte Rohparaffin, die sog. Paraffinschuppen, in besonders eingerichteten, mit Wasserdampf geheizten Kammern, Schwitzkammern, auf eine seinem Schmelzpunkte nahe liegende Temperatur allmählich angewärmt wird, wodurch das Öl abläuft, d. i. »abschwitzt«, und hartes, reines Paraffin zurückbleibt.

Dieses wird nach dem Abschwitzen noch in der Wärme mit Schwefelsäure raffiniert und durch Filtration über entfärbende Stoffe gebleicht (s. den Absatz über Raffination weiter unten).

Das reine Paraffin des Handels bildet eine bläulichweiße, alabasterartige, durchscheinende, geruchlose, kristallinische Masse von der Dichte $0,87-0,91$. Man unterscheidet einerseits transparentes und milchiges oder opakes Paraffin. Ersteres ist vollkommen durchscheinend, letzteres milchigweiß. Der Unterschied liegt darin, daß transparentes Paraffin fast ölfrei ist, während opakes Paraffin noch einen ganz geringen Ölgehalt aufweist, welcher die Ursache des milchigen Aussehens bildet. Andererseits teilt man die Paraffine in harte Paraffine, welche über $50°$ C schmelzen, und weiche Paraffine, welche unter $50°$ C schmelzen.

Das Paraffin wird in der Industrie zu den mannigfaltigsten Zwecken, hauptsächlich aber als Ersatz des Stearins und des Bienenwachses zur Erzeugung von Kerzen verwendet.

Raffination der Erdölprodukte.

Die chemische Reinigung, die sog. Raffination der durch Destillation gewonnenen Erdölfraktionen, durch welche aus den betreffenden Halbprodukten raffiniertes Benzin, Leuchtpetroleum, raffinierte Öle und eventuell raffiniertes Paraffin gewonnen werden, verfolgt den Zweck, den Halbprodukten die einerseits die Kohlenwasserstoffe schon im Erdöl begleitenden, andererseits als Zersetzungsprodukte bei der Destillation sich bildenden, leicht veränderlichen schwefel-, stickstoff- und sauerstoffhaltigen Verbindungen und auch einige ebenfalls leicht veränderliche ungesättigte Kohlenwasserstoffe zu entziehen. Die Wirkung dieser chemischen Reinigung äußert sich in einer Beseitigung der färbenden, unangenehm riechenden und an der Luft leicht verharzenden Anteile, welche infolge ihrer ungünstigen Eigenschaften für die meisten in Betracht kommenden Verwendungszwecke mehr oder minder schädlich wären und deshalb die Qualität der Erzeugnisse ungünstig beeinflussen würden.

Das für den Großbetrieb beste und in den weitaus meisten Fällen angewandte Hilfsmittel zur Beseitigung solcher Stoffe ist die konzentrierte Schwefelsäure, welche die genannten schädlichen Verbindungen entweder löst oder sie in schwarze teerartige Massen umwandelt.

Das zu reinigende Produkt wird in besonderen eisernen, meist mit Blei ausgefütterten, unten konisch zulaufenden Gefäßen, den sog. Agitatoren, mit konzentrierter Schwefelsäure von ungefähr 66° Bé mehrere male nacheinander und dauernd innig gemischt, und zwar so, daß durch ein bis auf den Boden des Agitators reichendes Rohr Preßluft hindurchgetrieben wird[1]). Diesen Arbeitsvorgang nennt man das »Säuern«. Nach dem Abstellen der Luftmischung und Abstehenlassen wird die unten abgesetzte Schwefelsäure, welche die Verunreinigungen aufgenommen hat, durch einen unteren Ablaßhahn aus dem Gefäß abgelassen. Die schwarze, harzige Masse, welche dabei nebst der überschüssigen dunkelgefärbten und übelriechenden Schwefelsäure (Abfallsäure) gewonnen wird, nennt man Säureharz oder Säuregoudron.

Hierauf wird das Produkt durch Betätigung eines am Agitator angebrachten Spritzkranzes oder einer Streudüse mit Wasser gewaschen, um es von der Hauptmenge der anhaftenden Schwefelsäure und der bei der Raffination gebildeten schwefligen Säure

---

[1]) Zum Mischen von Benzin verwendet man zwecks Vermeidung von Verlusten durch Verflüchtigung fast ausschließlich eigens konstruierte mechanische Rührwerke, seltener Pumpenzirkulation.

zu befreien [1]); sodann wird das saure Waschwasser abgelassen und das Produkt unter gleichzeitigem energischen Mischen mittels Preßluft mit Natronlauge [2]) behandelt, wodurch einerseits die in demselben anwesenden schädlichen organischen Säuren als Seifen abgeschieden und andererseits auch die letzten Reste von Schwefel- und schwefliger Säure entfernt werden. Dieser Teil des Raffinationsprozesses wird als »Laugen« bezeichnet.

Handelt es sich um stark riechendes Benzin, so setzt man der Natronlauge auch Bleioxyd, welches sich in der Lauge löst, zu, wodurch namentlich schwefelhaltige Verbindungen wenigstens teilweise aufgenommen werden. Dieses Verfahren wird besonders bei der Raffination von Krackbenzinen verwendet.

Nach längerem Absitzen wird die Lauge samt den gebildeten Seifen als milchig getrübte Flüssigkeit abgelassen und es folgt ein abermaliges Waschen; das Produkt wird durch mehrmaliges Bespritzen mit kaltem, bei Öl und Paraffin warmem Wasser von der rückständigen Lauge vollständig befreit.

Schließlich wird Benzin und Petroleum längere Zeit abstehen gelassen, dann noch, meist aber nur letzteres, zur Entfernung der letzten Spuren von Wasser über mit abwechselnden Sägespän- und Salzschichten beschickte Filter langsam filtriert, während Öle und Paraffin nach dem Waschen entsprechend stark angewärmt und durch lang andauerndes kräftiges Durchblasen von Luft »blankgemacht« oder »ausgeblasen« werden.

Bei Paraffin erfolgt dann noch die Entfärbung mittels verschiedener Entfärbungspulver (Blutlaugenrückstände, Knochenkohle) oder Fuller- und Bleicherden (Aluminium-Magnesium-Hydrosilikate). In den meisten Betrieben wird seit etwa 10 Jahren beim Paraffin Laugen und Entfärben in einer Operation mit hierzu geeigneten, Neutralisationswirkung besitzenden Bleicherden vorgenommen.

Die auf diese Weise raffinierten Öle werden mitunter noch für besondere Zwecke durch entfärbende Substanzen wie z. B. Fullererde bzw. Floridaerde usw. mechanisch gereinigt.

Einteilung der Schmieröle und deren Verwendung.

Die im Handel vorkommenden, den verschiedensten Zwecken dienenden Schmieröle lassen sich schon ihrer äußeren Beschaffenheit nach in zwei große Hauptgruppen einteilen, und zwar:

[1]) Dies gilt nur für Benzin und Petroleum, während bei Ölen und Paraffin nach dem »Säuern« mit Umgehung des »Waschens« gleich das »Laugen« folgt.

[2]) An Stelle von Natronlauge wird, und zwar bei der Benzinraffination, mitunter Sodalösung angewandt.

I. in raffinierte, das sind chemisch gereinigte Schmieröle,

II. in unraffinierte, das sind chemisch nicht gereinigte Schmieröle.

Während erstere eine je nach dem Grade der chemischen Reinigung mehr oder weniger helle Farbe besitzen, mehr oder minder durchsichtig und geruchlos sind oder höchstens schwach nach Mineralöl riechen, geben sich letztere meistens durch tief dunkle Farbe, stark ausgeprägten unangenehmen Geruch und meist auch durch völlige Undurchsichtigkeit zu erkennen.

Jede dieser beiden Hauptgruppen umfaßt zwei gleiche Untergruppen von Schmierölen:

    a) **Destillatschmieröle,**

    b) **Rückstands- oder reduzierte Schmieröle,**

je nachdem diese Öle bei deren Herstellung als Destillate oder Reduktionsrückstände gewonnen wurden. Auch diese beiden Schmieröluntergruppen sind schon durch deren äußere Merkmale kenntlich. **Destillationsschmieröle** besitzen sowohl in raffiniertem als auch in unraffiniertem Zustand eine viel hellere Farbe als Rückstandsschmieröle. Hingegen sind **Rückstandsschmieröle** im allgemeinen stets geruchsschwächer als Destillatschmieröle.

Auf Grund der vorangeführten Einteilung gibt es im Handel zu unterscheiden zwischen:

      raffinierten Destillatölen,

      raffinierten Rückstandsölen,

      unraffinierten Destillatölen und

      unraffinierten Rückstandsölen.

Eine andere Einteilung der im Handel vorkommenden Mineralölsorten ist jene nach dem hauptsächlichen Verwendungszweck wie nachstehend angeführt:

1. **Vaselinöle.** Dieselben sind dünnflüssig, hell und dienen zur Erzeugung von künstlicher Vaseline und zur Herstellung der mannigfaltigsten technischen Öle und Fette, sowie zur Schmierung von Nähmaschinen, Fahrrädern usw. Ihre Viskosität[1]) beträgt 2,8—5,0° E bei 20° C.

2. **Kompressoren- und Kühlmaschinenöle** sind auch dünnflüssig, hell, erstarren erst bei niedrigen Temperaturen, unter etwa — 20° C. Ihre Viskosität beträgt 2,6—5,0° E bei 20° C.

3. **Spindelöle** sind dünnflüssig, hell und werden außer zum Schmieren der Textilmaschinen auch zum Schmieren von Zentri-

---

[1]) Über den Begriff von Viskosität siehe Untersuchung und Beurteilung von Mineralölen, Absatz »Viskosität«.

fugen, Turbinen, schnellaufenden Dampfmaschinen, Fahrrädern und Nähmaschinen verwendet. Ihre Viskosität beträgt 5—15° E bei 20° C.

4. Leichte Maschinenöle; diese sind dickflüssig und dienen zum Schmieren von leichten Transmissionen, Dynamos, elektrischen Motoren, Zentrifugen, Ventilatoren und landwirtschaftlichen Maschinen; sie haben eine Viskosität von 9—25° E bei 20° C.

5. Schwere Maschinenöle sind Öle für große Maschinen und schwere Transmissionen mit großer Belastung; sie sind äußerst zähflüssig und ihre Viskosität beträgt 25—50° E bei 20° C.

6. Motorenöle und Automobilzylinderöle zur Schmierung von Gas-, Diesel- und Benzinmotoren, Automobilzylindern; die ersteren haben eine Viskosität von 12—77° E bei 20° C und 3,5—8° E bei 50° C; die letzteren haben eine Viskosität von 20 bis 85° E bei 20° C und 4,5—12° E bei 50° C. Ihr Entflammungspunkt[1]) beträgt ungefähr 185—230° C.

7. Dampfturbinenöle zur Schmierung von Dampfturbinen. Ein Haupterfordernis für diese Schmieröle ist das Vermögen der Wasserabstoßung. Sie haben eine Viskosität 9—13° E bei 20° C. Aber auch höher viskose Öle, z. B. ungefähr 4—4,5° E bei 50° C haben sich vereinzelt bewährt.

Diese sämtlichen Ölarten sind im raffinierten Zustande vollkommen durchsichtig, von hellgelber, rötlichgelber, gelbroter bis dunkelroter Farbe.

8. Eisenbahnwagenachsen- (Vulkan-) und Lokomotivenöl sind dunkle Schmieröle von niedrigem Erstarrungspunkt für den Winter und einer Viskosität von 4—7° E bei 50° C.

9. Zylinderöle sind sehr dickflüssig und bei gewöhnlicher Temperatur salbenartig; sie dienen zum Schmieren der Zylinder von Dampfmaschinen.

Außer den hier angeführten Ölen kommen im Handel noch verschiedene andere Öle vor, und zwar:

10. Putzöle, ganz dünnflüssig, hellfarbig, zum Reinigen von Maschinenteilen; sie bestehen aus Destillaten, welche zwischen etwa 280—350° C übergehen.

11. Gasöle und Treiböle (Blauöl und Dieselmotorenöl) sind jene Fraktionen des Erdöles, welche zwischen der Petroleum- und Vaselinölfraktion destillieren; sie haben eine Dichte von 0,83—0,93 und sieden zwischen 260—400° C. Man verwendet sie einerseits

---

1) Den Begriff des Entflammungspunktes siehe Untersuchung und Beurteilung von Mineralschmierölen, Absatz »Entflammungs- und Entzündungspunkt«.

zur Erzeugung von Leuchtgas, daher der Name Gasöle, und andererseits zum Betriebe von Motoren, Diesel-, Brons- oder Naphtamotoren.

12. **Transformatorenöle** für die Transformatoren und Rheostaten der elektrischen Kraftanlagen, in welchen sie als Kühl- und Isolationsmittel dienen. Dieselben müssen schlechte Elektrizitätsleiter und deshalb besonders gut gereinigt sein. Ihre Viskosität beträgt 5—9° E bei 20° C.

13. Sog. **wasserlösliche Mineralöle** für Bohr-, Fräs-, Schneide- und Poliermaschinen. Sie bilden bei Zusatz von Wasser ganz klare Lösungen oder haltbare Emulsionen. Sie werden durch Auflösen von Kalk-, Natron- oder Ammoniakseifen der Harz- oder Naphthensäuren in Mineralölen unter eventuellem Zusatz von Ammoniak, Benzin oder Alkohol dargestellt und dienen als billige Schmiermittel.

14. **Staubbindende Öle** (Stauböle) zur Vermeidung des Staubes auf Straßen bzw. Fußböden, zu welchem Zwecke billigste Mineralöle, Rohöle, Teere u. dgl. bzw. deren Mischungen mit Wasser unter Zusatz von Chlormagnesium, Chlorkalziumlaugen und emulsionsbildenden Stoffen verwendet werden (Westrumit). Alle Stauböle sollen ganz geruchlos sein.

Hierher gehören auch Gemische von Mineralölen mit anderen billigen Ölen, Fetten oder Seifen.

15. **Schaumöle, Schaumverringerungsöle** dienen zur Bekämpfung der Schaumbildung in den Gärungsgewerben.

16. **Kompoundöle und -fette** stellen Gemische von Mineral- mit Tier- und Pflanzenölen, Fetten und Seifen dar, und schließlich **konsistente oder Tovotefette**.

Konsistente Fette sind unter Zusatz von 1—4 Proz. Wasser vollständig emulsionsartig verrührte Gemische von 15—23 Proz. Kalkseife mit Mineralöl. Der Zusatz von Wasser ist zur Erzielung der Emulsion und des gleichmäßigen Gefüges unbedingt erforderlich, da wasserfreie Auflösungen von Kalkseifen in Mineralöl schon nach kurzer Zeit ungleichmäßig werden.

Die Kalkseife ist in den konsistenten Fetten in feinster Verteilung vorhanden. Die konsistenten Fette enthalten überdies oft Kali- oder Natronseifen, Rinds- oder Hammeltalg, Graphit usw. Man nennt diese Fette konsistente Fette, weil sie selbst bei erhöhter Temperatur eine ziemlich hohe gleichmäßige Konsistenz beibehalten; sie schmelzen erst über 70—100° C.

Man verwendet die konsistenten Fette zum Schmieren schwer zugänglicher Maschinenteile, wie Zahnradwechsel- und Differentialgetriebe, Zapfen, Ketten usw.

In letzter Zeit kommen auch sog. Kalypsolfette in den Handel, welche zuerst in Amerika eingeführt wurden. Es sind dies hauptsächlich Gemische von Mineralölen und Kali- oder Natronseifen, welche letztere aus den festen aus Talg gewonnenen Fettsäuren dargestellt werden. Sie schmelzen erst über 120 bis 200° C.

Auch Gemische von Wollfett, Alkaliseifen, Graphit mit Mineralölen kommen als konsistente Fette unter besonderen Namen in den Handel. Die fetten Bestandteile des Wollschweißes haben eine hohe Viskosität und einen hohen Schmelzpunkt.

In der umstehenden Tabelle ist ein einfaches übersichtliches Schema der Verarbeitung von einem paraffinhaltigen galizischen Erdöl Boryslaw-Tustanowice zusammengestellt.

Steinkohlenteer-Erzeugnisse.

Dem Erdölbenzin und -schmierölen ähnliche Erzeugnisse werden auch aus Steinkohlen- und Braunkohlenteeren und aus den aus bituminösen[1]) Schiefern und Torf gewonnenen Teeren erzeugt.

Der Steinkohlenteer wird vorwiegend in großen Mengen in den Kokereien (Zechen- oder Koksofenteer) und Leuchtgasanstalten (Gasteer) und auch in der Roheisenindustrie (Hochofenteer) als Nebenprodukt der trockenen Destillation der Steinkohle erhalten. Weniger kommen hier in Betracht Ölgas- sowie Wassergasteer.

Der Steinkohlenteer bildet eine dunkle, meist schwarze, ölartige, dickflüssige bis zähflüssige Masse von charakteristischem, meist kreosotartigem Geruch. Sein spezifisches Gewicht ist verschieden, es schwankt je nach der Provenienz des Teers zwischen 0,955 bis 1,28, in der Regel beträgt es über 1.

Die chemische Zusammensetzung des Steinkohlenteers ist je nach der Provenienz verschieden. Derselbe enthält außer Ammoniakwasser hauptsächlich leichte und schwere Kohlenwasserstoffe der aromatischen Reihe, Benzol und dessen Homologe, wie

---

1) Die Bezeichnung Bitumen wird von dem lateinischen pix tumens (aufwallendes Pech) abgeleitet und umfaßt in engerem Sinne den von erdigen Verunreinigungen befreiten in Schwefelkohlenstoff oder Benzol bzw. in Tetrachlorkohlenstoff löslichen Naturasphalt. Im weiteren Sinne bezeichnet man als Bitumen auch dessen künstliche Ersatzstoffe, wie Erdölpech, Steinkohlenteerpech, Braunkohlenteerpech, Ölgasteerpech usw.

Einfaches Schema der Verarbeitung von Rohöl Boryslaw-Tustanowice.

Rohöl

Vorwärmer

Petroleumdestillationskessel

Rohbenzin leicht — Rohbenzin schwer — Petroleumdestillat — Paraffinöl — Rückstand Massut

Raffination

raffiniertes Rohbenzin leicht oder schwer

Rektifikation

raff. rekt. Benzine — Benzinrückstand

Raffination

Filtration

raffiniertes Petroleum

Öldestillationskessel

Paraffinöl — 1. Rückstand oder 2. Asphalt

Krakdestillationskessel

Paraffinöl — Gase zum Heizen — a) Asphalt oder b) Petroleumkoks

Paraffinfabrik

Entwässerung

Kristallisation

Filterpresse

entparaffiniertes Paraffinöl [Filtrat] — Gatsch

Konzentration

Reduzierkessel

Aufschmelzen

Fraktionierung oder Umkristallisation

Schuppen

Schwitzkammer

Gasöl-destillat — Vaselinöl-destillat — Spindelöl-destillat — Maschinenöl-destillat — reduzierte Maschinenöl-rückstände — Zylinderöl

Entwässerung

Raffination

Gasöl, Treiböl

Motorennaphtha

Vaselinöle — Spindelöle — Maschinenöle

Paraffinöl — Paraffinreiche Zwischenprodukte — Rohparaffin

Raffination und Entfärbung

Weißparaffin

Toluol, Xylole, Pseudokumol, ferner Naphthalin, Azenaphthen, Phenanthren, Anthrazen, Phenole (Phenol, Kresol), stickstoffhaltige Körper, hauptsächlich Pyridin-, Chinolinbasen und Karbazol, schwefelhaltige Verbindungen wie Schwefelkohlenstoff und Thiophene, asphaltartige Substanzen usw.

Der rohe, undestillierte Steinkohlenteer wird zur Heizung der Gasretorten, zum Imprägnieren von Holz, als Eisenanstrichmittel, zur Dachpappenfabrikation, zur Desinfektion usw. verwendet, meistens wird derselbe aber durch fraktionierte Destillation und nachherige Reinigung auf verschiedene Erzeugnisse verarbeitet.

Durch Destillation von Steinkohlenteer erhält man folgende Rohprodukte:

1. Leichtöl (1—3 Proz.), das Destillat bis 170° C; es bildet eine gelbliche bis dunkelbraune Flüssigkeit vom spez. Gewichte 0,910—0,950 und besteht zu etwa 65 Proz. aus Kohlenwasserstoffen Benzol, Toluol, Xylolen und Pseudokumol; außerdem enthält es noch Phenole (Karbolsäure), Basen (Pyridin), Naphthalin, Schwefelverbindungen (Thiophen), Kohlenwasserstoffe Paraffine und Olefine und schließlich das bei der Destillation mit übergehende Ammoniakwasser.

2. Mittelöl (8—12 Proz.), das Destillat von 170—230° C; es enthält höhere Kohlenwasserstoffe (Naphthalin), Phenole (Karbolsäure), Basen (Pyridin).

3. Schweröl (6—10 Proz.), das Destillat von 230—270° C. Es enthält außer Kohlenwasserstoffen vorwiegend Kresole und Chinolinbasen.

4. Anthrazenöl (16—20 Proz.), das Destillat, welches bei direkter Destillation von 270—400° C übergehen würde, jedoch durch Abtreiben unter vermindertem Druck oder mit überhitztem Wasserdampf gewonnen wird. Es enthält Methylnaphthalin, Anthrazen, Phenanthren und Karbazol.

5. Rückstand: Pech, das sog. Hartpech (ungefähr 55 Proz.).

Die Destillate von Koksteer weichen von denen der Gasteere wenig ab. Im allgemeinen enthalten sie weniger Benzol und Phenol, dagegen aber mehr Anthrazen.

Eine abweichende Zusammensetzung haben die Destillate von Ölgasteer. Derselbe ist in der Regel frei von Phenolen und arm an Pyridinbasen. Das aus dem Ölgasteer erhaltene Benzol ist reich an Olefinen, das Mittelöl arm an Naphthalin und im Schweröl tritt das Anthrazen nur in sehr geringen Mengen auf.

In der Mitte zwischen den Destillaten des Ölgasteeres und denen des Koksteeres stehen etwa die des Hochofenteeres, die einen mehr braunkohlenölartigen Charakter haben.

Das Leichtöl wird zunächst von ammoniakhaltigem Wasser getrennt und durch Destillation in folgende drei Fraktionen geteilt:

1. Leichtbenzol,
2. Schwerbenzol,
3. Karbolöl.

Jede einzelne dieser Fraktionen wird gereinigt und darauf folgt eine nochmalige Destillation.

Die Reinigung (Raffination) des Rohbenzols (Leicht- und Schwerbenzol) besteht darin, daß man es zuerst mittels 10 proz. Natronlauge, welche saure Bestandteile (Karbolsäure, Kresole usw.) bindet, auswäscht. Danach wird das Rohbenzol mit verdünnter Schwefelsäure von 37,5° Bé behandelt, welche demselben Pyridinbasen (Pyridin und seine Homologe) entzieht. Nach dieser Operation folgt das Auswaschen mit konzentrierter Schwefelsäure von 66° Bé; die Schwefelsäure bewirkt die Verharzung der Verunreinigungen, ungesättigten Verbindungen (insbesondere Kumaron), welche in die Schwefelsäure übergehen.

Das gereinigte Benzol wird von der stark gefärbten Säure (Säureteer) getrennt, mittels Nachwaschen mit Wasser und Natronlauge entsäuert und es folgt dann eine fraktionierte Destillation in ähnlichen Apparaten wie bei Rohbenzin, durch welche je nach dem Verwendungszweck entweder reine Produkte, Reinbenzol, Reintoluol, Reinxylol oder technische Produkte gewonnen werden. Letztere enthalten verschiedene Mengen von Benzol, Toluol und Xylolen und werden in den Handel als Handelsbenzole, Motorenbenzole usw. gebracht. Sie dienen in der Fabrikation von Farbstoffen, Heilmitteln, Sprengstoffen, Saccharin, ferner zum Karburieren von Wassergas, in der Gummiwaren- und Lackfabrikation als Lösungsmittel und als Ersatz für Terpentinöl, gegenwärtig in beträchtlichem Maße als Betriebsstoff für Explosions- und Automobilmotoren.

Auf ähnliche Weise wie Leichtöl wird auch das Mittelöl, vermischt mit den Rückständen von der Leichtöldestillation, verarbeitet.

Man läßt das Mittelöl, welches ungefähr 40 Proz. Naphthalin enthält, längere Zeit stehen, wodurch sich Naphthalin allmählich abscheidet; dasselbe wird durch besonders gebaute Filterpressen von der Mutterlauge abgetrennt, weiter mit Schwefelsäure und durch Destillation gereinigt. Das von dem Naphthalin getrennte Öl wird destilliert, wodurch Rohbenzol (II), Kreosotöl und Naphthalinöl erhalten wird. Die Verarbeitung des Rohbenzols ist dieselbe wie bei Leichtöl. Aus dem Kreosotöl wird Karbolsäure und Kresole, aus dem Naphthalinöl noch Naphthalin gewonnen. Der Rückstand dient als Desinfektions- und Imprägnierungsmittel.

Das Schweröl wird teilweise direkt zur Imprägnierung von Holz verwendet, hauptsächlich aber auf Phenol, Kresole und Naphthalin verarbeitet.

Der Rückstand dient zum selben Zwecke wie derjenige von Mittelöl.

Das Anthrazenöl enthält 25—30 Proz. Anthrazen, welches aus diesem Öl gewonnen wird. Zu diesem Zwecke läßt man das Öl bis zur Abscheidung des Anthrazens stehen, worauf dasselbe durch Filterpressen abgetrennt wird. Das so erhaltene Rohanthrazen wird meistens durch Erhitzen mit Pyridin, welches die Verunreinigungen aufnimmt, gereinigt.

Das vom Anthrazen abgetrennte Öl, welches unter dem Namen Karbolineum oder Avenarin in den Handel kommt, dient zum Konservieren des Holzes.

Die aus dem Steinkohlenteer erzeugten Öle werden auch als billige Schmiermittel oder zum Motorenbetrieb verwendet.

Rohe Phenolatlaugen von der Reinigung der Teerfraktionen werden auf Phenol (Karbolsäure) und Kresol verarbeitet. Ebenso werden die mit verdünnter Schwefelsäure extrahierten basischen Bestandteile der Teerfraktionen auf Pyridin und Denaturierungsbasen verarbeitet, welche zum Vergällen von Spiritus dienen. Aus dem »Säureteer« gewinnt man das sog. Kumaronharz, welches als Schellackersatz dient.

Der Benzolgehalt im Steinkohlenteer beträgt 0,6—1,5 Proz. und bildet, wie durch Versuche festgestellt wurde, nicht einmal den zehnten Teil von dem Benzolgehalte im Gase, welches bei der trockenen Destillation der Steinkohle entsteht.

Es wird daher der größte Teil des Benzols, Toluols und Xylols aus dem Gase der Kokereien und aus dem Leuchtgase gewonnen, und zwar werden diese Kohlenwasserstoffe aus den Gasen in besonders konstruierten Vorrichtungen mittels »Waschöl« aufgefangen [1]).

Das Auswaschen des Benzols durch Waschöl geschieht nach dem sog. Gegenstromprinzip, d. i. Waschöl und Gas strömen einander entgegen, wodurch das Benzol aus den Gasen ziemlich vollkommen ausgewaschen wird. Aus dem benzolhaltigen Waschöl wird dann das Benzol in Kolonnenapparaten durch Wasserdampf ausgetrieben. Das so gewonnene Rohbenzol wird auf dieselbe Art raffiniert und fraktioniert destilliert, wie bei Leichtöl angegeben wurde.

Nach dem neuen Del-Monte-Verfahren gelingt es, durch

---

[1]) Das Waschöl ist eine Teerfraktion, die zwischen 200° bis 300° C bis zu 90 Prozent übergehen soll.

Einfaches Schema der Verarbeitung von Steinkohlenteer.

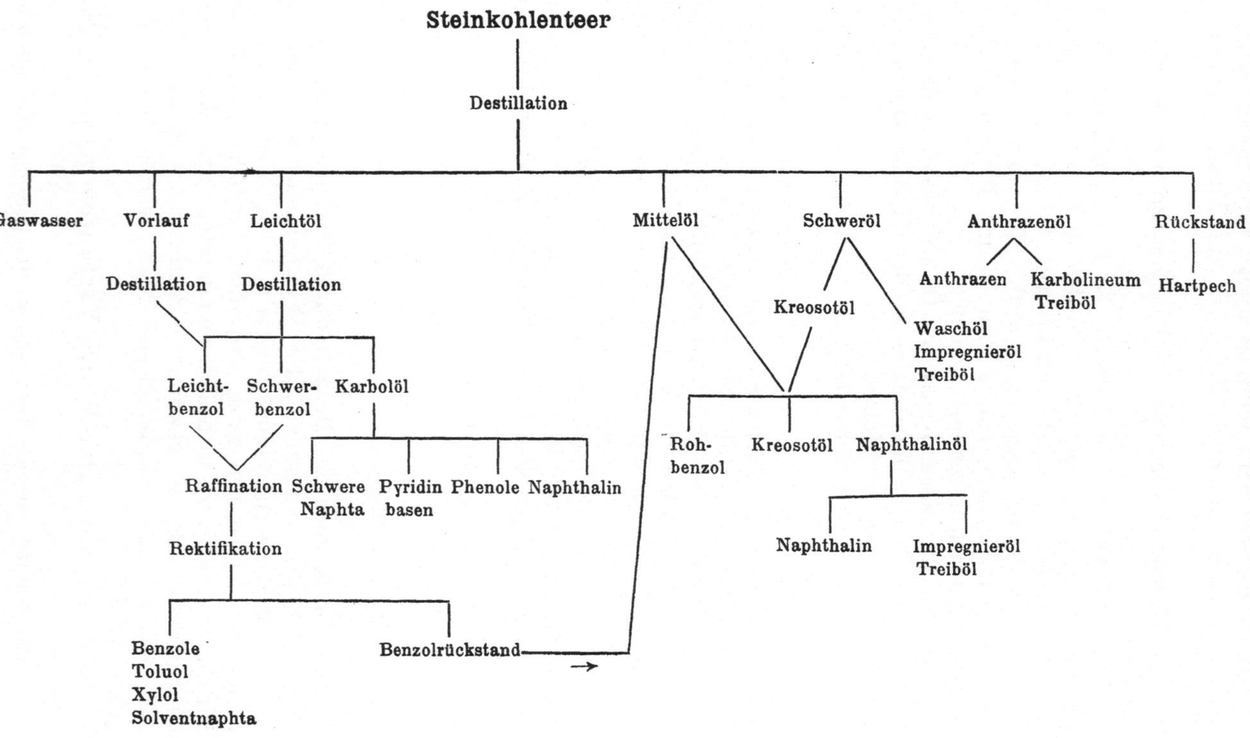

Verkokung von Steinkohle bei einer Temperatur von 500—600° C[1]) einen Teer zu erhalten, welcher mehr aliphatische als aromatische Verbindungen enthält, also mehr dem Braunkohlenteer und Erdöl als dem Steinkohlenteer ähnlich ist.

In der nebenstehenden Tabelle ist ein einfaches übersichtliches Schema der Verarbeitung von Steinkohlenteer zusammengestellt.

Braunkohlen-, Schiefer- und Torfteer-Erzeugnisse.

Auf ähnliche Weise wie der Steinkohlenteer werden auch durch trockene Destillation von Braunkohle, Schweelkohle[2]), Schiefer und Torf Braunkohlen-, Schiefer- und Torfteere gewonnen.

Diese Teere werden ähnlich wie das Erdöl auf Benzin, Leucht-öl, Putz-, Gelb-, Rot- und Gasöl, insbesondere aber auf Paraffin verarbeitet.

Der Braunkohlenteer bildet bei gewöhnlicher Temperatur eine butterartige, gelinde erwärmt eine leichtflüssige gelblich braune bis dunkelbraune und dunkelgrün fluoreszierende Masse, welche nach Kreosot, zuweilen auch nach Schwefelwasserstoff riecht.

Der Braunkohlenteer enthält hauptsächlich gesättigte Kohlenwasserstoffe Heptan C_7H_{16} bis Heptakosan $C_{27}H_{56}$, ungesättigte Kohlenwasserstoffe, aromatische Kohlenwasserstoffe wie Benzol und dessen Homologe, Phenole und Kresole und geringe Mengen von Naphthalin. Von diesen Verbindungen sind ungefähr 16 Proz. Paraffine, 31 Proz. Olefine (Äthylene), 4 Proz. Naphthene und 45 Proz. aromatische Kohlenwasserstoffe.

Der aus bituminösen Schiefern gewonnene Teer enthält ungefähr 42 Proz. Paraffine, 39 Proz. Olefine (Äthylene), 10 Proz. Naphtene und 7 Proz. Benzol. Dieser Teer wird in Thüringen, Messel bei Darmstadt, hauptsächlich aber in Schottland, Irland und Amerika gewonnen und verarbeitet.

Aus Braunkohlenteer erhält man durch die erste Destillation folgende Rohprodukte:

1. Leichtes Rohöl,
2. Hartparaffinmasse,
3. Rote Produkte,
4. Rückstand: Asphalt, Pech bzw. Koks.

---

[1]) Um die Verkokung der Steinkohle in Kammeröfen innerhalb kurzer Zeit vollständig durchzuführen, werden viel höhere Temperaturen, 1000° bis 1200° C, angewendet.

[2]) Schweelkohle ist eine erdige bitumenhaltige Art der Kohle.

Durch Destillation und Raffination des leichten Rohöles erhält man:

1. Braunkohlenbenzin,
2. Photogen,
3. Solaröl,
4. Helles Paraffinöl,
5. Solarparaffinmasse.

Das Braunkohlenbenzin hat das spez. Gewicht 0,790 bis 0,810, siedet zwischen 100—200° C und besteht hauptsächlich aus den Kohlenwasserstoffen Paraffinen, Benzol, Toluol und Xylol. Es wird entweder für sich allein verwendet oder zum Petroleumbenzin zugesetzt.

Das Photogen (deutsches Petroleum) und Solaröl haben das spez. Gewicht 0,810—0,830, sieden zwischen 150—270° C und dienen als Leuchtpetroleum oder zum Motorenbetrieb.

Aus dem hellen Paraffinöl wird das Putz- und Gelböl gewonnen, welches als Schmiermittel dient.

Die Solarparaffinmasse kommt nach dem Kühlraum, in welchem sich aus derselben Paraffin abscheidet. Nach Abtrennung des Paraffins durch Filterpressen gewinnt man Fettöl, welches als Schmiermittel dient.

Nach dem Entparaffinieren der Hartparaffinmasse erhält man schweres Rohöl, aus welchem man durch Destillation das Rohphotogen, Solaröl, Paraffinöl, IIa Paraffinmasse und Gasöl gewinnt, welches letztere zur Erzeugung von Gas oder als Treiböl dient.

Das wertvollste Erzeugnis aus Braunkohlenteer ist jedoch das Paraffin, welches auf ähnliche Weise wie das Petroleumparaffin gewonnen und verarbeitet wird.

In der nachfolgenden Tabelle ist ein einfaches übersichtliches Schema der Verarbeitung von Braunkohlenteer zusammengestellt.

Einfaches Schema der Verarbeitung von Braunkohlenteer.
Braunkohlenteer
Destillation
Leichtes Rohöl
Hartparaffinmasse
rote Produkte Rotöl
Rückstand
Asphalt
Pech
Koks
Braunkohlenbenzin
Photogen
Solaröl
Helles Paraffinöl
Solarparaffinmasse
Paraffin
Schweröl
Putzöl
Gelböl
Paraffin
Fettöl
Rohphotogen
Solaröl
Paraffinöl Paraffin
Gasöl Treiböl

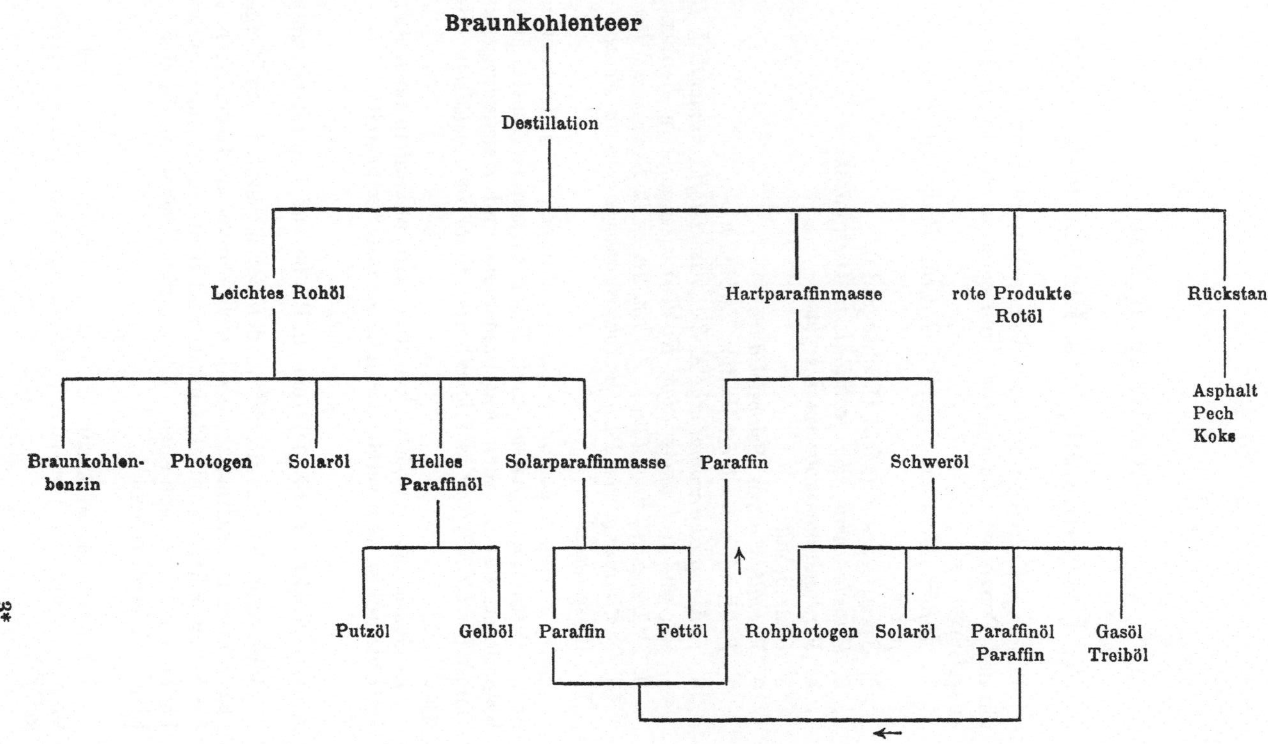

3*

Analytischer Teil.

A. Untersuchung von Benzin und Benzol.

Die physikalischen und chemischen Untersuchungen von Benzin und Benzol werden am vorteilhaftesten in nachfolgender Reihe ausgeführt:

1. *Äußere Merkmale, Farbe, Geruch, Probe auf dem Filtrierpapier.*
2. *Spezifisches Gewicht* (Dichtegrade).
3. *Unterbrochene oder fraktionierte Destillation.*
4. *Verdunstungsprobe im Uhrglas.*
5. *Säuregehalt.*
6. *Verhalten gegen Schwefelsäure.*
7. *Prüfung auf schwefelhaltige Verbindungen.*
8. *Prüfung auf aromatische Kohlenwasserstoffe, namentlich Benzol, und auf ungesättigte Kohlenwasserstoffe in Benzin.*
9. *Prüfung auf ungesättigte Verbindungen in Benzin und Benzol.*
10. *Bestimmung von Paraffinkohlenwasserstoffen in Benzol.*
11. *Wassergehalt.*

Außer diesen allgemeinen Untersuchungen werden ferner auch noch *Brechungskoeffizient* und *Erstarrungspunkt* bestimmt, in besonderen Fällen auch *Entflammungs-* und *Entzündungspunkt, Dampfdruck, Explosionsfähigkeit* und *Verbrennungswärme* (Heizwert).

In Gemischen von Betriebsstoffen wird außerdem noch Äthyl-, Methylalkohol, Schwefeläther und Azeton festgestellt.

Äußere Merkmale, Farbe, Geruch, Probe auf dem Filtrierpapier.

Man gießt den zu untersuchenden Betriebsstoff in ein Reagenzglas (unten zugeschmolzenes Glasrohr) ungefähr 10 cm hoch, legt ein Stück weißes Papier darunter und beobachtet die Flüssigkeit bei hellem Lichte von oben. Benzin oder Benzol soll durchsichtig, klar und farblos sein[1]).

---

[1]) Unversteuertes Benzin hat eine rötliche Farbe; es wird behufs Unterscheidung von versteuertem Benzin mit einem Sudanfarbstoffe zugefärbt.

Reines Benzin soll auch nicht fluoreszieren. Die eventuell vorkommende Fluoreszenz kann man am besten beobachten, wenn man das Benzin in ein kleines Glas bringt, mit einem schwarzen Glanzpapier unterlegt und die Füssigkeit in reflektiertem Lichte beobachtet.

Zur weiteren Untersuchung gießt man etwas Benzin oder Benzol auf ein Stück weißes Filtrierpapier, läßt es verdunsten, und gleichzeitig stellt man den Geruch fest. Derselbe ist für Benzin sowie für Benzol charakteristisch, und man kann dadurch auch beide voneinander unterscheiden.

Ferner beobachtet man, ob Benzin bzw. Benzol nach dem Verdunsten einen Rückstand oder einen Fettfleck hinterlassen.

Hat man kein Filtrierpapier zur Verfügung, so gießt man etwas Benzin oder Benzol auf die flache Hand und verreibt es zwischen den Händen; durch die Handwärme wird das Verdunsten beschleunigt und der Geruch macht sich mehr bemerkbar als auf dem Filtrierpapier. Auf diese Weise unterscheidet man auch besser Benzin von Benzol.

War das Benzin oder Benzol unrein, so fühlt sich die Hand fett an, sonst fühlt sie sich trocken an; wasserhaltiges Benzol hinterläßt auf der Hand Feuchtigkeit.

Die Verdunstungsprobe auf der Hand scheint praktischer zu sein als die Probe auf dem Filtrierpapier, man tut jedoch gut, beide Proben vorzunehmen.

Spezifisches Gewicht (Dichtegrade).

Das spezifische Gewicht von Flüssigkeiten wird mit besonderen Apparaten bei der Normaltemperatur, d. i. 15° C, bestimmt.

Regelmäßig wird zur schnellen und bequemen Bestimmung des spezifischen Gewichts von Benzin und Benzol ein, wenn möglich, geaichter Dichtemesser, das sog. Aräometer, verwendet.

Dasselbe (Fig. 1) ist aus Glas hergestellt und besteht aus einem Schwimmkörper a mit eingeschmolzenem Thermometer b und der sog. Spindel c, welche für Benzinprüfung eine Skalenteilung von 0,680—0,780 aufweist.

Das Benzin wird in ein 5—6 cm breites und passend hohes gläsernes Standgefäß A

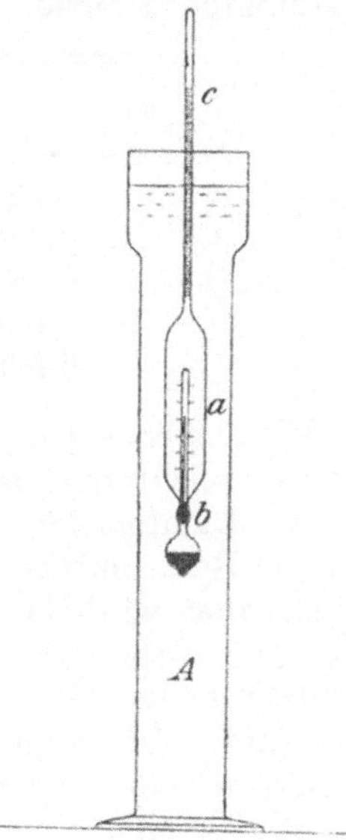

Fig. 1.

eingegossen, auf 15° C abgekühlt und sodann wird das Gefäß auf eine wagerechte Platte gestellt.

Nachher läßt man das vollständig reine und trockene Aräometer in die Flüssigkeit hinabgleiten und sorgt dafür, daß bei der Probe die Temperatur von 15° C erhalten wird. Nach etwa 10 Minuten liest man an der Spindelskala das spezifische Gewicht direkt dort ab, bis wohin die Flüssigkeit an der Spindel steigt. Das Aräometer muß dabei in der Flüssigkeit frei schwimmen und daher nicht an der Zylinderwand anhaften.

Kann das Benzin aus irgendwelchem Grunde nicht auf 15° C abgekühlt werden, so muß man eine Berichtigung für die am Aräometer abgelesene Temperatur in Rechnung nehmen, und zwar wird für jeden Temperaturgrad über 15° C ein Durchschnittswert von 0,0008 zugerechnet, für jeden Grad unter 15° C derselbe Wert abgezogen.

Beispiel:

Abgelesenes spezifisches Gewicht bei 20° C 0,700
Korrektur für die Temperatur 0,0008 × 5 0,004

Berichtigtes spez. Gewicht für die Normaltemperatur von 15°C 0,704

Will man eine genaue Korrektur für die Temperatur bei verschiedenen spezifischen Gewichten berechnen, so entnimmt man sie aus der nachstehenden, von Mendelejeff für russische Öle bestimmten Tabelle.

Für ein spez. Gewicht von	Korrektur für 1° Temperaturunterschied
0,700—0,720	0,00082
0,720—0,740	0,00081
0,740—0,760	0,00080
0,760—0,780	0,00079
0,780—0,800	0,00078

Mit der eben beschriebenen Bestimmung des spezifischen Gewichtes reicht man für technische Zwecke vollständig aus.

Der Dichtemesser ist handlich und man kann ihn daher auch auf die Reise mitnehmen, wo er gute Dienste leisten kann.

Genauer wird das spezifische Gewicht des Benzins mit Hilfe der Mohr-Westphalschen Wage oder noch besser mit einem Piknometer, dessen Hals mit einer Skalenteilung versehen ist, bestimmt. Dieser Apparat wird jedoch nur in einem Laboratorium, wo eine chemische Wage zur Verfügung steht, verwendet.

Auf dieselbe Art wie bei Benzin wird das spezifische Gewicht von Benzol bestimmt. Da aber Benzol ein bedeutend höheres spezifisches Gewicht hat, so muß man ein Aräometer mit einer Skalenteilung von 0,800—0,900 benutzen.

Die bei Benzin angeführten Gewichtskorrekturen haben für die Bestimmung des spezifischen Gewichtes von Benzol keine Geltung und man nimmt hier für jeden Grad des Temperaturunterschiedes den Wert 0,00012.

Unterbrochene oder fraktionierte Destillation.

1. Fraktionierte Destillation von Benzin.

In dem Kapitel »Das Erdöl, seine Zusammensetzung und Verarbeitung« wurde eingehend erörtert, daß Benzin und technisches Benzol keine einheitlichen Stoffe, sondern Gemische von verschiedenen Verbindungen darstellen.

Um sich daher ein klares Bild über die Zusammensetzung der Betriebsstoffe, d. i. über ihren Gehalt an leichter und schwerer flüchtigen Bestandteilen zu machen und daher verschiedene Benzine bzw. Benzole vergleichen zu können, bedient man sich der sog. Siedeprobe (Destillationsanalyse), welche darin besteht, daß man den Betriebsstoff aus einem Gefäße destilliert und gleichzeitig bestimmt, wieviel Volumprozente der bei einer bestimmten Temperatur übergehenden Bestandteile der Betriebsstoff enthält. Man nennt diese Destillation eine unterbrochene oder fraktionierte, weil dabei einzelne Anteile, sog. Fraktionen, besonders aufgefangen werden.

Nachdem die im Laboratorium angewandten Apparate in der Zusammenstellung voneinander abweichen und daher ihre Wirkung verschieden sein kann, werden bei uns sowie im Auslande zur Destillationsprobe für Handels- und Zollzwecke besonders eingerichtete Apparate von bestimmten Dimensionen verwendet[1]).

In Deutschland und in Österreich-Ungarn verwendet man in Handelslaboratorien einen Apparat nach dem Vorschlage von Engler[2]) oder denjenigen von Kissling[3]), wogegen für die

---

[1]) Die Destillation geschieht in Apparaten von |bestimmter Form und Größe, weil die Fraktionen je nach der Form und Größe des Gefäßes, aus dem sie destilliert werden, und ferner je nachdem, wie rasch man destilliert oder wieviel Material man einfüllt, ganz verschiedene Ergebnisse zeigen können. Es kommt sogar darauf an, wie das Destillationsrohr und der Kühler beschaffen sind, oder aus welchem Material das Gefäß besteht, aus dem destilliert wird. Deshalb sind für Benzin- und Benzoldestillation genaue Normen festgestellt.

[2]) Siehe Engler-Höfer, Das Erdöl, S. 13 u. 35; Holde, Kohlenwasserstofföle, S. 32.

[3]) Siehe Kissling, Laboratoriumsbuch, S. 31.

zolltechnische Prüfung eine andere Konstruktion vorgeschrieben ist.

Aber auch die zwei erstgenannten Apparate sind in der Zusammenstellung und den Abmessungen nicht ganz gleich, und in demselben Lande benutzen verschiedene Körperschaften und Fabriken in ihren Laboratorien auch verschiedene Apparate.

Nachdem man zur Destillationsprobe nur 100 ccm Benzin verwendet und bei dem Apparate von Engler ohne Dephlegmationsansatz, bei dem Kisslingschen Apparate jedoch mit Dephlegmationsansatz destilliert wird, so können dadurch merkliche Unterschiede in den Ergebnissen entstehen, namentlich, wenn man weder auf den Barometerstand noch auf die Temperatur der aus dem Destillierapparate herausragenden Quecksilbersäule des Thermometers Rücksicht nimmt.

Der Englersche, von Ubellohde und Holde modifizierte Apparat besteht aus einem Fraktionierkolben (Fig. 2) von 150 ccm Inhalt, welcher auf einem Stativ befestigt und mit einem Schutzmantel umgeben ist. Im Kolbenhalse ist ein Thermometer befestigt. Der Kolben ist mit einem Liebigschen Kühler von 60 cm Länge verbunden. Die vereinbart vorgeschriebenen Abmessungen des Kolbens sind aus der Figur ersichtlich.

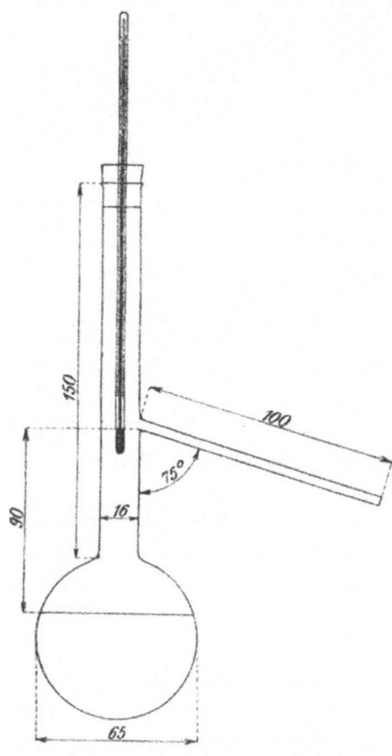

Fig. 2.

Der Kolben wird mit 100 ccm des zu prüfenden Benzins gefüllt. Als Siedebeginn gilt diejenige Temperatur, welche das Thermometer anzeigt, wenn der erste Tropfen bei der Mündung des Kühlers hinabfällt. Es soll so schnell destilliert werden, daß in einer Sekunde zwei Tropfen aus dem Kühler fallen.

Die Destillate werden von 10° C zu 10° C in sechs mit 0,2 Kubikzentimeterteilung versehenen Reagenzgläsern, die an einem drehbaren Stativ befestigt sind, aufgefangen. Sollen die einzelnen Fraktionen nicht weiter untersucht werden, so genügt als Vorlage zum Auffangen ein in halbe ccm geteilter Meßzylinder von 100 ccm Inhalt; die übergehenden Benzinmengen werden fortlaufend abgelesen.

Beim Destillieren bis zu einer bestimmten Temperaturgrenze sind die Korrekturen für den aus dem Dampf herausragenden Quecksilberfaden aus der nachstehenden Tabelle zu entnehmen, von der Temperatur, bei welcher das Destillat aufgefangen werden soll, abzuziehen und bei der so ermittelten Temperatur die Destillatmenge abzumessen.

Abgelesene Siedetemperatur ° C	Fadenkorrektur ° C	Abgelesene Siedetemperatur ° C	Fadenkorrektur ° C
60	0,8	140	3,9
80	1,6	160	4,9
100	2,3	180	5,9
120	3,1	200	7,2

Als Endpunkt der Destillation ist derjenige Wärmegrad anzusehen, bei welchem der Boden des Destillierkolbens frei von Flüssigkeit erscheint.

Bei dem Destillierapparat für zolltechnische Prüfungen ist der Destillationskolben sowie der Kühler aus Metall hergestellt und der Apparat hat vorgeschriebene Abmessungen.

Der Destillierapparat von Kissling besteht aus einem kugelförmigen Kolben von 100 mm Durchmesser, welcher mit einer 45 cm langen vierkugeligen, mit seitlichen Rückflußröhrchen versehenen Dephlegmationsröhre verbunden ist. Der Apparat unterscheidet sich daher wesentlich von dem Englerschen Apparate.

Allen und Jacobs verwenden einen elektrisch heizbaren Kolben von 250 ccm Inhalt und einen senkrecht stehenden Kühler[1]). Der Vorzug dieser Appará ur soll darin bestehen, daß die Destillation geichmäßiger wird und daß die Dephlegmation und dadurch Zersetzungen der höher siedenden Destillate vermieden werden.

Dieterich schlägt aus technischen Gründen eine von der handelsüblichen teilweise abweichende Methode vor, nämlich in den Motorenbenzinen bzw. Benzolen statt der von 10° zu 10° C übergehenden Volumteile bloß den bis zu 100° C und den über 100° C übergehenden Gewichtsteil zu bestimmen[2]).

Zu diesem Zwecke werden in einen 500 ccm fassenden Fraktionierkolben 250 g Benzin abgewogen und destilliert, bis das Thermometer 85—90° C zeigt; dann wird der Kolben in ein Chlorkalziumwasserbad ganz eingesetzt und der Kolbeninhalt so lange

---

[1]) Bureau of Mines, Washington 1911, Bulletin 19.
[2]) Siehe Dieterich, Die Analyse und Wertbestimmung usw., S. 55.

weiter destilliert, als bei der Temperatur von 100° C noch etwas übergeht. Durch Einschaltung des Chlorkalziumbades soll nämlich ermöglicht werden, die Destillation konstant bei 100° C fortzusetzen.

Nachher wird der Kolben abgekühlt, gewogen und mit freier Flamme über 100° C weiter erhitzt, bis der Kolben nur noch mit Dampf gefüllt ist. Gleichzeitig wird der Endsiedepunkt am Thermometer abgelesen.

Auf diese Weise wird das Benzin in einen bis zu 100° C, einen zweiten über 100° C übergehenden Anteil und den im Kolben zurückbleibenden Teil getrennt. Auf dieser Grundlage wird das Benzin beurteilt[1]).

Gegen diesen Vorgang ließe sich einwenden, daß die Anwendung des Chlorkalziumbades während der Destillation umständlich und unbequem ist, hauptsächlich scheint es aber, daß diese Destillationsmethode doch zur vollständigen Beurteilung von Benzin nicht ausreichen kann. Ich bin der Ansicht, daß man sich auf Grund einer bloßen Einteilung des Benzins in drei Fraktionen, selbst wenn es sich nur um ein Motorenbenzin handelt, kein klares Bild über die Zusammensetzung des fraglichen Benzins machen kann.

Wie im technischen Teile dieses Werkes gezeigt wird, sind die Benzinfraktionen von 60°—120° C für den Betrieb des Motors wichtig, während die Fraktionen von 40—60° C hauptsächlich zur leichteren Entzündbarkeit des Benzins dienen und die über 120° C übergehenden Anteile für den Motorbetrieb schon minderwertig bzw. weniger wirtschaftlich sind.

Aus diesen und noch anderen, im technischen Teile dieses Werkes näher angeführten Gründen habe ich den goldenen Mittelweg gewählt und führe bei jeder Benzinuntersuchung die fraktionierte Destillation unter Anwendung eines Dephlegmators durch, wobei, vom Siedepunkt angefangen, die zwischen 20 bis 40° C, von 40—60° C, von 60—80° C usw. übergehenden Anteile bis beinahe zur vollständigen Verdampfung gesondert aufgefangen werden und schließlich der nach dem Abkühlen des Apparates im Kolben zurückbleibende Rückstand gewogen wird.

Die Einrichtung der Apparatur, welche ich nach meinen Erfahrungen zur Benzindestillation verwende, ist folgende:

Als Heizvorrichtung dient eine elektrisch heizbare Platte für den Strom von 4 Ampère Intensität und 120 Volt Spannung, welche

---

[1]) In dem später erschienenen Ergänzungsband »Unterscheidung und Prüfung der leichten Motorbetriebsstoffe usw.« empfiehlt K. Dieterich diese Methode nur für reine Benzine, nicht aber für Mischungen.

wie ein Wasserbad mit Metallringen versehen ist[1]). Um die Temperatur auch in geringen Grenzen wechseln zu können, wird der Heizplatte ein fein regulierbarer Widerstand vorgeschaltet[2]).

Zur Destillation wird ein Kolben aus Jenaer Glas von 500 ccm Inhalt verwendet, in dessen Hals ein Dephlegmationsrohr eingeschliffen ist. In die obere Mündung dieses Rohres ist ein abnehmbares genaues Thermometer derart eingeschliffen, daß das obere Ende des Quecksilbergefäßes gerade an die Mündung der Abflußröhre reicht. Die Entfernung von Grad zu Grad beträgt 1 mm und die Gradteilung ist so eingerichtet, daß oberhalb der Mündung des Dephlegmationsrohres erst der Grad 25, bzw. bei der Destillation der schweren Benzine erst der Grad 45 beginnt.

Das bei der Destillation benutzte Dephlegmationsrohr ist mit fünf verschieden großen Kugeln und mit einer zylindrischen Erweiterung bei der Abflußröhre versehen. Es ist nebst den inneren Abmessungen in Fig. 3 abgebildet.

Bei diesem Dephlegmationsrohr fehlt das Rückflußröhrchen, welches bei dem Dephlegmationsrohr von Glinski bzw. Kissling angewendet wird. Ich habe nämlich durch Versuche festgestellt, daß bei der Anwendung des eben beschriebenen Dephlegmationsrohres mit und ohne dieses Rückflußröhrchen die Unterschiede in den Destillationsergebnissen bei der Einhaltung

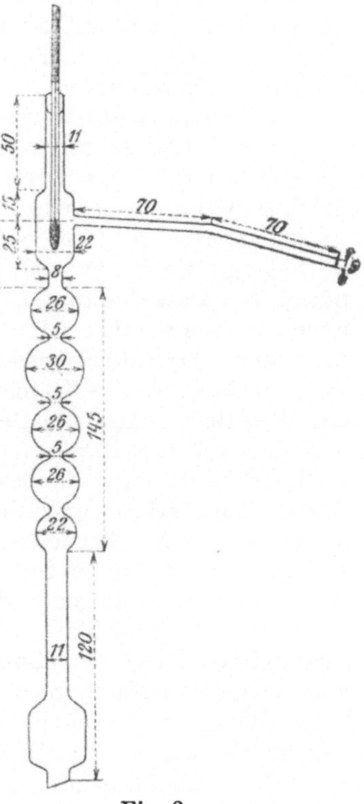

Fig. 3.

der später angegebenen Vorsichtsmaßregeln unwesentlich sind und in den Fehlergrenzen dieser Analyse liegen.

Statt der Einschliffe kann man natürlich zum Aufsetzen des Dephlegmatorrohres und des Thermometers auch Korkstöpsel

---

[1]) Die Silund-Heizplatte liefern die Siemens-Schuckert-Werke. Die Metallringe müssen besonders hergestellt werden.

[2]) Die elektrische Heizung hat vor der Gasheizung den Vorteil, daß der Boden des Kolbens gleichmäßiger erwärmt wird als mit einem Bunsenbrenner.

verwenden; diese müssen jedoch tadellos sein und auch noch mit Leinsamenmehl, welches mit Wasser zu einem dicken Brei angerührt wird, bestrichen werden, weil sonst Benzindämpfe durch die Poren des Korkes leicht durchdringen und somit erhebliche Verluste stattfinden.

Um diese etwas umständliche Manipulation zu umgehen, ferner aus dem Grunde, daß nach zwei, höchstens drei Destillationen die Korkverbindungen unbrauchbar werden und daher ausgewechselt werden müssen, empfehle ich eingeschliffene Ansätze und eingeschliffene Thermometer.

Das Dephlegmatorrohr wird mit einem Liebigschen Kühler, dessen Kühlkörper 60 cm und dessen inneres Rohr 85 cm lang ist, verbunden. Als Vorlage dienen in halbe Kubikzentimeter geteilte Meßzylinder von 50—100 ccm Inhalt, welche für jede Fraktion ausgewechselt werden.

Solange die Fraktionen unter 100° C übergehen, ist es nicht nötig, den Destillieransatz gegen Abkühlung zu schützen; sobald aber die Temperatur am Thermometer 100° C übersteigt, muß der ganze Destillierapparat mit einem Schutzmantel umhüllt werden, da sonst die Kugeln des Dephlegmationsrohres mit Benzin überfüllt würden, die Destillation unregelmäßig vor sich ginge und dadurch falsch wäre.

Beim Destillieren der hochsiedenden Fraktionen könnte auch durch allzu starkes Zurückfließen des in den Kugeln des Dephlegmationsrohres kondensierten Teiles in die zu heiße Flüssigkeit im Kolben mitunter eine teilweise Zerlegung der höher siedenden Fraktionen in niedriger siedende stattfinden.

Sowohl der Destillationskolben als auch das Dephlegmationsrohr müssen ferner vor Luftzug sorgfältig geschützt werden, damit ein gleichmäßiges Sieden des Benzins nicht gestört und das Schwanken des Thermometers auf alle Fälle vermieden werde, namentlich wenn sich die Temperatur der oberen Grenztemperatur der aufzufangenden Fraktion nähert.

Zu diesem Zwecke verwende ich drei Mäntel von 14 cm im Durchmesser aus dünnem, federndem Stahlblech, welche derart zylinderförmig verbogen sind, daß darin der Länge nach eine Spalte bleibt. Der unterste Mantel, der den Kolben schützt, ist 12 cm, der mittlere 24 cm und der obere 11 cm hoch.

Die beiden letzten Mäntel dienen zum Schutz des Dephlegmators und werden übereinander in kleine an den Mänteln angebrachte Ansätze gestülpt. Beim Aufsetzen wird der Mantel nach Bedarf auseinandergezogen, und die dadurch entstandene Fuge gestattet, den Mantel über den Kolben und den Dephlegmator zu schieben; da der Mantel federt, so schließt er sich wieder von selbst.

Jeder Mantel ist mit zwei gegenüberstehenden Glimmerfensterchen versehen, wodurch der Verlauf der Destillation im Kolben sowie im Dephlegmator bequem beobachtet werden kann. Der oberste Mantel reicht gerade über die Abflußröhre des Dephlegmators.

Bei der Destillation von schweren Benzinen wird noch die Öffnung des obersten Mantels mit einer dünnen, mit einem für das Thermometer bestimmten Loch versehenen Asbestplatte verdeckt.

Fig. 4 zeigt den ganzen Destillierapparat samt Schutzmänteln[1]).

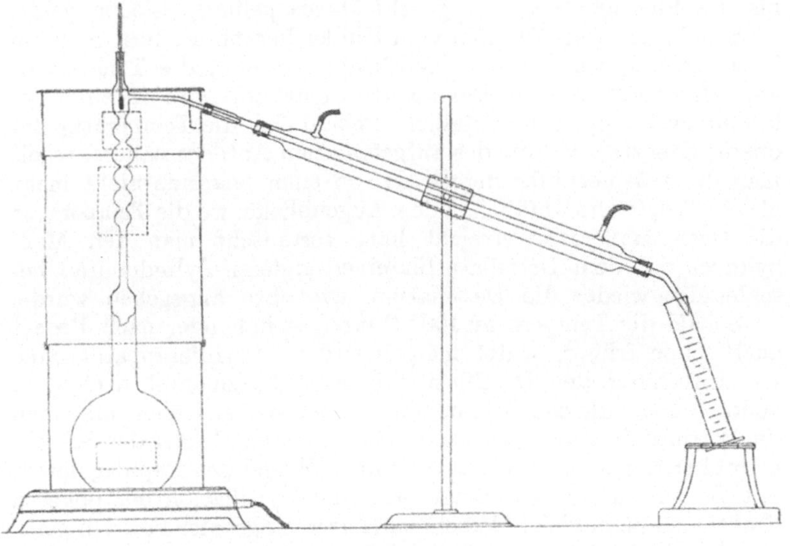

Fig. 4.

Die Destillation von Benzin wird auf folgende Weise durchgeführt:

In den Destillierkolben werden 4—5 Stückchen Bimsstein oder zwei Glaskapillaren gebracht, welche den Zweck haben, das Stoßen beim Sieden zu verhindern. Der Destillierkolben wird austariert und in demselben wird die 300—350 ccm entsprechende Benzinmenge abgewogen. Die dem Volumen entsprechende Einwage wird aus dem vorher bestimmten spezifischen Gewichte berechnet. Wenn z. B. das zu destillierende Benzin ein spezifisches Gewicht 0,720 hat, so sind $300 \times 0,720 = 216$ g abzuwiegen.

---

[1]) Den Destillationsapparat liefert die Firma F. Zahradník in Prag II.

Durch eine größere Benzineinwage wird zwar die Dauer der Destillation etwas verlängert, dagegen werden aber die möglichenfalls entstehenden Fehler bei der Umrechnung auf 100 ccm Volumen vermindert.

Der mit Benzin beschickte Kolben wird sodann mit dem Kühler verbunden. Als Vorlage zum Auffangen der Destillate dienen die kleinen oben erwähnten Meßzylinder.

Der Kolben wird nun anfangs etwas stärker erhitzt, bis die Flüssigkeit zu sieden beginnt, sodann wird das Heizen ungefähr auf eine Minute unterbrochen und hierauf allmählich verstärkt, bis die Flüssigkeit in ein gleichmäßiges gelindes Sieden gerät.

Sobald der erste Tropfen vom Kühler herabfällt, liest man am Thermometer, welches den Siedebeginn anzeigt, die Temperatur ab. Man setzt nun die Destillation derart fort, daß in einer Sekunde zwei Tropfen herabfallen. Sobald sich die Temperatur der oberen Grenztemperatur des aufgefangenen Anteiles nähert, regelt man die Wärmezufuhr derart, daß in einer Sekunde nicht mehr als ein Tropfen herabfällt. In dem Augenblicke, wo die Temperatur die Grenztemperatur erreicht hat, vertauscht man den Meßzylinder mit dem Destillate für einen anderen Zylinder und beschleunigt wieder die Destillation, wie oben angegeben wurde.

Sobald die Temperatur 100° C erreicht hat, oder nach Bedarf auch schon früher, stülpt man über den Destillierapparat ohne Unterbrechung der Destillation einen Schutzmantel nach dem anderen über; gleichzeitig, oder aber noch besser früher, muß man die Wärmezufuhr entsprechend mäßigen. Der Bedarf der Schutzmäntel tritt ein, sobald sich die untere Kugel des Dephlegmators mit Benzin zu füllen anfängt, oder die Destillation der höheren Fraktionen beim gleichbleibenden Heizen langsamer vor sich geht, als oben beschrieben wurde.

Wenn aus dem Destillierkolben fast alles Benzin hinübergetrieben ist, was man durch das untere Glimmerfensterchen beobachten kann, so wartet man unter vorsichtigem Anwärmen den Augenblick ab, in welchem der Kolben von Flüssigkeit frei und mit Dämpfen gefüllt erscheint. In diesem Augenblicke wird am Thermometer der Endsiedepunkt abgelesen und das Anheizen sofort unterbrochen, damit der Kolben nicht springt.

Man läßt nun den Kolben erkalten und ermittelt das Gewicht des Rückstandes. Die abgewogene Menge wird auf das Volumen umgerechnet, wobei als Grundlage das spezifische Gewicht der Tabelle der Normalfraktionen entnommen wird, welches der nach dem Endsiedepunkt folgenden Fraktion entsprechen würde (siehe Seite 54). Diese Umrechnung genügt für die technische Analyse vollständig.

Die bei 15° C abgelesenen Volumina der Destillate in einzelnen Meßzylindern werden auf Volumprozente umgerechnet. Die Summe der Destillatmengen und der Rückstand sollen zusammen Hundert ergeben. Beträgt der Verlust mehr als 1 Proz., so waren die Dichtungen des Destillierapparates unvollkommen und ein Teil des Benzins ist bei der Destillation entgangen. Es empfiehlt sich daher, bei jeder Destillationsprobe auch die Menge des Rückstandes zur Kontrolle festzustellen.

Bei der üblichen Destillation, besonders von leichten Benzinen, kann man wohl geringe Verluste nicht ganz verhindern. Am Anfang der Destillation entweichen nämlich auch bei der sorgfältigsten Kühlung mit der im Apparat befindlichen Luft stets geringe Mengen von Benzin und in demselben aufgelöste Gase.

Um diesen Verlust zu vermeiden, müßte man die Destillationsvorlage abdichten und mit einer mit abgewogener Benzolmenge gefüllten Waschflasche verbinden. Das Benzol nimmt die leichtflüchtigen, nicht kondensierten Benzindämpfe auf.

Auf die Ergebnisse der Destillationsprobe kann mitunter auch der Luftdruck einen Einfluß ausüben[1]). Je höher der Luftdruck ist, desto geringer ist die Destillatmenge bei einer bestimmten Temperatur im Vergleiche mit der Benzinmenge, welche bei der Destillation unter normalem Druck von 760 mm, wo Wasser bei 100° C siedet, übergeht, und umgekehrt wird um so mehr Destillat erhalten, je niedriger der Luftdruck ist.

So gibt Kissling an daß ein leichtes Benzin bei verschiedenem Luftdruck folgende Volumprozente ergab:

	bei Luftdruck 760 mm	bei Luftdruck 730 mm
bis 60° C	20	23
bis 70° C	53	58
bis 80° C	82	85
bis 90° C	94	95
bis 100° C	97	97

Nach Scheller gab ein Benzin vom spezifischen Gewichte 0,6848 folgende Werte in Volumprozenten ausgedrückt:

	bei Luftdruck 714.5 mm	bei Luftdruck 760 mm
bis 50° C	16,0	14,0
bis 60° C	42,2	40,8
bis 100° C	93,0	92,0
bis 125° C	97,0	97,0

---

[1]) Siehe R. Kissling, Die Berücksichtigung des Luftdruckes bei der Prüfung der Handelsbenzine durch Fraktionierung, Chem. Ztg. 1908, S. 695. Siehe auch Ubellohde, Zeitschr. f. angew. Chemie 1906, S. 1155.

Solange der herrschende Luftdruck höchstens ± 5 mm von dem normalen Luftdruck abweicht, braucht man nach Kissling auf denselben keine Rücksicht zu nehmen. Sobald aber der Luftdruck höher oder niedriger als angegeben erscheint, so sollen die betreffenden Destillatmengen statt bei den ganzen Graden von 10° zu 10° C bzw. von 20° zu 20° C bei einer um so viel höheren oder tieferen Temperatur abgelesen werden, als bei dem betreffenden Luftdruck der Siedepunkt des Wassers für den normalen Druck höher oder tiefer als 100° C liegt.

Die nachstehende kleine Tabelle gibt die Siedepunkte des Wassers bei verschiedenem Barometerstand an.

Barometer-stand	Siedepunkt des Wassers	Barometer-stand	Siedepunkt des Wassers
735,85	99,1	754,57	99,8
738,50	99,2	757,28	99,9
741,60	99,3	760,00	100,0
743,83	99,4	762,73	100,1
746,50	99,5	765,46	100,2
749,18	99,6	768,20	100,3
751,87	99,7	771,95	100,4

Zu demselben Zwecke wurde von Fuss ein Thermometer mit verschiebbarer Skala hergestellt, deren 100-Punkt auf den jeweiligen Siedepunkt des Wassers eingestellt wird.

Die auf Grund des Wassersiedepunktes für den Benzinsiedepunkt berechnete Korrektur ist nicht genau, weil das Benzin einen aus verschiedenen Verbindungen zusammengesetzten Körper darstellt, und es müßten daher die betreffenden Korrekturen für Benzine unmittelbar bestimmt werden; für praktische Zwecke reicht jedoch der beschriebene Vorgang aus.

A. Scheller[1]) empfiehlt den sog. Bunteschen Druckregler, welcher mit der Kühlervorlage luftdicht verbunden wird. Auf diese Weise wird zwar der Einfluß des Luftdruckes auf die Destillation vermieden, aber nur dann, wenn der Druck niedriger als 760 mm ist. Für die Drucke, welche höher als 760 mm sind, müßte dieser Regulator anders eingerichtet werden. Praktisch ist diese Einrichtung nicht, weil sie bei der Auswechslung der Meßzylinder Schwierigkeiten bietet.

Bei wissenschaftlichen Arbeiten und falls vom Händler Benzinfraktionen von bestimmten Eigenschaften vorgeschrieben wurden, ist wohl nötig, auf den Luftdruck Rücksicht zu nehmen, da

---

[1]) A. Scheller, Destillation von Erdöldestillaten unter normalem Druck, Chem. Ztg. 1913, S. 917.

sonst Unterschiede zwischen den Befunden des Handelschemikers und des Lieferanten entstehen würden.

Wie man aus den auf S. 47 angeführten Zahlen entnehmen kann, sind die Unterschiede in den Mengen der Fraktionen bei einem anderen als dem normalen Druck erst dann wesentlich abweichend, wenn auch der Luftdruck von dem normalen bedeutend abweicht, wie in den angeführten Beispielen, wo die Unterschiede im Luftdruck 30—45 mm betragen.

Aus dem Vergleich der Zahlen in obigen zwei Tabellen ergibt sich auch, daß die Unterschiede in den bei gleicher Temperatur übergehenden Benzinanteilen bei verschiedenem Luftdruck um so geringer sind, je höher die betreffende Fraktion siedet.

Ich habe auch ein und dasselbe Benzin bei verschiedenem Luftdruck destilliert und folgende Zahlen gefunden:

Fraktionen	Durchschnittlicher Luftdruck		
	775,0	758,5	743,4
60— 80° C	1,3	1,5	1,9
80—100° C	35,7	36,1	36,6
100—120° C	39,1	39,5	40,0
120—140° C	13,9	14,1	14,1

Die Zahlen ergeben, daß bei einem Luftdruck, welcher von dem normalen nur unbedeutend abweicht, bei technischen Analysen zulässige Unterschiede entstehen, und man braucht daher in solchen Fällen bei der Destillationsprobe keine Berichtigung für den Druck zu nehmen, solange derselbe von normalem Druck (reduziert auf 0° C, Schwere und Meeresspiegel) nicht mehr als ± 10 mm abweicht.

Bei genauen Arbeiten wird auch die Korrektur für den aus dem Dampf herausragenden Quecksilberfaden berücksichtigt, bei den Handelsanalysen wird aber diese Korrektur vernachlässigt[1]).

Wenn man den Verlauf der fraktionierten Destillation darstellt, d. i. auf eine wagerechte Linie (Abszisse) die Temperaturen von 20° zu 20° C und auf die senkrechte Linie (Ordinate) die bei diesen Temperaturen übergehenden Destillatmengen aufträgt so erhält man die Destillations- bzw. Fraktionskurve (Siedekurve). Die auf diese Art hergestellten Kurven geben uns ein Bild über die Zusammensetzung des Benzins, und man kann

---

[1]) Über die Berechnung der entsprechenden Temperaturkorrektur bei der Destillation von Benzin siehe: H. Schütter, Über die Berechnung der Fadenberichtigung für geaichte Thermometer, Chem. Ztg. **39** (1915), S. 177, 187 und 202.

aus denselben die Mengen der Bestandteile von Benzin ermitteln, welche bis zu einer bestimmten Temperatur übergehen, und nach

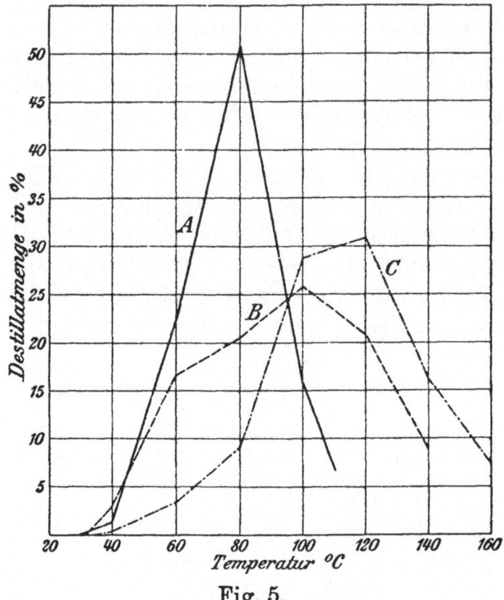

Fig. 5.

der Form der Kurve auf eine gleichmäßige oder ungleichmäßige Zusammensetzung des Benzins schließen.

Tabelle I.

Fraktion °C	Spezif. Gewicht der Normalfraktionen	Nr. 1 Spez. Gew. 0,696	Nr. 2 Spez. Gew. 0,699	Nr. 3 Spez. Gew. 0,700	Nr. 4 Spez. Gew. 0,701	Nr. 5 Spez. Gew. 0,708	Nr. 6 Spez. Gew. 0,721	Nr. 7 Spez. Gew. 0,738	Nr. 8 Spez. Gew. 0.740	Nr. 9 Spez. Gew. 0,742	Nr. 10 Spez. Gew. 0,744
—40	0,6324	1,6	14,0	2,0	11,5	7.0	0,2	0.3	—	0,1	0,5
40—60	0,6593	30,6	21,0	20.0	16,0	14,5	12,2	7,1	0.5	2.0	1,5
60—80	0,7005	29,0	24,0	61,0	34,6	37,7	27,5	12.2	2,1	7,6	9,5
80—100	0,7351	27.2	13,5	10,0	17,0	18,9	33.0	32.5	33,2	27,8	23,0
100—120	0,7495	8,3	15,0	3,5	12,7	10,3	19,0	21.0	40.7	37,7	32 0
120—140	0,7625	} 2,7	6,0	1,5	4,1	4,7	5,5	16,0	16.0	17,6	15,5
140—160	0,7738		3,0	} 1,6	2,0	3,3	} 2,6	6,5	5,0	5,9	11,0
160—180	0,7872		1,5		} 1,7	} 2,7		} 3,5	} 2,2	} 1,0	4.5
über 180 (Rückstand)			1,5								2,0
		99,4	99,5	99,6	99,6	99,1	100,0	99,1	99,7	99,7	99,5

In der Fig. 5 findet man die Darstellung von solchen Kurven nach der unten folgenden Tabelle II der Benzintypen, und zwar von einem leichten Benzin Nr. 3 (A), einem mittleren Benzin Nr. 5 (B) und einem schweren Benzin Nr. 8 (C).

Nach dem oben beschriebenen Verfahren wurden verschiedene Handelsbenzine bei einem dem normalen nahe stehenden Luftdrucke destilliert, und man findet die Befunde in den beigeschossenen Tabellen I und II übersichtlich zusammengestellt, wobei die angeführten Zahlen Volumprozente bedeuten.

Die Tabelle I enthält Handelsbenzine aus österreichischen Petroleumraffinerien, ausgenommen das Benzin Nr. 6, welches aus einer rumänischen Raffinerie stammt.

Zum Vergleiche sind hier und in der im technischen Teile angeführten Tabelle IV die Ergebnisse von Benzoldestillationen beigefügt; nachdem aber das Benzol bei 80,5° C siedet, so wurden die Fraktionen von 60—80° und 80—100° zusammen aufgefangen.

In der Tabelle II sind Typen von leichten, mittleren und schweren Benzinen zusammengestellt, welche ich auf mein Verlangen unmittelbar aus verschiedenen Petroleumraffinerien erhalten habe. In dieser Tabelle sind auch Verdunstungszeiten, Erstarrungspunkte, ferner Proben auf Benzol mittels Drakorubin und Indanthrendunkelblau BT, Gehalt an aromatischen und ungesättigten Kohlenwasserstoffen, Raffinationsgradproben und Brechungskoeffiziente beigegeben; diese Proben werden unten in besonderen Absätzen eingehend besprochen werden.

Tabelle I.

Nr. 11 Spez. Gew. 0,746	Nr. 12 Spez. Gew. 0,754	Nr. 13 Spez. Gew. 0,756	Nr. 14 Spez. Gew. 0,760	Nr. 15 Spez. Gew. 0,762	Nr. 16 Spez. Gew. 0,765	Nr. 17 Spez. Gew. 0,768	Nr. 18 Spez. Gew. 0,769	Benzol Nr. 1 Spez. Gew. 0,878	Benzol Nr. 2 Spez. Gew. 0,878	Benzol Nr. 3 Spez. Gew. 0,881	Benzol Nr. 4 Spez. Gew. 0,885
0,6	—	0,2	—	—	—	—	—	—	—	—	—
2,9	0,2	0,7	0,2	—	—	0,1	0,1	—	—	—	—
7,4	2,8	3,3	2,4	—	—	2,0	0,3	}96,6	}82,5	}97,0	—
28,9	11,4	17,4	11,4	6,4	3,0	9,5	8,1				77,0
31,0	36,8	22,9	25,8	34,4	14,5	23,0	14,3	1,6	10,0		16,5
16,0	33,8	25,8	29,6	31,1	32,5	22,5	29,0		4,3		5,3
6,2	11,2	16,6	17,1	16,4	28,3	18,0	24,9	}1,6	1,6	}2,9	
3,0	}2,8	7,9	9,2	6,0	16,2	13,0	17,0				}1,0
3,5		4,5	4,0	5,2	4,6	12,0	5,5		}1,3		
99,5	99,0	99,3	99,7	99,5	99,1	100,1	99,2	99,8	99,7	99,9	99,8

Tabelle II.

Fraktion ° C	Spezifisches Gewicht der Normalfraktionen	Leichte Benzine			
		1	2	3	4
		Spezifisches Gewicht			
		0,681	0,683	0,698	0,709
		Anfangssiedepunkt			
		30° C	26 C	30° C	31° C
—40	0,6324	8,6	6,3	1,3	1,2
40—60	0,6593	42,4	43,0	25,6	23,7
60—80	0,7005	20,1	40,3	50,3	28,7
80—100	0,7351	20,5	4,0	16,0	28,2
100—120	0,7495		2,6		11,5
120—140	0,7625				
140—160	0,7738	8,2 [1]		6,0 [2]	
160—170	0,7851		3,2		6,7 [3]
über 170 (Rückstand)					
		99,8	99,4	99,2	100,0
Freies Verdunsten		42 Min. ohne Rückstand	54 Min. ohne Rückstand	1 St. 20 Min. ohne Rückstand	1 St. 42 Min. ohne Rückstand
Verdampfen d. Absaugen		38 Min.	49 Min.	55 Min.	1 St.
Erstarrungspunkt		— 147° C	— 148° C	— 142° C	— 135° C
Brechungskoeffizient $N_{D_{15}}$		1,3905	1,3880	1,3924	1,3968
Drakorubinprobe		schwach rötlich	schwach rötlich	schwach rötlich	schwach rötlich
Indanthrendunkelblau-Probe		schwach rosa	schwach rosa	schwach rosa	schwach rosa
Schwefelsäureprobe („Raffinationsgrad")		hellgelb	hellgelb	hellgelb	hellgelb
Arom. und unges. Kohlenwasserstoffe in Volumproz.		6,0	4,0	7,5	4,0

[1] Davon sind bis 110° C 7,4 von 110 C 0,8. [2] Davon sind bis 116 C 3,9 von 116 C 2,
[3] Davon sind bis 138° C 3,2 von 138 C 3,5.

Tabelle II.

	Mittlere Benzine			Schwere Benzine		
	5	6	7	8	9	10
Spezifisches Gewicht				Spezifisches Gewicht		
	0,720	0,724	0,739	0,742	0,753	0,762
Anfangssiedepunkt				Anfangssiedepunkt		
	32° C	36° C	34° C	35° C	39° C	75° C
	2,9	0,2	4,0	0,3	0,2	—
	16,7	1,1	4,3	3,3	0,7	—
	21,0	56,0	12,5	9,0	0,9	0,6
	25,8	35,9	14,5	29,0	3,7	1,7
	21,0	5,3	21,2	31,0	55,0	25,8
	9,0		22,9	16,5	36,4	38,7
		} 1,2	12,5	7,1	1,3	26,0
	} 3,1		5,2	} 2,8	} 1,2	5,3
			2,7			1,7
	99,5	99,7	99,8	99,0	99,4	99,8
	3 St. 6 Min ohne Rückstand	2 St. 34 Min. ohne Rückstand	7 St. 45 Min. sehr wenig Rückstand	5 St. 40 Min. wenig Rückstand	9 St. 35 Min. wenig Rückstand	15 St. 17 Min. wenig Rückstand
	1 St. 30 Min.	1 St. 12 Min.	4 St. 8 Min.	3 St. 58 Min.	7 St. 45 Min.	10 St. 0 Min.
	— 126° C	— 125° C	— 130° C	— 120° C	— 100° C	— 95° C
	1,4043	1,4055	1,4187	1,4173	1,4221	1,4265
	schwach rötlich	schwach rötlich	hell rosa	schwach rosa	schwach rosa	hell rosa
	schwach rosa	schwach rosa	rosa	rosa	rosa	rosa
	hellgelb	hellgelb	braun	gelb	braun	braun
	7,6	6,0	14,0	10,3	11,0	15,1

Um eine Grundlage für spätere Beobachtungen und Erwägungen zu gewinnen, habe ich durch eine einfache Destillation von 100 kg leichtem, mittlerem und schwerem galizischem Benzin die von 20° zu 20° C übergehenden Anteile dargestellt und sodann die erhaltenen Fraktionen unter Anwendung des auf Seite 43 beschriebenen Dephlegmators so lange fraktioniert destilliert, bis Anteile erhalten wurden, welche genau in bestimmten Temperaturgrenzen siedeten.

Auf diese Weise wurden von 24° C angefangen bis zu 220° C siedende Anteile erhalten. Die über 220° C siedenden Anteile wurden nicht berücksichtigt, da sie im Benzin nur in geringen Mengen vorkommen. Die von 20° zu 20° C übergehenden Fraktionen bezeichne ich als Normalfraktionen.

Bei diesem Vorgang war daher nicht das Ziel, aus Benzin reine, schon genügend bekannte und beschriebene Kohlenwasserstoffe (chemische Individuen), sondern nur in bestimmten Grenzen siedende Fraktionen darzustellen, um deren Eigenschaften als Grundlage zu späteren vergleichenden Betrachtungen feststellen zu können.

Die Benzinfraktionen wurden außerdem, wie im technischen Teile dieses Buches beschrieben wird, zu Untersuchungen im Vergaser und im Motor selbst verwendet.

Bei den einzelnen Normalbenzinfraktionen wurden bestimmt: spezifisches Gewicht, freies Verdunsten, Verdampfung unter gleichzeitigem Absaugen der Luft, Brechungskoeffizient und Erstarrungspunkt, worüber später in besonderen Absätzen eingehend gesprochen wird. Die gefundenen Werte findet man in der nachfolgenden Tabelle übersichtlich zusammengestellt.

Fraktion ° C	Spez. Gew. bei 15° C	Erstarrungspunkt ° C	Brechungskoeffizient bei 15° C	Freies Verdunsten	Verdampfen durch Absaugen
24—40	0,6324	— 203	1,3608	35 Min.	29 Min.
40—60	0,6593	— 198	1,3735	51 Min.	60 Min.
60—80	0,7005	— 185	1,3941	1 St. 36 Min.	1 St. 55 Min.
80—100	0,7351	— 170	1,4100	4 St. 11 Min.	3 St. 47 Min.
100—120	0,7495	— 151	1,4189	9 St. 18 Min.	5 St. 41 Min.
120—140	0,7625	— 139	1,4268	21 St. 00 Min.	10 St. 49 Min.
140—160	0,7738	— 127	1,4334	31 St. 30 Min.	16 St. 24 Min.
160—180	0,7872	— 112	1,4398	167 St. 13 Min.	—
180—200	0,7962	— 104	1,4445	—	—
200—220	0,8072	— 93	1,4500	—	—

Zum Vergleiche füge ich die Siedepunkte der wichtigsten im galizischen, russischen und rumänischen Benzin vorkommenden Kohlenwasserstoffe bei:

		Siedepunkt			Siedepunkt
Pentan	C_5H_{12}	36° C	Zyklopentan	C_5H_{10}	51° C
Hexan	C_6H_{14}	69° C	Zyklohexan	C_6H_{12}	81° C
Heptan	C_7H_{16}	98° C	Heptanaphthen	C_7H_{14}	100° C
Oktan	C_8H_{18}	125° C	Oktonaphthen	C_8H_{16}	119° C
Nonan	C_9H_{20}	151° C	Nononaphthen	C_9H_{18}	135° C
Dekan	$C_{10}H_{22}$	173° C	Isodekanaphthen	$C_{10}H_{20}$	151° C
Undekan	$C_{11}H_{24}$	197° C	Undekanaphthen	$C_{11}H_{22}$	180° C
Dodekan	$C_{12}H_{26}$	215° C	Dodekanaphthen	$C_{12}H_{24}$	196° C

Um festzustellen, inwieweit die spezifischen Gewichte der bei der Destillation von Benzin erhaltenen Fraktionen mit den spezifischen Gewichten der Normalfraktionen übereinstimmen, habe ich bei verschiedenen Analysen auch spezifische Gewichte der einzelnen Fraktionen bestimmt.

Die beigegebene Tabelle ergibt, daß diese spezifischen Gewichte im ganzen ziemlich gut übereinstimmen; vollständig können sie nicht übereinstimmen, weil Normalfraktionen durch wiederholte Destillation von Benzin erhalten wurden. Doch kann man spezifische Gewichte der Normalfraktionen zu annähernden Berechnungen bzw. zu Vergleichszwecken bei der technischen Benzinanalyse anwenden, ohne die spezifischen Gewichte der einzelnen Fraktionen des analysierten Benzins besonders feststellen zu müssen. Die spezifischen Gewichte der Normalfraktionen sind auch, wie wir später sehen werden, für die Untersuchung von Gemischen wichtig.

Fraktion C	Spez. Gewichte der Normalfraktionen	Spez. Gewichte der Fraktionen analysierter Benzine		
40—60	0,6593	0,6586	0,6598	—
60—80	0,7005	0,7004	0,7000	0,6977
80—100	0,7351	0.7388	0,7382	0,7324
100—120	0,7495	0,7514	0,7469	0,7480
120—140	0,7625	0,7597	0,7625	0,7590
140—160	0,7738	0,7748	0,7734	0,7720
160—180	0,7872	0,7846	—	—

2. Fraktionierte Destillation von Benzol.

Zur Destillation, und zwar zur Bestimmung der Siedegrenzen von Handelsbenzolen wird ein Apparat nach Ban-

now-Krämer-Spilker verwendet[1]). Derselbe besteht (Fig. 6)
aus einem kupfernen kugelförmigen und am Boden schwach ab-
geflachten Kolben a von 66 mm Durchmesser und 150 ccm Inhalt. In den etwas konischen, 25 mm langen, oben 22 mm, unten
20 mm weiten Hals des Kolbens wird ein gläserner, mit einer
30 mm weiten Kugel versehener Aufsatz b von 14 mm Weite und
150 mm Länge angesetzt und in demselben ein amtlich geprüftes
Thermometer so befestigt, daß sein Quecksilbergefäß in die Mitte
der Kugel des Glasaufsatzes reicht. Das Thermometer soll 7 mm
dick sein und kann auch mit einer einstellbaren Skala versehen
werden.

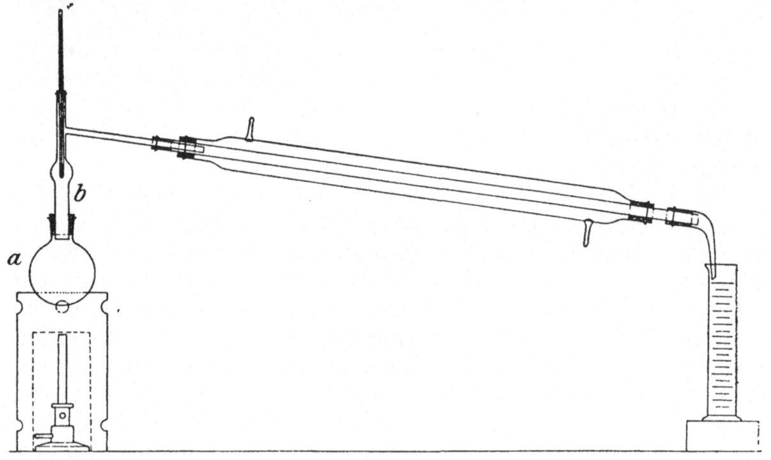

Fig. 6.

Für 90 proz. und 50 proz. Benzol (Handelsbenzol I und II)
sind in $^1/_2$° C geteilte, für Reinbenzol und Reintoluol sind in
$^1/_{10}$° C geteilte Thermometer anzuwenden.

Zum Beheizen des Kolbens dient ein einfacher Bunsenbrenner
von etwa 7 mm Rohrweite, welcher sich in einem Blechmantel
befindet; dieser ist mit einer kleinen Tür und je 4 Ventilationsöffnungen versehen, welche oben und unten 10 mm vom Rande
entfernt sind. Auf diesen Mantel wird eine Asbestplatte mit
kreisrunder Öffnung von 50 mm gelegt und in diese der Kolben
gesetzt.

Der Aufsatz des Destillierapparates wird mit einem Liebigschen Kühler, dessen Kühlrohr 800 mm lang und 18 mm weit ist,
verbunden. Der Kühler ist so geneigt, daß der Ausfluß des

Kühlers 100 mm tiefer liegt als der Eingang. An dem Ausflusse des Kühlers wird ein gekrümmter Vorstoß befestigt [1]). Als Vorlage dient ein Meßzylinder von 100 ccm Inhalt, dessen Teilung halbe Kubikzentimeter anzeigt und an dessen Wandung das Destillat herablaufen soll. Um vergleichbare Ergebnisse zu erzielen, sind die eben angegebenen, allgemein vereinbarten Dimensionen der Destillationsvorrichtung einzuhalten [2]).

Wie bei der Benzindestillation, so muß man auch bei der Benzoldestillation den herrschenden Luftdruck berücksichtigen, wenn derselbe bedeutend von dem normalen Luftdruck abweicht.

Nach Lenders Angaben [3]) wird die betreffende Korrektur bei Benutzung eines gewöhnlichen Thermometers auf eine der beiden folgenden Arten erhalten:

1. bei einem Barometerstand von 720—780 mm sind, um die bei der Destillation erhaltenen Prozente auf den normalen Barometerstand von 760 mm zu reduzieren,

bei 90 proz. Benzol 0,033 Prozent,
bei 50 proz. Benzol 0,077 Prozent

für jeden Millimeter zuzuzählen bzw. abzuziehen;

2. bei einem Barometerstand von 720—780 sind bei der Destillation zu 100° C für jeden Millimeter zuzuzählen bzw. von 100° C abzuziehen

bei 90 proz. Benzol 0,0453° C,
bei 50 proz. Benzol 0,0461° C.

Beispiel: Von einem 90 proz. Benzol seien bei einem Luftdruck 740 mm bis 100° C 92 Proz. überdestilliert, somit betragen die Prozente der Destillation für 760 mm Luftdruck

$$760 - 740 = 20 \text{ mm},$$
$$20 \times 0,033 = 0,66 \text{ Prozent},$$
$$92 - 0,66 = 91,34 \text{ Prozent bei } 100° \text{ C}.$$

Oder es wird die Destillation des Benzols bei 740 mm Luftdruck ausgeführt.

So findet man nach 2.

$$760 - 740 = 20 \text{ mm},$$
$$20 \times 0,0453 = 0,906° \text{ C},$$

welche von 100° C abzuziehen sind, so daß man bei der Destillation das Destillatvolumen nicht bei 100° C, sondern bei 99,1° C abzulesen hat.

---

[1]) Den Destillierapparat liefert Dr. R. Muencke, Berlin, Louisenstraße.

[2]) Siehe Fußnote 1, S. 39.

[3]) Chem. Indnstrie 1889, Nr. 8 S. 169.

Um die Destillation vom Barometerstande unabhängig zu machen, bringt man nach dem Vorschlage von Bannow in den Destillierkolben 100 ccm destilliertes Wasser, destilliert ungefähr 60 ccm über, wobei man sich den Siedepunkt des Wassers merkt oder den 100°-Punkt am Thermometer einstellt[1]). Sodann wird der Apparat ausgetrocknet, der Kolben mit 100 ccm Benzol beschickt und die Destillation wird so gehalten, daß zwei Tropfen in der Sekunde vom Kühler herabfallen. Der erste Tropfen, der bei der Destillation in die Vorlage abtropft, gibt den Anfangssiedepunkt an.

Bei der Destillation von Handelsbenzolen bestimmt man den Anteil, der bis 100° C übergeht, und berechnet aus der Differenz zu Hundert den über 100° C siedenden Anteil. Schwere Handelsbenzole enthalten keine bis 100° C siedenden Anteile; bei solchen werden daher die höher siedenden Anteile bestimmt.

Je nachdem wie groß die Menge des Anteiles ist, welcher bis 100° C übergeht, beurteilt (klassifiziert) man das betreffende Benzol.

Eine andere Untersuchungsart der Benzole besteht darin, daß man so weit destilliert, bis 90 Proz., d. i. 90 ccm, übergehen, und die Temperaturgrade bestimmt, zwischen welchen diese Benzolmenge übergeht. Man geht mit der Destillation nicht bis zu Ende, weil bei den letzten Resten Zersetzungen eintreten.

Die einfache Destillation, welche nur für eine annähernde Beurteilung des Benzols genügt, gestattet aber keinen Rückschluß auf die wahre Zusammensetzung des Benzols. Will man daher die Zusammensetzung des Handelsbenzols nach der Menge von Benzol, Toluol und Xylolen kennen, so muß man eine fraktionierte Destillation in entsprechenden Siedegrenzen durchführen.

Zu diesem Zwecke verwendet man verschiedene Apparate mit Aufsätzen; gewöhnlich verwendet man den von Krämer und Spilker vorgeschlagenen kupfernen, zylinderförmigen Destillierkolben von 110 mm Weite und 150 mm der Zylinderlänge mit gewölbtem Boden und Le Bell-Henningerschem, 60 cm langem Kugelaufsatz[2]). Zur Destillation wird 1 kg Benzol genommen; Thermometer, Stellung des Kühlers, Weite desselben und Destillationsgeschwindigkeit sind dieselben wie oben bei der einfachen

---

[1]) Bei einem so eingestellten Thermometer liegt der Siedepunkt von reinem Benzol bei 80° C, der von reinem Toluol bei 110° C, wobei der Barometerstand gleichgültig ist, sofern er sich während des Versuches nicht ändert.

[2]) Siehe auch Lunge-Berl, Chemisch-technische Untersuchungsmethoden 1911, Bd. III, S. 413; Muspratts Chemie 1905, Bd. 8, S. 41.

Destillation von Benzol beschrieben wurde. Die Destillate werden in tarierten Fläschchen aufgefangen und gewogen. Man fängt folgende Fraktionen auf:

Bei Reinbenzol

$$\text{bis } 79° = \text{Vorlauf,}$$
$$\text{von } 79° \text{ bis } 81° = \text{Benzol,}$$
$$\text{Rest} = \text{Nachlauf.}$$

Bei 90 proz. und 50 proz. Benzol

$$\text{bis } 79° = \text{Benzolvorlauf,}$$
$$\text{von } 79° \text{ bis } 85° = \text{Benzol,}$$
$$\text{von } 85° \text{ bis } 105° = \text{Zwischenfraktion,}$$
$$\text{von } 105° \text{ bis } 115° = \text{Toluol,}$$
$$\text{Rest} = \text{Xylole.}$$

Wiederholt man die fraktionierte Destillation, so erhält man ziemlich reines Benzol, Toluol und Xylole. Eine genaue Trennung dieser Kohlenwasserstoffe durch fraktionierte Destillation ist jedoch sehr schwierig.

Bei 90 proz. Benzol genügt meistens eine einmalige fraktionierte Destillation. Bei den Benzolen, welche mehr Toluol und Xylole enthalten, muß man noch eine zweite bzw. dritte fraktionierte Destillation der einzelnen Anteile durchführen, weil das Toluol den Siedepunkt des Benzol-Toluolgemisches erhöht.

Man fängt den ersten Anteil bis 85° C, den zweiten von 85 bis 115° C, den dritten von 115 bis 145° C. Diese drei Anteile werden dann jeder für sich nochmals destilliert, einzelne Fraktionen bei den eben angeführten Temperaturen aufgefangen, die gleich siedenden Anteile zusammengegossen und wieder destilliert.

Ein Benzol, welches 48,7 Proz. Benzol enthielt, ergab bei der ersten Destillation:

$$\text{bis } 85° \text{ C } 19,7 \text{ Proz. Benzol,}$$
$$\text{von } 85{-}115° \text{ C } 70,2 \text{ » Toluol und Benzol,}$$
$$\text{von } 115{-}145° \text{ C } 10,0 \text{ » Xylol und Toluol.}$$

Bei der zweiten Destillation der Fraktionen wurden erhalten:

$$\text{bis } 85° \text{ C } 50,5 \text{ Proz. Benzol,}$$
$$\text{von } 85{-}115° \text{ C } 47,5 \text{ » Toluol (Benzol),}$$
$$\text{von } 115{-}145° \text{ C } 1,2 \text{ » Xylol (Toluol).}$$

Die in der Tabelle III zusammengestellten Ergebnisse der fraktionierten Benzoldestillationen wurden mit dem auf S. 43 beschriebenen Apparate durchgeführt. Der Vereinfachung wegen wurden nur die Fraktionen bis 85° C, von 85—115° C, von 115 bis 145° C aufgefangen, der Vorlauf und die Zwischenfraktion 85—105° C wurden nicht berücksichtigt. Die fraktionierte Destillation wurde zweimal wiederholt.

Tabelle III.

Fraktion °C	Nr. 1	Nr. 2	Nr. 3	Nr. 4	Nr. 5	Nr. 6	Nr. 7	Nr. 8	Nr. 9
	Benzol 90%	Benzol 90%	Benzol 90%	Benzol 90%	Benzol 50%	Benzol 50%	Benzol 50%	Benzol 30%	Benzol 0%
	Spez. Gewicht 0,883	Spez. Gewicht 0,881	Spez. Gewicht 0,884	Spez. Gewicht 0,878	Spez. Gewicht 0,878	Spez. Gewicht 0,875	Spez. Gewicht 0,870	Spez. Gewicht 0,870	Spez. Gewicht 0,865
bis 85° C [Benzol]	96,0	95,0	93,0	88,1	55,8	50,5	34,0	1,5	—
85—115° C [Toluol und Benzol]	4,0	4,6	1,5	11,7	37,4	47,5	64,6	85,3	71,0
115—145° C [Xylol und Toluol]	—	—	1,7	—	5,2	1,2	} 1,0	12,2	26,8
Rest	—	—	3,5	—	1,5	0,5		0,8	2,5
	100,0	99,6	99,7	99,8	99,9	99,7	99,6	99,8	100,3
Freies Verdunsten	3 St. 50 Min. sehr geringer Rückstand	4 St. 10 Min. geringer Rückstand (Naphthalin)	7 St. 0 Min. Rückstand (Naphthalin) ungef. 0,1%	5 St. 30 Min. sehr geringer Rückstand	6 St. 30 Min. geringer Rückstand	9 St. 30 Min. geringer Rückstand	11 St. 0 Min.	12 St. 30 Min. sehr geringer Rückstand	15 St. 45 Min.
Verdampfen durch Absaugen	2 St. 50 Min.	3 St. 20 Min.	4 St. 0 Min.	3 St. 30 Min.	4 St. 15 Min.	5 St. 20 Min.	6 St. 40 Min.	8 St. 15 Min.	10 St. 5 Min.
Erstarrungspunkt	+ 2,5° C	+ 2,5° C	+ 1,8° C	+ 2,0° C	— 10° C	— 18° C	unter — 60° C	unter — 60° C	unter — 60° C
Brechungskoeffizient $N_{D_{15}}$	1,5012	1,5030	1,5010	1,4995	1,5000	1,4965	1,4942	1,4942	1,4932

In dieser Tabelle sind auch die Angaben über freie und beschleunigte Verdunstung, Erstarrungspunkte und Brechungskoeffizienten angegeben, worüber in den späteren Kapiteln die Rede sein wird.

Verdunstungsprobe am Uhrglas.

Läßt man verschiedene Benzine oder Benzole frei verdunsten, so findet man, daß bei gleicher Menge der Flüssigkeit ein Benzin bzw. Benzol früher, ein anderes wieder später verdampft. Die Zeitdauer, in welcher die Probeflüssigkeit verdunstet, ist von der Zusammensetzung abhängig; je niedriger siedende Anteile sie enthält, um so schneller verdampft sie und umgekehrt.

Nach diesem Verhalten kann man wohl nur annähernd die Qualität der Benzine und Benzole beurteilen.

Die Verdunstungsprobe hat zwar schon Kissling empfohlen, aber erst Dieterich reiht sie in den Untersuchungsgang zur vorläufigen Prüfung von Betriebsstoffen ein.

Nach seinem Vorschlage arbeitet man auf folgende Weise: In ein Uhrglas von 10 cm Durchmesser und 1 cm Tiefe, welches auf ein schwarzes Papier gestellt wird, mißt man 10 ccm Benzin oder Benzol ab, läßt in einem vollständig zugfreiem Raume bei einer Zimmertemperatur von ungefähr 20° C (die Temperatur darf nur zwischen 16 und 20° C schwanken) freiwillig verdunsten und bestimmt die Zeit, innerhalb welcher die Flüssigkeit verdunstet; gleichzeitig beobachtet man, ob die Verdunstung gleichmäßig, oder am Anfang schneller, zum Schlusse langsamer stattfindet und ob ein riechender, öliger oder anders beschaffener Rückstand zurückbleibt.

Dieses Verdunstungsverfahren ist vor allem von der Temperatur des Raumes, in welchem es ausgeführt wird, ferner aber auch vom Druck und von der Feuchtigkeit der Luft abhängig. Ebenso können schwere, über dem im Uhrglas befindlichen Benzin bzw. Benzol ruhende Dämpfe einen gewissen Einfluß auf die Verdunstung ausüben.

Demzufolge müssen die Proben stets unter möglichst gleichen Bedingungen durchgeführt werden, um vergleichbare Ergebnisse zu erhalten.

Solange die Verdampfung nicht gar zu lange dauert, so ist eine längere Dauer für die Probe von keinem Nachteil; bei den Schwerbenzinen und Schwerbenzolen, welche langsam verdunsten, kann es aber vorkommen, daß während des Versuches die Temperatur im Versuchsraume bedeutend schwankt, namentlich dann, wenn die Probe abends angefangen werden muß, damit sie noch am nächsten Tage beendet wird.

Man muß daher Vorkehrungen treffen, daß die Temperatur in den angegebenen Grenzen erhalten werde, was sich nicht immer leicht durchführen läßt.

Abgesehen von diesem Umstande, ist die allzu lange dauernde Verdunstungsprobe unbequem und langwierig.

Aus diesen Gründen beschleunige ich das Verdampfen durch Absaugen der Luft über dem Benzin auf folgende Art: Das Uhrglas wird auf eine viereckige Korkplatte 15 ×15 cm gelegt und über das Uhrglas ein Glastrichter von 12—13 cm innerem Durchmesser in der Entfernung von 2 mm von der Korkplatte befestigt. Der Glastrichter wird durch einen Kautschukschlauch mit einem Luftmeßapparat verbunden, wozu man auch einen Leuchtgasmesser verwenden kann. Die Luft wird nun durch irgendeine passende Vorrichtung so abgesogen, daß in einer Minute 10 Liter Luft den Trichter durchlaufen.

Auf diese Weise werden die über dem Uhrglas sich bildenden Benzindämpfe entfernt und dadurch das Verdampfen des Benzins bzw. des Benzols beschleunigt.

Um eine derartige Verdunstungsdauer bei verschiedenen Benzinen oder Benzolen gegenseitig vergleichen zu können, muß die angegebene Menge der abgesaugten Luft und eine Temperatur von ungefähr 20° C stets eingehalten werden.

Natürlich können nur die durch freie Verdunstung oder aber nur die durch beschleunigte Verdunstung erhaltenen Ergebnisse untereinander verglichen werden.

Ich habe versucht, Benzin und Benzol auch im Vakuum abzudampfen, aber die Verdunstungsdauer war nicht viel kürzer, da sich Benzin und Benzol durch allzustarkes Absaugen zu viel abgekühlt haben, wodurch das Verdampfen verzögert wurde.

Mit Rücksicht auf die längere Zeit erfordernde und unbequeme Wartung der Vakuumpumpe erscheint die oben beschriebene einfachere Art des Absaugens vorteilhafter und praktischer.

In der auf S. 54 angeführten Tabelle findet man solche Verdunstungszeiten für einzelne Benzinfraktionen angegeben. Dieselben sind bedeutend kürzer als die bei der freien Verdunstung gefundenen Zeiten; nur die Fraktionen von 40—60° C und 60 bis 80° C verdampften beim Absaugen der Luft langsamer, was man dadurch erklären kann, daß infolge beschleunigter Verdampfung das Benzin stark abgekühlt und die Verdampfung dadurch verzögert wurde; die nächstfolgenden Fraktionen verdampften dagegen durch Absaugen bedeutend schneller [1]).

---

[1]) Die Erscheinung, daß die zwischen 40°—80° C siedenden Fraktionen beim Absaugen der Luft langsamer verdampfen als bei freier

In den auf S. 52 u. 60 angeführten Tabellen II u. III findet man, daß bei den leichten Benzinen der Unterschied zwischen der Verdunstungsdauer beim Absaugen der Luft und ohne dasselbe ziemlich gering ist, daß aber bei den Schwerbenzinen und Benzolen diese Zeit beim Absaugen der Luft bedeutend abgekürzt wird.

Die Verdunstungsdauer beim Absaugen der Luft ist auch nicht vergleichbar mit der Verdampfung im Vergaser, da in demselben das Benzin nicht bloß verdunstet, sondern gleichzeitig durch die schnell durchströmende Luft teilweise mitgerissen wird; darüber wird im technischen Teile dieses Werkes näher gesprochen werden.

Säuregehalt.

Um sich zu überzeugen, ob ein Benzin durch die Raffination vollständig von Schwefelsäure bzw. schwefliger Säure befreit wurde, schüttelt man etwa 10 ccm desselben in einem Reagenzglase mit einem Viertel Volumen verdünnter Lackmuslösung; sie· soll weder rot noch blau werden, sondern nur eine violettblaue Farbe behalten, d. i. die neutrale Reaktion zeigen.

Statt der Lackmuslösung kann man zur Säureprobe verdünnte, einprozentige wässerige Lösung von Äthylorange verwenden, welche orangegelb ist und mit Säure versetzt rot wird. Bei der Probe setzt man zu 10 ccm destilliertem Wasser 2—3 Tropfen Äthylorangelösung.

Bedeutend empfindlicher gegen Säure als Lackmus und Äthylorange ist das Alkaliblau 6 B (Meister Lucius und Brüning in Höchst a. M.). Man löst von diesem Farbstoff 0,01 g in 100 ccm reinem Äthylalkohol und versetzt die blaue Lösung mit einem Tropfen $^1/_{100}$ normaler Natronlauge, wodurch sie rot wird. Fügt man einige Kubikzentimeter dieser Alkaliblaulösung dem Benzin hinzu und schüttelt, so färbt sie sich blau, wenn das Benzin säurehaltig war.

Auf diese Art kann man im Benzin auch möglicherweise anwesende, aus dem Rohmaterial stammende organische Säuren nachweisen, welche auf Äthylorange und Lackmus nicht einwirken.

Man führt die Probe am besten sowohl mit Alkaliblau als auch mit Lackmus bzw. mit Äthylorange aus.

Dasselbe, was von Benzin gesagt wurde, gilt auch von Benzol.

Verdampfung, ist für die Beurteilung der Verdampfung des Benzins im Vergaser des Motors wichtig, wovon im ›Technischen Teile‹ die Rede sein wird.

Verhalten gegen Schwefelsäure.

Je nachdem sich konzentrierte Schwefelsäure, mit einem Betriebsstoff vermischt, färbt, beurteilt man seinen Raffinationsgrad, d. i. seine Reinheit.

10 ccm Benzin werden in einem Fläschchen mit 5 ccm Schwefelsäure vom spez. Gewichte 1,53 (50° Bé, 62,5 Proz. Schwefelsäure) drei Minuten mäßig geschüttelt; sodann läßt man die Schwefelsäure absetzen und beobachtet ihre Färbung.

Für Handelsbenzole I und II, Reinbenzol, Toluol und Xylol wird folgende Schwefelsäureprobe empfohlen. 5 ccm Benzol (Toluol oder Xylol) werden in einem Fläschchen aus farblosem Glas von 15 ccm Inhalt mit 5 ccm konzentrierter Schwefelsäure 5 Minuten lang kräftig geschüttelt und sodann mit 0,01, 0,05, 0,1 und 0,15 proz. Kaliumbichrometlösungen in 50 proz. Schwefelsäure, welche als Typen dienen, verglichen.

Dieses Vergleichen geschieht dadurch, daß man in ein gleich großes farbloses Fläschchen 5 ccm der betreffenden Kaliumbichromatlösung bringt und mit 5 ccm reinsten Benzols überschichtet.

Für Handelsbenzole III—VI eignet sich diese Probe nicht gut, weil je nach der Verwendungsart dieser Benzole recht verschiedene Werte erhalten werden.

Bei der Untersuchung von Betriebsstoffgemischen muß man die Schwefelsäure langsam zufügen, weil es vorkommen kann, daß sich das Gemisch sehr stark erhitzt und spritzt, namentlich wenn es Schwefeläther, Spiritus oder Azeton enthält, welche Stoffe mit Schwefelsäure selbst reagieren. Dabei kann sich nicht nur Schwefelsäure, sondern auch der Betriebsstoff färben.

Prüfung auf schwefelhaltige Verbindungen.

Die qualitative Prüfung auf schwefelhaltige Verbindungen (Schwefelkohlenstoff, Alkylsulfide, Thiophen, Merkaptane) in Benzin und Benzol wird im allgemeinen mit salpetersaurem Silber durchgeführt.

Zu etwa 10 ccm Benzin oder Benzol werden in einem Reagenzglase 3 ccm alkoholischer ammoniakalischer Lösung von salpetersaurem Silber zugefügt[1]), gründlich geschüttelt und einige Minuten in heißem Wasser erwärmt. Ist eine Schwefelverbindung anwesend, so färbt sich die Flüssigkeit durch ausgeschiedenes Schwefelsilber braun bis schwarz.

---

[1]) In 10 ccm Alkohol wird 0,1 g salpetersaures Silber gelöst und zu der Lösung vorsichtig konzentriertes Ammoniak zugesetzt, bis sich der ausgeschiedene Niederschlag wieder aufgelöst hat.

Schwefelkohlenstoff wird besonders auf folgende Art nachgewiesen: Zum Benzin oder Benzol wird ein Viertel Volumen 25 proz. alkoholischer Kaliumhydroxydlösung zugefügt und unter öfterem Umschütteln gelinde erwärmt; falls Schwefelkohlenstoff enthalten ist, entsteht xanthogensaures Kali. Setzt man der Flüssigkeit nachher einige Tropfen einer alkoholischen ammoniakalischen Lösung von Nickelchlorid zu, so färbt sie sich braunrot.

Auf diese Weise kann man auch weniger als 1 Proz. Schwefelkohlenstoff nachweisen.

Man kann hier auch die folgende, von Votoček empfohlene Probe auf Schwefelkohlenstoff mit Erfolg anwenden.

Man mischt Benzin oder Benzol mit gleichem Volumen 25 proz. alkoholischer Kaliumhydroxydlösung, fügt 3—4 Tropfen Anilin dazu, schüttelt und erwärmt es gelinde. Sodann werden der Mischung einige Tropfen einer stark verdünnten, frisch bereiteten Nitroprussidnatriumlösung zugefügt und alles verrührt. Bei Anwesenheit von Schwefelkohlenstoff entsteht eine violette Färbung.

Quantitativ wird der Schwefelkohlenstoff in Benzol und Benzin nach Frank auf folgende Art bestimmt[1]):

50 g Benzol bzw. Benzin werden in einem Scheidetrichter mit 50 g alkoholischer Kalilauge[2]) gut gemischt und einige Stunden bei Zimmertemperatur stehen gelassen. Sodann werden diesem Gemische 100 ccm Wasser zugesetzt und geschüttelt, wodurch das durch Einwirkung von Kalilauge auf Schwefelkohlenstoff gebildete xanthogensaure Kalium ins Wasser übergeht.

Die wässerige Lösung wird abgelassen und das Durchschütteln des Benzols mit Wasser einigemal wiederholt. Die wässerigen Lösungen werden vereinigt, von der gesamten Flüssigkeit wird ein aliquoter Teil abgemessen und mit Essigsäure neutralisiert. Die neutrale Lösung wird mit Kupfersulfatlösung von bestimmter Konzentration[3]) titriert bis ein mit einem Glasstabe auf ein Filtrierpapier herausgebrachter Tropfen mit einem daneben gebrachten Tropfen von Ferrozyankaliumlösung an der Berührungsstelle beider Tropfen eine rotbraune Färbung bewirkt. Der Endpunkt der Reaktion läßt sich auch annähernd daran erkennen, daß sich der anfangs fein verteilte Niederschlag von xanthogensaurem Kupfer zusammenballt.

Die oben angegebene Menge 50 ccm Kalilauge reicht bis zu einem Gehalt von 5 Proz. Schwefelkohlenstoff aus. Ist der Ge-

---

[1]) Chem. Industrie 1901, S. 262.

[2]) 11 g Kaliumhydroxyd werden in 90 ccm absolutem Alkohol gelöst.

[3]) 12,475 g reines kristallisiertes Kupfersulfat werden in Wasser zu 1 l gelöst; 1 ccm dieser Lösung entspricht 0,0076 g Schwefelkohlenstoff

halt an Schwefelkohlenstoff größer als 5 Proz., wie z. B. bei den Benzolvorläufen oder Brennstoffgemischen, so muß man mehr alkoholische Kalilauge oder weniger Probeflüssigkeit verwenden.

Der Gesamtschwefel wird in Benzin oder Benzol quantitativ nach der Methode von Heußler-Engler bestimmt. Benzin bzw. Benzol wird in einem besonderen Apparate verbrannt. Die entwickelten Gase, welche infolge der Verbrennung der im Benzin oder Benzol anwesenden Schwefelverbindungen Schwefeldioxyd enthalten, werden in alkalischer Bromlösung aufgefangen, in welcher Schwefeldioxyd zu Schwefelsäure oxydiert wird. Die gebildete Schwefelsäure wird dann quantitativ bestimmt und aus derselben Schwefel berechnet[1].

Diese Methode wurde durch eine Modifikation der Verbrennungsvorrichtung von K. Schenk[2] verbessert.

Prüfung auf aromatische Kohlenwasserstoffe, namentlich Benzol, und auf ungesättigte Kohlenwasserstoffe in Benzin.

Die Feststellung von aromatischen und ungesättigten Kohlenwasserstoffen in Benzin ist wichtig, weil sie schlechter verbrennen als Benzin und demnach dessen Eigenschaften verändern können.

Die Qualität eines Benzins ist daher von der Menge und Beschaffenheit der in ihm enthaltenen aromatischen und ungesättigten Kohlenwasserstoffe abhängig. Ich empfehle daher wärmstens, neben der fraktionierten Destillation stets auch nicht nur eine qualitative, sondern auch eine quantitative Bestimmung dieser Kohlenwasserstoffe durchzuführen, da diese zur richtigen Beurteilung von Benzin wichtig und notwendig ist.

Zur qualitativen Feststellung der aromatischen Kohlenwasserstoffe bedient man sich nach Holde[3] eines besonders zubereiteten und mit Benzin vom spez. Gewichte 0,70—0,71 gereinigten Asphaltes, welcher in Benzin unlöslich, in Benzol jedoch mit brauner Farbe löslich ist.

Setzt man daher zu einem Benzin eine Messerspitze eines solchen, fein zerriebenen Asphaltes zu, rührt dies um und filtriert in ein Reagenzglas, so ist das Filtrat farblos, wenn das Benzin

---

[1] Siehe Holde, Kohlenwasserstofföle S. 80; Lunge-Berl, Untersuchungsmethoden III, S. 518.

[2] K. Schenk, Über die Bestimmung des Gesamtschwefels im Handelsbenzol, Chem. Ztg. 1914, S. 83; siehe auch F. Schulz, Eine Titriermethode zur Bestimmung von Schwefel in Leuchtpetroleum, Zeitschr. Petroleum, Bd. VIII, 1913, S. 585.

[3] Siehe D. Holde, Kohlenwasserstofföle, S. 61.

frei von erheblichen Benzolmengen ist, sonst läuft es gelb oder braun gefärbt durch. Auf diese Weise soll man in Benzin noch 5 Proz. Benzol nachweisen. Die Darstellung eines solchen Asphaltes ist jedoch ziemlich umständlich und die Probe selbst ist nicht genügend empfindlich.

Eine andere Prüfung auf Benzol beruht darauf, daß technisches Benzol geringe Mengen, etwa 0,5 Proz., Thiophen enthält, welches mit einer Isatinlösung in konzentrierter Schwefelsäure gelinde erwärmt, eine blaue Färbung gibt[1]); benzolfreies, kein Thiophen enthaltendes Benzin reagiert mit Isatinschwefelsäure nicht.

Wenn man aber auf diese Weise ein gewöhnliches Benzin auf Benzol untersucht, so geschieht es nicht selten, daß die Flüssigkeit grünlich oder sogar braun gefärbt erscheint, und somit ist diese Probe unsicher, wenn nicht gar unbrauchbar.

Ich habe mich mit dieser Erscheinung näher beschäftigt und gefunden, daß das Mißlingen der Probe durch die in einem unvollständig raffinierten Benzin anwesenden verunreinigenden Stoffe verursacht wird.

Die Schwefelsäure färbt sich selbst, mit einem solchen Benzin vermischt, nach der Beschaffenheit des Benzins gelb bis braun, und diese Färbung verdeckt die bei der Reaktion mit Isatin gebildete blaue Färbung.

Ich habe versucht, das benzolhaltige Benzin bis zu 100° C abzudestillieren, damit auch das im Benzol enthaltene, bei 84° C siedende Thiophen mit übergeht, und das Destillat mit Isatinschwefelsäure zu prüfen; aber auch in diesem Falle erhielt ich nur eine grünlich-braune Färbung.

Es sind daher in Benzin anwesende, die Schwefelsäure färbende Verbindungen und sonstige Verunreinigungen daran schuld, daß die Isatinreaktion unbrauchbar wird.

Das Liebermannsche Reagens, Nitrososchwefelsäure oder Amylnitrit und Schwefelsäure[2]), geben ebenfalls bei den Motorenbenzinen keine befriedigenden Resultate.

Dieterich verwendet daher zum Nachweis von Benzol in Benzin einen besonderen, von ihm aus Palmendrachenblut dargestellten Farbstoff, sog. Drakorubin (ein Gemisch aus Drako-

---

[1]) Über die Ausführung dieser Indophenin-Reaktion siehe auch F. W. Bauer, Ber. d. chem. Ges. 1904, Bd. 37, S. 1244. 3128; Storch, ebenda 1904, Bd. 37, S. 1961; Liebermann und Peus, ebenda 1904, Bd. 37, S. 2461.

[2]) Siehe Lunge-Berl, Chem.-techn. Untersuchungsmethoden III, S. 417.

resinotannolester der Benzoesäure und Drakoresinotannolester der Benzoylessigsäure), in Form von Reagenzpapieren[1]).

Das Drakorubin löst sich in reinem kalten Benzin nicht, in Benzol, Toluol und Xylol, welche letztere im technischen Benzol stets anwesend sind, löst es sich jedoch mit dunkelroter Farbe auf.

Auf Grund dieser Erscheinung bestimmt Dieterich qualitativ die Anwesenheit des Benzols in Benzin folgendermaßen:

In einen schmalen Glaszylinder aus farblosem Glase mit Glasstöpsel bringt man vier Streifen des Drakorubinpapiers und 30 bis 35 ccm des zu prüfenden Benzins, verschließt den Zylinder und läßt bei Zimmertemperatur über Tag bzw. über Nacht stehen.

Sodann schüttelt man um, nimmt die Reagenzpapiere heraus, legt sowohl unter wie hinter den Glaszylinder ein weißes Papier und beobachtet die Färbung.

Enthält das Benzin auch nur 5 Proz. Benzol, so färbt es sich schwach rosarot. Außerdem wird das Drakorubinpapier getrocknet und seine Farbe sowie auch seine Schmiegsamkeit betrachtet.

Wie ich mich durch zahlreiche Versuche überzeugt habe, ist die Drakorubinprobe ziemlich empfindlich, man muß aber bei der Beurteilung der Färbung vorsichtig sein, weil Drakorubin auch in Äthyl-, Methyl- und Amylalkohol, in Schwefeläther, Schwefelkohlenstoff, Azeton und Chloroform, welche Verbindungen, ausgenommen Chloroform, in Benzin und in Benzinersatzstoffen anwesend sein können, mit tief roter Farbe löslich ist. Man muß sich daher bei einer derartigen Probe eines Betriebsstoffes im Falle einer Färbung mit Drakorubin auch überzeugen, ob derselbe keinen von den oben genannten Stoffen enthält.

Um Alkohol bzw. Azeton neben Benzol nachzuweisen, benutzt Dieterich die sog. Drakorubinkapillarprobe[2]).

Die von Dieterich vorgeschlagene Prüfung auf Benzol im Benzin brachte mich auf den Gedanken, daß man unter den leicht zugänglichen und billigen Handelsfarbstoffen auch solche ermitteln könnte, welche sich zu demselben Zwecke verwenden lassen.

Es wurde nun gefunden, daß sich zu dem erwähnten Zwecke Küppenfarbstoffe Indanthrendunkelblau BT in Pulver und Indanthrenviolett RT in Pulver, Erzeugnisse der Badi-

---

[1]) Siehe K. Dieterich, Analyse und Wertbestimmung der Motorenbenzine usw., S. 42.

[2]) Siehe K. Dieterich, Die Unterscheidung und Prüfung der leichten Motorbetriebsstoffe 1916, S. 19 u. 44.

schen Anilin- und Sodafabrik, besser eignen als das Drakorubin[1]).

Indanthrendunkelblau BT und Indanthrenviolett RT, welche wir kurz Blau BT und Violett RT nennen wollen, sind nach den durchgeführten Versuchen in Normalbenzin[2]) praktisch unlöslich, erst in einer dickeren Schicht beobachtet man einen kaum deutlichen rosaroten Stich; sie lösen sich jedoch in Benzol, Toluol, Xylol, Schwefelkohlenstoff und Chloroform mit bläulich roter Farbe und gelblicher Fluoreszenz. Die Benzollösung von Blau BT ist mehr rötlich, die von Violett RT mehr bläulich. Da der Ton des ersteren Farbstoffes lebhafter ist, so arbeite ich mit dem Blau.

In Äther und Azeton lösen sich beide Farbstoffe schon bedeutend weniger.

In Äthylalkohol ist das Blau BT nur sehr wenig mit schwacher rosaroter Farbe löslich; die alkoholische Lösung wird nach längerem Stehen gelb und fluoresziert grün; dagegen ist das Violett RT in Äthylalkohol fast unlöslich. Methylalkohol löst beide Farbstoffe fast gar nicht und wird erst nach längerem Stehen gelblich mit grüner Fluoreszenz. In Amylalkohol ist das Blau BT sowie das Violett RT unlöslich.

In Petroleum, im französischen, deutschen und schwedischen Terpentinöl ist Blau BT fast unlöslich, das Violett RT nur wenig mit blauvioletter Farbe löslich.

---

[1]) Reines Indanthrendunkelblau BT, welches aus Benzanthronchinolin durch Kalischmelze dargestellt wird, befindet sich nicht mehr im Handel; es löst sich auch nicht im Benzol. Gegenwärtig im Handel befindliches Indanthrendunkelblau BT stellt ein Gemisch aus Indanthrendunkelblau BO und Indanthrenviolett RT dar. Der erstere Farbstoff wird aus Benzanthron durch Kalischmelze erzeugt, der letztere Farbstoff ist ein Chlorderivat von Indanthrendunkelblau BO.

Da das Indanthrendunkelblau BO in Benzol nur gering löslich ist, so sind es die Chlorderivate dieses Farbstoffes, welche das Benzol färben. Die Benzollösung von Blau BT zeigt ein Absorptionsspektrum bestehend aus drei Streifen und zwar den Hauptstreifen bei 549,0, die Nebenstreifen bei 590,0 und 510,0; die Benzollösung von Violett RT zeigt den Hauptstreifen bei 586,5, die Nebenstreifen bei 541,5 und 500,5.

Es gibt auch andere zu diesem Zwecke geeignete Handelsfarbstoffe, die ebengenannten wirken jedoch am besten. Auch eignen sich dazu andere verschieden gefärbte Verbindungen, deren Darstellung jedoch auch für den Chemiker etwas umständlich wäre.

[2]) Unter Normalbenzin bezeichnet man ein reines, von ungesättigten und Benzolkohlenwasserstoffen freies Benzin von spez. Gewicht 0,695 bis 0,705 und Siedegrenzen 65°—95° C.

Durch die geringe Löslichkeit in Alkoholen, in Äther und Azeton, sowie im Terpentinöl und durch eine bedeutend höhere Fähigkeit, das Benzol zu färben, haben beide Farbstoffe einen großen Vorzug vor dem Drakorubin.

Setzt man zum Benzin, welches 10 Proz. Äther und 10 Proz. Alkohol enthält, Blau BT zu, so wird das Gemisch zwar rosarot, aber nach längerem Stehen erscheint die Lösung fast farblos mit gelblichem Stich; bei Anwendung von Violett RT bleibt die Rosafärbung unverändert.

Enthält das Benzin 5 Proz. Schwefelkohlenstoff, so entsteht nach Zusatz von Blau BT oder Violett RT eine schwache rosarote Färbung, und erst bei Anwesenheit von 10 Proz. Schwefelkohlenstoff zeigt sich schon eine deutlich rosarote Färbung. Es lösen daher Schwefelkohlenstoff und Äther mit Benzin gemischt diese Farbstoffe bedeutend weniger als Drakorubin.

Indanthrendunkelblau BT sowie das Indanthrenviolett RT sind beständige Farbstoffe, ihre Lösungen werden an der Luft und am Licht nicht verändert, sie entfärben sich allmählich nur dann, wenn sie direkten Sonnenstrahlen ausgesetzt werden, das Indanthrenviolett RT noch weniger als das Indanthrendunkelblau BT. Die Drakorubinlösung verändert sich jedoch allmählich an der Luft und entfärbt sich nach und nach auch im zerstreuten Licht.

Die Probe mit Blau BT oder mit Violett RT ist bedeutend schneller ausführbar als die Drakorubinprobe.

Benzin von 5 Proz. Benzolgehalt wird durch Drakorubin erst nach 12 Stunden schwach rosarot, wogegen durch Blau BT oder Violett RT ein solches Benzin schon nach einer Viertelstunde rosarot wird; außerdem ist die durch diesen Farbstoff verursachte Färbung bedeutend deutlicher als jene durch das Drakorubin erzeugte, und daher ist die Empfindlichkeit der Probe viel größer.

Die Probe auf Benzol mittels dieser Farbstoffe wird auf folgende Art durchgeführt:

Zu 20 ccm Benzin in einer Glasflasche mit Glasstöpsel setzt man eine kleine Messerspitze (ungefähr 0,05 g) des Farbstoffes, schüttelt dies gut und läßt unter zeitweiligem Umschwenken zwei Stunden stehen. Alsdann wird das Benzin in einen schmalen farblosen Glaszylinder filtriert; der Glaszylinder wird auf weißes Papier gestellt und die Flüssigkeit in einer Schicht von 10 cm Höhe von oben und auch von der Seite beobachtet.

Benzolfreies Benzin zeigt erst in einer 10 cm dicken Schicht einen kaum merkbaren rosaroten Stich. Wenn es aber auch nur 2 Proz. Benzol enthält, so beobachtet man in einer 10 cm hohen Schicht eine merkliche Rosafärbung, bei 5 Proz. Benzolgehalt eine schwach rosarote, bei 10 Proz. Benzolgehalt eine starke rosarote und bei 20 Proz. Benzolgehalt eine tief rosarote Färbung.

In der Tabelle II (S. 52) findet man einen Vergleich der durch Drakorubin und Blau BT bewirkten Färbungen bei verschiedenen Benzinen nebst dem Gehalt an aromatischen Kohlenwasserstoffen.

Da das Blau BT und Violett RT beständige Farbstoffe sind, so kann man nach der Benzinfärbung annähernd den Benzolgehalt feststellen, indem man die durch den Farbstoff bewirkte Färbung des zu untersuchenden Benzins mit der Färbung eines Benzins von bekanntem Benzolgehalt vergleicht oder noch besser den Benzolgehalt kolorimetrisch bestimmt.

Um festzustellen, bis zu welchem geringsten Gehalt und in welcher kürzesten Zeit Benzol bzw. aromatische Kohlenwasserstoffe in Benzin kolorimetrisch bestimmt werden können, wurden weitere Untersuchungen einerseits mit reinem Benzin, zu welchem verschiedene, aber bekannte Mengen von Benzol zugesetzt wurden, anderseits mit gewöhnlichen Handelsbenzinen durchgeführt; gleichzeitig wurden die in diesen Benzinsorten anwesenden aromatischen und ungesättigten Kohlenwasserstoffe nach der Methode von Krämer-Böttcher festgestellt.

Als Grundflüssigkeit wurde für den Vergleich ein Benzin verwendet, das nach der quantitativen Bestimmung 7,0 Proz. aromatischer Kohlenwasserstoffe enthielt. Dieses Benzin wurde mit der oben angegebenen Menge von Blau BT vermischt und nach zwei Stunden von dem überschüssigen Farbstoff abfiltriert. Mit dieser Flüssigkeit wurden dann vergleichende Untersuchungen mittelst des Zeißschen Kolorimeters durchgeführt und folgende Ergebnisse erhalten:

Zum Benzin zugesetzte	Kolorimetrisch gefunden	
Benzolmenge in Proz.	nach 2 Stunden	nach 24 Stunden
2,0	1,4	1,5
4,0	4,2	4,2
6,0	5,8	6,2
8,0	7,4	7,4
9,0	8,2	8,4
11,0	10,2	10,3
13,0	13,9	13,9
15,0	14,1	14,8
20,0	19,6	19,9

Die im Handel vorkommenden und in den Tabellen I u. II angeführten Motorenbenzine (S. 51 u. 52) ergaben folgende Resultate:

	Aromat. Kohlen-wasserstoffe	Kolorimetrisch gefunden
Tabelle I Nr. 1	3,6	3,2
» II » 2	4,0	3,5
» II » 6	6,0	5,7
» II » 7	14,0	15,1
» II » 8	10,3	8,8
» II » 9	11,0	10,0
» II » 10	15,1	14,0

Aus diesen Zahlen ergibt sich, daß die kolorimetrische Bestimmung von aromatischen Kohlenwasserstoffen schon nach zweistündigem Stehen des Benzins mit Blau BT durchgeführt werden kann, und daß die kolorimetrisch gefundenen Werte mit den nach der Methode von Krämer-Böttcher gefundenen Werten ziemlich gut übereinstimmen.

Es eignet sich daher diese Methode zur raschen quantitativen Bestimmung des Benzols und der aromatischen Kohlenwasserstoffe überhaupt. Man muß jedoch dafür sorgen, daß das zu untersuchende Benzin, sowie die Grundlösung gleiche Zeit mit dem Blau BT oder mit dem Violett RT in Berührung verbleibt, und daß der ungelöst gebliebene Farbstoff nachher abfiltriert wird.

Eine andere qualitative und quantitative Bestimmung von Benzol in Benzin beruht auf der Nitration mit rauchender Salpetersäure. Durch die Einwirkung von Salpetersäure wird Benzol sowie die demselben verwandten Kohlenwasserstoffe Toluol und Xylol in die charakteristischen Nitrokörper übergeführt.

Zur qualitativen Feststellung des Benzols werden in einem Kölbchen von 200 ccm Inhalt ungefähr 10 ccm Benzin mit der zehnfachen Menge des abgekühlten Gemisches von einem Teil konzentrierter Schwefelsäure und zwei Teilen rauchender Salpetersäure gemischt und unter öfterem, mäßigem Umschwenken ungefähr eine Stunde stehen gelassen. Damit die Reaktion nicht zu heftig vor sich geht, kühlt man das Gemisch nach Bedarf ab. Nachher wird das Gemisch ganz gelinde im Wasserbade erwärmt, solange noch braunrote Dämpfe von Stickstoffoxyd auftreten und bis die Reaktionsprodukte schließlich hellgelb erscheinen.

War das Benzol anwesend, so erscheint die obere ölige Schicht gelb und die Flüssigkeit riecht nach Bittermandelöl.

Quantitativ bestimmt man Benzol und aromatische Kohlenwasserstoffe in ähnlicher Weise in einem besonderen Apparate[1]).

---

[1]) Siehe Lunge-Berl, Untersuchungsmethoden III, S. 500, und Holde, Kohlenwasserstofföle, S. 62.

Bei dem Nachweis von Benzol durch Nitrieren muß man jedoch darauf Rücksicht nehmen, daß Benzine selbst, namentlich Schwerbenzine, auch aromatische Kohlenwasserstoffe enthalten können, welche gleichzeitig nitriert werden; ferner sind es hydrierte Kohlenwasserstoffe (Naphthene), welche, wie z. B. das Hexahydrobenzol, durch Oxydation mit Salpetersäure und durch Nitrierung in das Nitrobenzol übergeführt werden.

Wenn also die Nitrierprobe bejahend ausgefallen ist, so wird somit noch kein Beweis erbracht, daß das Benzol zum Benzin absichtlich beigefügt wurde. Manche, auch leichte Benzine enthalten mitunter je nach der Herkunft und dem Raffinationsgrade geringe Mengen von Benzol, welches sich schon im Rohmaterial befand (s. S. 10 u. 13).

Im allgemeinen bestimmt man ungesättigte und aromatische Kohlenwasserstoffe nach der Methode von Krämer-Böttcher durch Absorption in Schwefelsäure auf folgende Weise[1]):

25 ccm Benzin und 25 ccm eines Gemisches von 80 Volumteilen konzentrierter und 20 Volumteilen rauchender Schwefelsäure werden in einem etwa 75 ccm fassenden, starkwandigen Kölbchen, dessen etwa 50 cm langer Hals in $^1/_{10}$ ccm geteilt ist, eine Viertelstunde lang kräftig geschüttelt. Nach Verlauf von 30 Minuten füllt man mit konzentrierter Schwefelsäure (nicht mit dem vorher benutzten Gemisch) so weit auf, daß die obere Ölschicht in die Röhre gedrängt wird, und liest dann nach einer Stunde so oft ab, bis keine Abnahme der Kohlenwasserstoffe mehr stattfindet.

Aus dem Unterschiede zwischen dem ursprünglichen und dem nachher festgestellten Volumen erhält man durch einfache Berechnung die Volumprozente der absorbierten Kohlenwasserstoffe.

Bei einem Gehalt von über 13 Proz. ungesättigten Kohlenwasserstoffen soll das Verfahren ungenau sein.

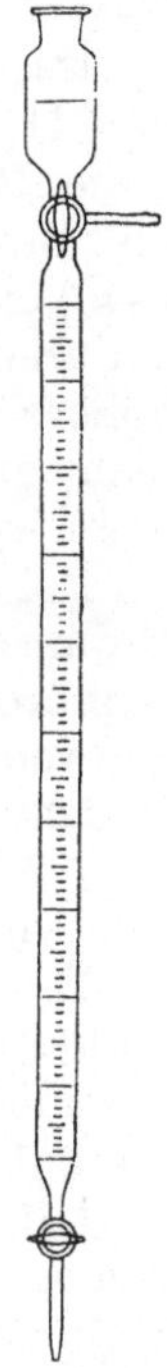

Statt des vorgeschriebenen Kölbchens wird in unserem Laboratorium mit besserem Erfolge die Buntesche Bürette (Fig. 7) zur Gasanalyse angewandt, welche den Vorteil hat, daß man die absorbierende Schwefelsäure je nach Bedarf bequem mehreremal erneuern und dadurch auch größere Mengen von Kohlenwasserstoffen als 13 Proz. bestimmen kann.

Fig. 7.

---

[1]) Andere Methoden zur quantitativen Bestimmung dieser Kohlenwasserstoffe mittels Formaldehyd und Schwefelsäure oder mittels flüssigen Schwefeldioxyds siehe Engler-Höfer, Das Erdöl usw. IV, S. 21.

Die Bestimmung von ungesättigten Verbindungen in Benzin wird im nachfolgenden Kapitel besprochen.

Prüfung auf ungesättigte Verbindungen in Benzin und Benzol.

Ungesättigte Verbindungen nehmen unter bestimmten Verhältnissen außer Wasserstoff auch Brom und Jod auf und entfärben es, wogegen reines, von ungesättigten Verbindungen befreites Benzin, reines Benzol und Toluol bei Zusatz von Bromwasser oder Jodlösung eine Zeitlang gefärbt bleiben sollen.

Das Verhalten gegen Brom wird bei den Handelsbenzolen I und II, Reinbenzol und Toluol benutzt, um festzustellen, wie weit diese Produkte raffiniert werden, bzw. wie weit von denselben die Brom addierenden, verharzbaren Körper (Kumaron, Inden usw.) entfernt wurden, und dieses Verhalten kann auch bei Benzin zur annähernden Prüfung auf seine Reinheit benutzt werden. Für höhere Benzole, wie Xylol, Pseudokumol usw., ist diese Methode nicht gut anwendbar, da die höheren Benzolhomologen sich nicht mehr vollständig indifferent gegen Brom verhalten[1]).

Bei der Untersuchung von Benzin und Benzol wird nicht Bromwasser selbst, sondern eine $^1/_{10}$ normale Lösung von Kaliumbromid und Kaliumbromat benutzt, aus welcher erst durch Schwefelsäure, welche der Probe zugesetzt wird, Brom nach der Gleichung

$$5 \, KBr + KBrO_3 + 3 \, H_2SO_4 = 3 \, K_2SO_4 + 3 \, Br_2 + 3 \, H_2O$$

frei wird.

Die Titrierflüssigkeit wird durch Auflösen von 9,9180 g reinem Kaliumbromid und 2,7836 g reinem Kaliumbromat in 1 Liter destilliertem Wasser dargestellt; 1 ccm dieser Lösung entspricht 8 mg Brom.

Mit dieser Lösung werden in einer Flasche mit Glasstöpsel 5 ccm Benzol (bzw. Benzin) nach Zusatz von 10 ccm 20proz. Schwefelsäure unter 5 Minuten dauerndem Umschütteln titriert, bis nach 15 Minuten langem Stehen das Benzol orangegefärbt bleibt und ein Tropfen desselben auf frisch bereitetes Jodzinkstärkepapier gebracht, sofort eine dunkelblaue Färbung bewirkt. Die Titration wird zweimal durchgeführt, die erste gilt als Vorprobe. Nach der Menge des zur Sättigung verbrauchten Broms, welche in Milligramm für 1 ccm Probe ausgedrückt wird, beurteilt man die Reinheit des Benzols bzw. des Benzins.

Die Hübl-Wallersche bzw. die Wijsche Jodlösung kann zu

---

[1]) Siehe auch Muspratts Chemie 1905, Bd. 8, S. 45.

diesem Zwecke nicht gut verwendet werden, da die Absorption von Jod allzulange dauert.

Der unangenehme Geruch des unvollkommen gereinigten Benzins wird mitunter durch einen Zusatz geringer Mengen von Terpentinöl, Kienöl und ähnlichen Stoffen verdeckt.

Um den Zusatz von Terpentinöl in Benzin nachzuweisen, wird in der Literatur folgende Probe mit Brom- oder Jodlösung empfohlen.

Man setzt zu Benzin einen Tropfen einer verdünnten Lösung von Brom in Benzin hinzu und schüttelt um. Wenn kein Terpentinöl zugegen ist, so bleibt die durch Brom braungefärbte Flüssigkeit eine Zeitlang unverändert. Enthält aber das Benzin Terpentinöl, so verschwindet die braune Farbe sofort oder nach kurzem Stehen der Flüssigkeit.

Wie ich durch zahlreiche Versuche festgestellt habe, ist diese Probe bei den Motorenbenzinen überhaupt nicht entscheidend. Fast sämtliche Motorenbenzine enthalten, namentlich wenn sie ungenügend oder überhaupt nicht raffiniert sind, verschiedene Verbindungen (aromatische und ungesättigte Kohlenwasserstoffe), durch welche Brom gebunden wird, und solche Benzine entfärben die Bromlösung entweder nach kurzer Zeit oder sofort, wie aus der unten angeführten Tabelle ersichtlich ist.

Da Jod von solchen Verbindungen in der Kälte bedeutend langsamer aufgenommen wird als Brom, so kann man zwar die Jodlösung zur Untersuchung auf Terpentinöl besser verwenden, jedoch mit einer gewissen Vorsicht, da manche Benzinsorten auch solche Verbindungen enthalten können, welche Jod schnell aufnehmen und daher auch bei Abwesenheit von Terpentinöl Jod entfärben.

Setzt man zu 5 ccm Benzin, welches Terpentinöl enthält, einen Tropfen von Hübel-Wallerscher Lösung[1]) zu und schüttelt um, so verschwindet die gebildete Rosafärbung in einer verhältnismäßig kurzen Zeit, wogegen ein reines Benzin unter gleichen Umständen noch nach 30 Minuten gefärbt bleiben soll.

Die Ergebnisse der Untersuchungen von verschiedenen raffinierten und nicht raffinierten Benzinen mittels Brom und Jod nach dem eben beschriebenen Vorgange sind in der nachfolgenden Tabelle zusammengestellt. In jedem Benzin wurden zum Vergleiche ungesättigte und aromatische Kohlenwasserstoffe nach dem Krämer-Böttcherschen Verfahren bestimmt (s. S. 73).

---

[1]) 2,5 g Jod und 3 g Quecksilberchlorid werden in je 50 ccm 95proz. Äthylalkohol gelöst, die Lösungen werden filtriert, sodann vereinigt und mit 5 ccm Salzsäure vom spez. Gewichte 1,19 versetzt.

Benzin Nr.	1	2	3	4	5	6	7	8
Raffination	nicht raffiniert	raffiniert	raffiniert	raffiniert	raffiniert	raffiniert	raffiniert	raffiniert
Spezifisches Gewicht	0,671	0,687	0,693	0,705	0,720	0,725	0,730	0,740
Aromatische und ungesättigte Kohlenwasserstoffe	1,9	3,7	5,5	4,0	3,8	7,0	6,8	12,4
Brom wird entfärbt in	1 St. 30 Min.	sofort	sofort	sofort	sofort	sofort	sofort	sofort
Jod wird entfärbt in	48 St.	3 St. 10 Min.	2 St. 30 Min.	5 St. 10 Min.	2 St. 55 Min.	1 St. 45 Min.	4 St. 10 Min.	2 St.

Benzin Nr.	9	10	11	12	13	14	15	16
Raffination	nicht raffiniert	raffiniert	nicht raffiniert	nicht raffiniert	nicht raffiniert	raffiniert	raffiniert	nicht raffiniert
Spezifisches Gewicht	0,740	0,740	0,748	0,750	0,755	0,756	0,760	0,761
Aromatische und ungesättigte Kohlenwasserstoffe	17,6	12,3	9,8	11,6	11,3	11,6	13,5	12,8
Brom wird entfärbt in	sofort	sofort	35 Min.	sofort	5 Min.	sofort	sofort	sofort
Jod wird entfärbt in	40 Min.	3 Min.	24 St.	sofort	24 St.	55 Min.	2 St. 30 Min.	22 Min.

Aus dieser Tabelle geht hervor, daß sich die Jodlösung auch bei Abwesenheit von Terpentinöl in einer kürzeren Zeit als in 30 Minuten entfärben kann, wie es der Fall bei drei in der Tabelle angeführten Benzinsorten Nr. 10, 12 und 16 war. Von diesen Benzinen hatte Benzin Nr. 12 einen unangenehmen Geruch und war auch nicht raffiniert.

Die Entfärbung ist höchstwahrscheinlich mehr von dem Gehalte an aliphatischen ungesättigten, als an aromatischen Kohlenwasserstoffen abhängig.

Die langsamere oder schnellere Entfärbung von Jod bei Anwesenheit von Terpentinöl ist von den in Benzin ursprünglich anwesenden, Jod entfärbenden Verbindungen abhängig.

Es wurden Versuche angestellt, daß einerseits zu verschiedenen Benzinen 0,1 Proz. Terpentinöl und nachher Jodlösung zugegeben wurden; anderseits wurde zum Benzin ein Tropfen Jodlösung zugesetzt und als sich die Lösung entfärbt hatte, so wurde weiter 0,1 Proz. Terpentinöl und alsdann wieder ein Tropfen Jodlösung zugefügt.

Wie die nachstehende Tabelle zeigt, fand die Entfärbung der Jodlösung bei der zweiten Versuchsreihe einmal früher, ein anderes Mal später als bei der ersten Versuchsreihe statt.

Faßt man alle diese Ergebnisse zusammen, so sieht man, daß diese Methoden zum Terpentinölnachweis nur indirekt und unsicher sind.

Benzin Nr.	1	2	3	4	5	6	7
Raffination	nicht raffiniert	raffiniert	raffiniert	nicht raffiniert	nicht raffiniert	raffiniert	raffiniert
Ungesättigte und aromatische Kohlenwasserstoffe	1,9	5,5	6,8	9,8	11,3	11,6	10,8
0,1 Proz. Terpentinöl; Jodlösung wird entfärbt in	3 St. 40 Min.	1 Min.	1 St. 33 Min.	1 St. 26 Min.	2 St.	11 Min.	8 Min.
Jodlösung, sodann 0,1 Proz. Terpentinöl und Jodlösung; Jodlösung wird entfärbt in	3 St. 43 Min.	1 St. 59 Min.	3 St. 14 Min.	3 St. 43 Min.	1 St. 34 Min.	15 Min.	5 Min.

Für die quantitative Terpentinölbestimmung wird die Brom- oder Jodzahlfeststellung empfohlen[1]); dieselbe kann aber bei Benzinen nach dem, was eben erörtert wurde, unrichtige Ergebnisse liefern.

[1]) Siehe D. Holde, Kohlenwasserstofföle, S. 63 u. 525.

Bestimmung von Paraffinkohlenwasserstoffen in Benzol.

Die quantitative Bestimmung von Paraffinkohlenwasserstoffen in Benzol bzw. in Toluol wird hauptsächlich dann ausgeführt, wenn das spezifische Gewicht von Benzol bzw. Toluol erheblich niedriger gefunden wurde, als dasselbe regelmäßig den einzelnen Handelsprodukten zukommt (s. S. 99).

Nach Krämer und Spilker geschieht diese Bestimmung folgendermaßen:

200 g Benzol (Toluol) werden in einem 1 l fassenden Scheidetrichter mit 500 g rauchender Schwefelsäure von 20 Proz. Anhydridgehalt eine Viertelstunde lang geschüttelt, wobei Erwärmung zu vermeiden ist, und dann 2 Stunden stehen gelassen. Nachher wird die Schwefelsäure abgelassen und in derselben Weise die Probe mit gleicher Menge rauchender Schwefelsäure noch zweimal behandelt.

Die gesammelte Schwefelsäure (1500 g) läßt man in einen Kolben von 3 l Inhalt, in welchem sich die gleiche Gewichtsmenge klein zerschlagenen Eises befindet, in langsamem Strom und unter Umschütteln einfließen, wobei eine Erwärmung über 40° C vermieden werden muß. Sodann destilliert man den Kolbeninhalt über freier Flamme in einen 100 ccm fassenden Scheidetrichter ab, bis außer den geringen Ölrückständen noch 50 ccm Wasser übergegangen sind, wodurch noch gelöste oder mechanisch verteilte Paraffinkohlenwasserstoffe aus der Flüssigkeit gewonnen werden.

Nach dem Ablassen des Wassers wird das erhaltene Öl mit dem ursprünglich abgelassenen Öl vereinigt und die gesamte Flüssigkeit wiederholt so lange mit je 30 g rauchender Schwefelsäure von oben angegebener Zusammensetzung geschüttelt, bis keine Volumabnahme mehr stattfindet.

Das zurückgebliebene Öl wird mit geringen Mengen destillierten Wassers nachgewaschen und gewogen.

Die Anzahl der Gramme ergibt durch zwei dividiert die Gewichtsprozente an Paraffinkohlenwasserstoffen in der Probe.

Nach dieser Methode werden im Benzol neben Paraffinkohlenwasserstoffen auch andere Körper gefunden, die nicht sulfurierbar oder durch rauchende Schwefelsäure zerstörbar sind, wie Naphthene und Schwefelkohlenstoff. Diese Methode gibt daher nur annähernde Resultate.

Um richtigere Zahlen zu erhalten, muß man noch den etwa vorhandenen Schwefelkohlenstoff in den nach Behandlung von Benzol mit Schwefelsäure erhaltenen Kohlenwasserstoffen bestimmen und dann in Abzug bringen (s. S. 65).

Wassergehalt.

Benzin und Benzol mischen sich mit Wasser nicht. Schüttelt man Benzin mit Wasser, so trennt sich das Wasser stets vom Benzin und setzt sich am Boden des Gefäßes ab; die Wassermenge, welche vom Benzin aufgenommen werden kann, ist nur gering.

Benzol kann jedoch verhältnismäßig etwas größere Wassermengen aufnehmen.

Qualitativ prüft man Benzol auf Wasser durch Zusatz von einigen Stückchen Natrium oder Kalziumkarbid und durch Umrühren. Ist im Benzol Wasser zugegen, so entwickeln sich kleine Bläschen von Wasserstoff bzw. Azetylen. Tritt die Gasentwicklung stärker auf, so kann der Betriebsstoff auch einen Zusatz von wasserhaltigem Alkohol enthalten.

Die Wasserprobe mit Natrium ist genauer.

Quantitativ wird der Wassergehalt nach der Methode von Hoffmann-Marcusson[1]) durch eine eigene Destillation des Betriebsstoffes mit Xylol bestimmt. Die quantitative Bestimmung des Wassers im Motorenbenzin und -benzol hat kein besonderes Interesse.

Brechungskoeffizient.

Der Brechungskoeffizient, auch Brechungsindex oder Brechungsexponent (n) genannt, ist auch ein wichtiges Hilfsmittel zur Bestimmung der Identität von organischen Verbindungen.

Die Brechungskoeffizientbestimmung gründet sich auf folgende Erscheinung.

Tritt ein einfarbiger Lichtstrahl aus einem Körper in einen andern, z. B. aus Luft in Glas, in schiefer Richtung über, so wird ein Teil des Lichtes zurückgeworfen und der andere Teil wird in dem neuen Körper von seiner ursprünglichen Richtung abgelenkt oder, wie man auch sagt, gebrochen. Das Verhältnis zwischen dem Sinus des Winkels, welchen der einfallende Lichtstrahl mit der im Einfallspunkt geführten Senkrechten (Einfallswinkel) und dem Sinus des Winkels, den der gebrochene Lichtstrahl mit derselben Senkrechten bildet (Brechungswinkel), nennt man *Brechungskoeffizient*.

Nachdem die farbigen, das weiße Licht zusammensetzenden Lichtstrahlen eine verschiedene Brechung erleiden und diese auch von der Temperatur abhängig ist, so bestimmt man das erwähnte Verhältnis vor allem für einen gelben Lichtstrahl bei 15° C und

---

[1]) Siehe Holde, Kohlenwasserstofföle, S. 27; Lunge-Berl, Untersuchungsmethoden III, S. 476.

bezeichnet den Brechungskoeffizienten $n_{D\,15}$, wo n einen Brechungskoeffizienten, D gelbe Farbe und 15 Celsiusgrade bedeuten.

Den Brechungskoeffizienten bestimmt man mittels besonderer optischer Instrumente, sog. Refraktometer.

Die Messungsmethode des Brechungskoeffizienten gründet sich auf die Beobachtung der Totalreflexion an den Flächen eines Flintglasprismas, aus welchem das Licht in die zu untersuchende Substanz eintreten sollte.

In Fig. 8 ist ein solches Refraktometer von Zeiß in Jena abgebildet. Das Instrument besteht in der Hauptsache aus einem zur Aufnahme der Flüssigkeit bestimmten Abbeschen Doppelprisma, welches mittels einer Alhidade um eine horizontale Achse drehbar ist, aus einem Fernrohr zur Beobachtung der im Prisma entstehenden Grenzlinie der Totalreflexion und aus einem mit dem Fernrohre fest verbundenen Sektor, auf dem eine den Brechungskoeffizienten anzeigende Teilung angebracht ist.

Für die Untersuchungen von Benzin und Benzol muß das Prisma temperierbar und das Instrument auch zur Benutzung bei Tageslicht eingerichtet sein. Der Wertbereich der Skala soll $n_D = 1{,}300$ bis $n_D = 1{,}6500$ sein.

Zu jedem Instrumente wird eine aus

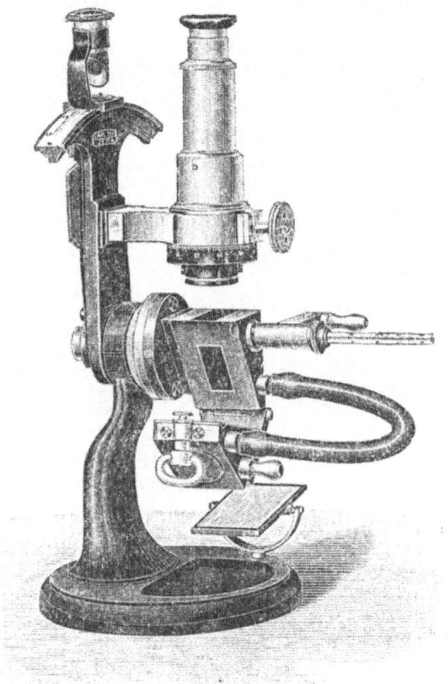

Fig. 8.

führliche Gebrauchsanweisung beigegeben und aus diesem Grunde sehe ich von der weiteren Beschreibung des Instrumentes ab.

Wie bei anderen Substanzen, so wurde auch bei Kohlenwasserstoffen gefunden, daß mit der Zunahme des spezifischen Gewichtes gleichzeitig der Brechungskoeffizient zunimmt, und diese Eigenschaft wird auch zur Identifizierung des Petroleums und der Öle verwendet. Die Bestimmung läßt sich leicht und mit kleinen Stoffmengen ausführen.

Über die derartige Untersuchung von Petroleum, Ölen, Lackbenzinen und Terpentinölersatzmitteln findet man Angaben in den Werken von Holde und Lunge[1]); das Werk von Engler-Höfer[2]) enthält außerdem Angaben über die Brechungskoeffizienten verschiedener Kohlenwasserstoffe und einzelner Fraktionen verschiedenen Ursprungs.

Über die Untersuchung von Motorenbenzinen und Motorenbenzolen fehlen jedoch in der Literatur außer in dem schon angeführten Werke von Dieterich nähere Angaben überhaupt.

Dieterich untersuchte mittels Refraktometers zahlreiche Benzine und Benzole und fand, daß die Unterschiede in den Brechungskoeffizienten bei verschiedenen Benzinsorten bedeutend sind; die Brechungskoeffizienten bewegen sich nach ihm bei 15° C zwischen $n_D = 1{,}37027$ und $n_D = 1{,}42857$, was ich auch durch meine Untersuchungen bestätigen kann.

Nachdem das Pentan und Hexan einen niedrigen, höhere Kohlenwasserstoffe wie Heptan, Oktan[3]) usw. sowie Olephine einen hohen Brechungskoeffizienten haben, so werden auch leichte Benzine, welche mehr Pentan und Hexan enthalten, einen niedrigen Brechungskoeffizienten, schwere Benzine dagegen, welche größere Mengen von höheren Kohlenwasserstoffen enthalten, einen höheren Brechungskoeffizienten aufweisen.

Man kann daher diese Eigenschaft der Benzine zu ihrer vorläufigen Untersuchung vorzüglich benutzen.

Technische Benzole haben bei 15° C einen Brechungskoeffizienten von 1,49954 bis 1,51069, je nachdem sie mehr oder weniger Toluol und Xylol enthalten. Reines Benzol hat bei 15° C einen Brechungskoeffizienten von 1,5150, Toluol einen Brechungskoeffizienten von 1,4962, technisches Xylol 1,4915[4]).

Da Benzol einen hohen Brechungskoeffizienten hat, so kann man es von Benzin nicht nur unterscheiden, sondern man kann auch mitunter auf dessen Anwesenheit in einem Betriebsstoffe urteilen.

Setzt man z. B. zum Benzin von einem Brechungskoeffizienten 1,3964 verschiedene Benzolmengen zu, so steigt bei Zusatz von:

---

[1]) Holde, Kohlenwasserstofföle, S. 39 u. 137; Lunge-Berl, Untersuchungsmethoden III, S. 503.

[2]) Engler-Höfer, Das Erdöl I. 1, S. 111.

[3]) Hexan hat bei 14,8° C einen Brechungskoeffizienten von 1,3780, Oktan bei 15,1° C 1,4007, Dekan bei 14,9° C 1,4108.

[4]) Orthoxylol hat bei 15° C den Brechungskoeffizienten von 1,5064, Metaxylol 1,5007 und Paraxylol 1,4969.

5 Proz. Benzol der Brechungskoeffizient auf 1,4014,
10 » » » » » » 1,4063,
15 » » » » » » 1,4110,
20 » » » » » » 1,4161.

Aus diesem Beispiel ergibt sich, daß ein Brechungskoeffizient allein in bestimmten Fällen nicht genügt, um auf einen Zusatz von Benzol urteilen zu können. Erst dann, wenn der Brechungskoeffizient über 1,430 steigt, kann man annehmen, daß das untersuchte Benzin kein reines Benzin sei.

Wenn aber ein ungewöhnlich hoher Brechungskoeffizient gefunden wurde, so muß man durch eine weitere Untersuchung feststellen, ob der nachgewiesene Zusatz auch wirklich Benzol oder ein anderer Stoff, wie z. B. Petroleum oder Schwefelkohlenstoff war, welch letzterer einen sehr hohen Brechungskoeffizienten besitzt.

Das in unreinem Benzol mitunter anwesende Naphthalin erhöht den Brechungskoeffizienten. So ergab ein Benzol von einem Brechungskoeffizienten 1,5017 bei 15° C bei einem Gehalt von:

0,5 Proz. Naphthalin den Brechungskoeffizienten 1,5024
1,0 » » » » » 1,5031
1,5 » » » » » 1,5041.

Es folgt nun eine Reihe von Brechungskoeffizienten verschiedener Stoffe bei 15° C, von denen manche im Benzin, Benzol oder in Benzinersatzstoffen vorkommen können:

Methylalkohol	1,3302
Schwefeläther	1,3570
Azeton	1,3608
Äthylalkohol 99 proz.	1,3630
Äthylalkohol 96 proz.	1,3641
Äthylalkohol 90 proz.	1,3660
Amylalkohol	1,4070
Reines Petroleum (Kaiserpetroleum)	1,4466
Gewöhnliches Petroleum	1,4591
Rohpetroleum (Halberzeugnis)	1,4659
Deutsches Terpentinöl	1,4611
Französisches Terpentinöl	1,4695
Schwedisches Terpentinöl	1,4738
Schwefelkohlenstoff	1,6295

Die Brechungskoeffizienten einzelner Benzinfraktionen findet man in der Tabelle auf S. 54, woraus zu ersehen ist, wie der Brechungskoeffizient mit steigendem Siedepunkt und spezifischem Gewichte zunimmt.

Entflammungs- und Entzündungspunkt.

Erwärmt man allmählich in einem geschlossenen Gefäße Benzin von sehr niedriger Temperatur, so verdampft es und über der Benzinoberfläche bildet sich ein Benzindampf-Luftgemisch. Bei einer bestimmten Temperatur wird die Dampftension des Benzins so groß, daß sich das gebildete Benzindampf-Luftgemisch bei Annäherung eines Flämmchens unter kleiner Explosion entzündet, worauf die Flamme wieder augenblicklich erlischt. Man nennt diese Temperatur den Entflammungspunkt oder nach Strache[1]) den unteren Flammpunkt.

Erwärmt man das Benzin weiter, so bildet sich wieder ein explosives Benzindampf-Luftgemisch, seine Explosionsfähigkeit nimmt zunächst zu, bis sie ihren Höhepunkt erreicht, und nimmt dann wieder in dem Maße ab, als die Menge der Benzindämpfe größer und die Luftmenge kleiner wird, bis schließlich bei einer bestimmten Temperatur das Benzindampf-Luftgemisch ohne Explosion entzündbar wird, weil eben zu viel Benzindampf und zu wenig Luft vorhanden ist. Dieser Fall tritt auch bei allen höheren Temperaturen ein.

Die Temperatur, bei welcher das Benzindampf-Luftgemisch beim Entzünden gerade nicht mehr explodiert, bezeichnet Strache als den oberen Flammpunkt.

Die Temperatur, bei welcher sich auch das Benzin beim Annähern des Flämmchens ohne Explosion entzündet und auf der ganzen Oberfläche weiter brennt, nennt man den Entzündungs- oder Brennpunkt.

Flammpunkt und Entzündungspunkt werden in dem Petroleumprober von Abel-Pensky bestimmt. Bei der Bestimmung des Entflammungspunktes wird das mit Benzin gefüllte innere Gefäß des Abel-Penskyschen Probers in ein Gemisch von fester Kohlensäure und Alkohol eingesetzt und auf etwa $-50°\,C$ abgekühlt; nachher wird das Gefäß aus dem Kältegemisch herausgenommen und mit einem Tuch umwickelt. Die Temperatur steigt nun allmählich und das Benzin wird in gleicher Weise wie bei der Petroleumprüfung untersucht, bis ein durch Uhrwerk in das Gefäß hineingesenktes Zündflämmchen das oberhalb des Benzins gebildete Benzindampf-Luftgemisch eben entzündet, wobei die Flamme mit kleiner Explosion sofort wieder erlischt; dies ist der Entflammungspunkt (unterer Flammpunkt).

---

[1]) Siehe H. Strache, Das Benzin, seine Gewinnung, Beschaffenheit und Lagerung, Zeitschr. des österr. Ingenieur- und Architekten-Vereines 1915, Heft 52 u. 53.

Hierauf wird der Deckel des Probers abgenommen und das Thermometer mittels einer Klemme im Prober befestigt. Das Benzin erwärmt sich weiter und nun tritt ein Punkt ein, bei dem sich das Benzin beim Annähern des Flämmchens entzündet und fortdauernd brennt; dies ist der Entzündungspunkt (Brennpunkt).

Der obere Flammpunkt wird so bestimmt, daß man das Benzin von Zimmertemperatur im Abel-Penskyschen Prober nach und nach abkühlt, bis eben die Explosionsfähigkeit des über dem Benzin stehenden Benzindampf-Luftgemisches eintritt, was durch ein leises Puffen beim Hineindrehen des Flämmchens erkannt wird.

Da dem Abel-Penskyschen Petroleumprober stets eine ausführliche Beschreibung und Gebrauchsanweisung beigegeben wird, so braucht hier auf weiteres nicht eingegangen zu werden.

Der obere Flammpunkt deckt sich mit dem Entzündungspunkt nicht vollständig, weil ersterer durch allmähliche Abkühlung des Benzins gefunden wird, so daß Verschiedenheiten entstehen. Immerhin liegen aber diese beiden Punkte nahe nebeneinander.

Was von Benzin gesagt wurde, gilt auch vom Benzol.

Erstarrungs-, Stock- und Trübpunkt.

Die Bestimmung des Erstarrungs- oder Gefrierpunktes ist namentlich bei Benzolen wichtig, da sie schon oberhalb $0°$ C erstarren und daher als Betriebsstoff verwendet, im Winter zu einer Betriebsstörung Anlaß geben können.

Die verschiedenen Sorten von Benzinen gefrieren zwar erst tief unter Null, aber die Bestimmung des Erstarrungspunktes ist auch von Interesse und kann auch zur vorläufigen Beurteilung der Benzine dienen.

Um den Erstarrungspunkt des Benzols zu bestimmen, bringt man etwa 5 ccm Benzol in ein Reagenzglas, setzt in dasselbe ein geeignetes Thermometer ein und taucht das Reagenzglas in ein Gefäß mit zerstoßenem Eis oder in ein geeignetes Kühlgemisch, z. B. ein Kochsalz-Eisgemisch (s. »Erstarrungspunkt von Schmierölen«). Man rührt mit dem Thermometer langsam um, damit keine Überkühlung stattfindet; sobald sich die Flüssigkeit zu einer weißen festen, kristallinischen Masse verwandelt hat, wird auf dem Thermometer der Erstarrungspunkt abgelesen.

Da Handelsbenzole aus Benzol, Toluol und Xylolen bestehen und das Benzol oberhalb $0°$, Toluol und technisches Xylol tief unter $0°$ gefrieren, so scheidet sich das Benzol früher als Toluol und Xylol ab. Man nimmt daher als Erstarrungspunkt des Handelsbenzols denjenigen Grad am Thermometer an, bei welchem die Probe vollständig erstarrt ist.

Auf dieselbe Weise wird der Erstarrungspunkt von Benzin bestimmt, wobei man als Kühlflüssigkeit flüssige Luft verwendet. Die flüssige Luft wird zu diesem Zwecke in ein durchsichtiges Dewarsches Gefäß abgehebert, damit man den Verlauf der Erstarrung beobachten kann; auch wird das Reagenzglas in die flüssige Luft vorsichtig nur allmählich getaucht und zeitweise herausgenommen, damit das Benzin nicht zu schnell gekühlt wird. Da das Quecksilber schon bei −39° C gefriert, so muß man zu diesem Zwecke ein mit Pentan gefülltes Thermometer verwenden[1]); sobald das Thermometer beim beständigen Umrühren in der sich während des Gefrierens ausscheidenden kristallinischen Masse von erstarrendem Benzin festhaften bleibt, liest man den Erstarrungspunkt am Thermometer ab.

Reines Benzol erstarrt schon bei + 5,5° C, Motorenbenzol, welches verschiedene Mengen von Toluol und Xylol enthält, erstarrt um so schwieriger, je mehr es von diesen Kohlenwasserstoffen enthält. So erstarrt z. B. das 90proz. Benzol, welches ungefähr 80−90 Proz. Benzol enthält, bei + 1,5 bis + 3° C, das 50proz. Benzol, welches ungefähr 40−50 Proz. Benzol enthält, erstarrt erst bei ungefähr − 10° bis − 20° C.

Reines Toluol erstarrt bei − 88° C, Paraxylol bei + 13° C, Metaxylol bei − 54° C, Orthoxylol bei − 28° C, aber das technische Xylol, welches ein Gemisch von letztgenannten drei Verbindungen darstellt[2]), erstarrt erst bei − 115° C. Dies ist ein Beispiel für eine interessante Erscheinung, daß ein Gemisch einen solchen Erstarrungspunkt aufweisen kann, der weit niedriger ist, als der niedrigste Erstarrungspunkt jedes einzelnen Bestandteiles.

In der Tabelle III findet man die Erstarrungspunkte verschiedener Handelsbenzole (s. S. 60).

Über den Erstarrungspunkt der Benzine findet man in der Literatur keine näheren Angaben. Holde gibt z. B. nur an, daß ein Benzin vom spezifischen Gewichte 0,65−0,67 unter − 160° C erstarrt.

Ich habe daher zahlreiche Untersuchungen über den Erstarrungspunkt von verschiedenen Benzinen und Benzinfraktionen durchgeführt.

In der auf S. 54 angeführten Tabelle sind die Erstarrungspunkte einzelner aus dem galizischen Benzin gewonnener Fraktionen nebst deren spezifischen Gewichten angegeben.

---

[1]) Pentan ist ein schon auf S. 8 erwähnter Kohlenwasserstoff, welcher erst unter − 200° C erstarrt.

[2]) Das technische Xylol enthält 70−85 Proz. Metaxylol, das übrige ist Para- und Orthoxylol.

Man findet, daß die Fraktion 200—220° C bei — 93° C, die Fraktion 24—40° C erst bei —203° C erstarrt. Der Erstarrungspunkt nimmt daher, wie aus dieser Tabelle erhellt, mit dem spezifischen Gewichte und mit dem Siedepunkte ab.

Somit hängen die Erstarrungspunkte der Benzine von deren Zusammensetzung ab; je höher siedende Anteile ein Benzin enthält, um so früher erstarrt es und umgekehrt.

In der Tabelle II (S. 52) findet man die Erstarrungspunkte verschiedener Benzine zusammengestellt.

Das nach dem Benzin nächstfolgende Destillat aus Erdöl, reines paraffinfreies Rohpetroleum, erstarrt bei ungefähr — 70° C bis — 90° C und die noch höher siedenden paraffinfreien Destillate erstarren zwischen ungefähr 0° bis — 25° C.

Bei genauen Erstarrungspunktbestimmungen betrachtet man während des Abkühlens das Thermometer und findet, daß dasselbe während des Erstarrens entweder bei einem bestimmten Punkte längere Zeit stehen bleibt und dann weiter fällt oder sogar ein wenig steigt und dann wieder fällt; diejenige Temperatur, bei welcher es stehen bleibt oder bis zu welcher es steigt, ist der Erstarrungspunkt. Bei solchen Bestimmungen muß auch die Temperaturkorrektur für den aus der Flüssigkeit herausragenden Quecksilberfaden berücksichtigt werden (s. S. 49 u. 130).

Neben dem Erstarrungspunkte bestimmt man öfters bei Benzol, Petroleum und Schmiermitteln den sog. Stock- und den Trübpunkt.

Der Stockpunkt ist jene Temperatur, bei welcher die in eine Eprouvette von 20 mm lichter Weite bis zu einer Höhe von etwa 3 cm eingegossene Probe in Kältemischung eingesetzt, beim Herausheben und Neigen der Eprouvette nicht mehr fließt; der Trübpunkt ist jene Temperatur, bei welcher sich die Flüssigkeit beim Abkühlen trübt.

Bei dem Erstarrungspunkte wird die Flüssigkeit vollständig fest, während bei dem Stockpunkte durch die Ausscheidung fester Teile ein dicker Brei entsteht.

Der Stock- und Trübpunkt ist allerdings durch die Zusammensetzung der Öle bedingt, deren einzelne Bestandteile sich bei verschiedenen Temperaturen früher oder später ausscheiden.

So betrug z. B. der Trübpunkt eines paraffinhaltigen Rohpetroleums — 12° C, der Stockpunkt — 25° C und der Erstarrungspunkt — 55° C.

Zum Vergleiche führe ich hier Erstarrungpunkte verschiedener Stoffe an, von denen einige als Betriebsstoffe selbst oder als Zusätze zu denselben verwendet werden. Es erstarrt:

Äthylalkoho' 90 proz. [1]) . . . . bei —108° C
Äthylalkohol 97 proz. . . . . » —118° C
Methylakohol (technisches Produkt) . . . . . » — 89° C
Schwefeläther (technisches Produkt) . . . . . » —122° C
Schwefelkohlenstoff . . . . » — 89° C
Azeton . . . . » — 88° C
Petroleum [2]) (Rohdestillat, paraffinhältig). . . » — 58° C
Petroleum (gereinigt, paraffinfrei) . . . . . . » — 85° C

Heizwert.

Der Heizwert von verschiedenen Benzinsorten wird nur in besonderen Fällen bestimmt, da derselbe in ziemlich engen Grenzen schwankt (11160—11225 Kal.). Dagegen wird der Heizwert bestimmt, wenn es sich um Brennstoffmischungen handelt.

Der Heizwert eines Brennstoffes kann zwar auf Grund einer Elementaranalyse nach der Dulongschen Formel

$$H_n = \frac{8100\, C + 29\,000 \left(H - \frac{0}{8}\right) + 2500\, S - 600\, W}{100}$$

bezogen auf Wasserdampf von 20° C berechnet werden, doch liefert diese Formel für flüssige Brennstoffe ungenaue Zahlen. Daher bedient man sich ausschließlich der kalorimetrischen Methode und verwendet dazu hauptsächlich das Junkersche Kalorimeter oder die Berthelot-Mahlersche Bombe.

Bei dem Junkerschen Kalorimeter wird die abgewogene Benzinmenge mit Hilfe eines einfachen Vergasers in Dampfform übergeführt und in einer Lampe, welche in ein besonders konstruiertes, von Wasser durchflossenes Gefäß gebracht wird, vollständig verbrannt Die Verbrennungsgase geben ihre Wärme vollständig an das durchfließende Wasser ab. Mißt man jene Wassermenge, welche während der Verbrennung des Benzins das Kalorimeter durchfließt, und die Temperaturerhöhung, so kann man aus diesen beiden Zahlen und der verbrannten Benzinmenge den Heizwert H für 1 kg Brennstoff nach der Formel

$$H = \frac{v}{b} \cdot t \cdot 1000$$

berechnen, wobei v das aufgefangene Wasser in Litern, b die verbrannte Brennstoffmenge in Gramm ausgedrückt und t die Temperaturdifferenz bedeutet.

---

[1]) Reiner 99 proz. Athylalkohol erstarrt bei —130° C.

[2]) Reines, paraffinfreies Petroleum (Kaiserpetroleum) erstarrt bei bis —90° C.

Der auf diese Weise ermittelte Heizwert ist der obere, d. i. er bezieht sich auf flüssiges Wasser als Endprodukt der Wasserstoffverbrennung. Da aber bei der motorischen Verbrennung der Wasserdampf nicht kondensiert wird, so muß man die bei der Kondensation des Wassers frei gewordene Wärmemenge, welche 600 Wärmeeinheiten bei 1 kg Wasser entspricht, in Abzug bringen, um den unteren Heizwert zu erhalten. Die Menge des Verbrennungswassers wird ermittelt, indem man das Verbrennungswasser in einem kleinen Meßgefäß auffängt, die so erhaltene Anzahl von ccm mit 60 multipliziert und von dem gefundenen oberen Heizwert für 1 Kilogramm abzieht.

Das Junkersche Kalorimeter eignet sich für alle Brennstoffe, welche bis 250° völlig verdampfen, sonst muß man die Berthelot-Mahlersche Bombe benutzen.

Nach dem Berthelot-Mahlerschen Verfahren wird die abgewogene Benzinmenge in eine Verbrennungskammer aus Stahl, eine sog. Bombe gebracht, die dann nach luftdichter Verschraubung mit Sauerstoff unter 25 Atm. Druck gefüllt wird. Die Bombe wird sodann in ein besonders eingerichtetes Wassergefäß gebracht und nun erfolgt die Brennstoffentzündung innerhalb der Bombe durch einen elektrisch zum Glühen gebrachten Draht. Die Verbrennungswärme überträgt sich auf das Wasser und aus der Temperaturerhöhung und dem Wassergewichte berechnet man unter Berücksichtigung gewisser Korrekturen die Verbrennungswärme.

Der so ermittelte Heizwert bezieht sich ebenfalls auf den oberen Heizwert. Um den unteren Heizwert zu finden, muß man diejenige Wärmemenge in Abzug bringen, welche der bei der Probe gebildeten Wassermenge entspricht (s. oben). Die Menge des Verbrennungswassers ermittelt man aus dem durch die Elementaranalyse gefundenen Wassergehalt.

Das Junkersche Kalorimeter ist in der Behandlung einfacher und liefert genaue Resultate, daher hat es in der Praxis eine weite Verbreitung gefunden.

Dampftension.

Unter Dampftension versteht man die Druckzunahme, welche die in einem Gefäß befindliche trockene Luft erfährt, wenn man eine Flüssigkeit darin verdampfen läßt.

Die Bestimmung der Dampftension ist für die Lagerung von Benzin und Benzol wichtig. Zu diesem Zwecke wird ein etwa 15 mm weites und 90—100 cm langes, auf einer Seite geschlossenes

und mit einer Millimeterteilung versehenes Glasrohr[1]) sorgfältig
mit luftfreiem (ausgekochtem) Quecksilber gefüllt, die Öffnung
mit einem Finger verschlossen und mit derselben nach unten in
einer ebenfalls mit Quecksilber gefüllten Wanne aufgestellt.

Die eventuell an der Glaswandung hängenden Luftbläschen
müssen sorgfältig vor dem Aufstellen des Rohres durch Neigen
und Heben desselben beseitigt werden.

Bei der Aufstellung des Rohres entsteht das barometrische
Vakuum; man stellt sodann genau die Höhe der Quecksilbersäule (h) fest.

Zur Ausführung des Versuches bringt man vorsichtig eine
bestimmte Menge von Benzin (bzw. Benzol) in einem vollständig
gefüllten, ganz dünnwandigen Röhrchen (mit Glasstöpsel) durch
das Quecksilber von unten in das Rohr hinein. Hierbei muß
das Rohr so weit schräg gehalten werden, daß es vollständig mit
Quecksilber gefüllt ist, da anderenfalls das Rohr durch empor-
geschleudertes Quecksilber zertrümmert werden könnte.

Das Benzin verdampft im Vakuum und seine Dämpfe drücken
die Quecksilbersäule herab. Nach 2—3stündigem Stehen, je nach
der Benzinsorte (leichte oder schwere), bestimmt man die Höhe
der Quecksilbersäule h_1, wobei noch ein Teil des Benzins über
dem Quecksilber unverdampft bleiben muß, damit die Versuchsanordnung der Benzinlagerung, wo Flüssigkeit und Dampf im
Behälter sich befinden, entspricht.

Der Dampfdruck ist gleich der Differenz der Höhen $h - h_1$.
Da aber das über dem Quecksilber befindliche unverdampfte
Benzin durch sein Gewicht drückt, so muß dieses auf Queck-
silbergewicht reduziert und abgezogen werden.

Somit ist der richtige Dampfdruck, ausgedrückt in Millimetern
der Quecksilbersäule,

$$D = h - \left(h_1 + \frac{h_2 \cdot s}{13 \cdot 6}\right)$$

wobei h_2 die Höhe des nicht verdampften Benzins und s dessen
spezifisches Gewicht bedeutet.

Die auf diese Weise bestimmte Dampftension im Vakuum ist
dieselbe wie in der Luft, weil nach dem Gesetze von Dalton
jedes Gas auch im Gemenge einen solchen Druck ausübt, als ob
es in dem Raume allein wäre.

Da es sich um die Bestimmung des Dampfdruckes bei der
Lagertemperatur, welche zwischen etwa $0°$ und $+15°$ C zu liegen

---

[1]) Das Rohr muß inbezug auf seinen Rauminhalt und die Richtigkeit der Teilung geprüft werden.

pflegt, handelt, so braucht man auf die Korrektion für den Dampfdruck des Quecksilbers keine Rücksicht zu nehmen.

Der Dampfdruck nimmt mit der Temperatur stark zu und
somit muß die bei dem Versuche herrschende Temperatur genau
ermittelt werden.

Handelt es sich um die Bestimmung des Dampfdruckes bei
der Lagertemperatur des Benzins, so schiebt man bei dem Versuche über das Meßrohr einen geeigneten Glasmantel, durch welchen Wasser von der gewünschten Temperatur geleitet wird,
oder, wenn möglich, führt man den Versuch im Lagerraume
selbst aus.

Da Benzin bzw. technisches Benzol ein Gemenge verschiedener
Kohlenwasserstoffe ist, so ist sein Dampfdruck bei der gleichen
Temperatur je nach der Zusammensetzung (Qualität) verschieden.

Die Tension der gesättigten Dämpfe hängt mit dem Siedepunkte eng zusammen. Die Flüssigkeit siedet nämlich bei dem-
jenigen Temperaturgrade, bei welchem die Tension ihrer gesättigten Dämpfe die Höhe des äußeren Druckes erreicht. So siedet
z. B. das Benzin stets bei derjenigen Temperatur, bei welcher die
Dampftension dem atmosphärischen Drucke gleich ist.

Explosionsfähigkeit der Benzin(Benzol)dampf-Luftgemische.

Über die Explosionsfähigkeit der Mischungen von Benzin- und
Benzoldämpfen mit Luft wird im »Technischen Teile« bei »Benzin« ausführlich gesprochen.

Man bestimmt die Explosionsfähigkeit der Gasluftmischungen
in einer Explosionspipette, in der das Gasgemenge über Quecksilber durch einen elektrischen Funken entzündet wird[1]).

Das Gasgemenge wird in verschiedenen Verhältnissen bereitet, indem man in ein mit Luft gefülltes Gasometer von genau
bekanntem Volumen eine bestimmte Menge von Benzin (Benzol)
bringt, darin vollständig verdampfen läßt, sodann das Gasgemenge
in die Explosionsbürette überführt und zur Entzündung bringt.

Durch eine Reihe von Versuchen, welche bei gleicher bzw.
bei bestimmter Temperatur ausgeführt werden müssen, findet
man das Verhältnis, bei welchem das Benzin-(Benzol-)dampf-
Luftgemisch explosiv ist. Um vergleichbare Werte zu erhalten,
muß man stets unter denselben Bedingungen arbeiten, denn die
Grenzen des Explosionsbereiches, wie wir später im technischen

---

[1]) Siehe W. Hempel, Gasanalytische Methoden, 1913, Braunschweig,
F. Vieweg & Sohn.

Teile des Werkes sehen werden, sind von vielen Umständen abhängig, namentlich von der Dampftension, welche für jede Benzinsorte eine andere ist und somit auch das Volumen, welches 1 kg Benzindampf einnimmt, verschieden ist.

Nachweis von Äthyl- und Methylalkohol, Schwefeläther und Azeton in Brennstoffgemischen.

In Benzin und Benzol bzw. in Gemischen von beiden Stoffen können außer Petroleum auch Spiritus (wässeriger Äthylalkohol), Holzgeist (technischer Methylalkohol), Schwefeläther, Schwefelkohlenstoff und technisches Azeton absichtlich beigemischt sein[1]).

Zum Nachweis dieser Stoffe kann man je nach dem Zwecke der Probe die Betriebsstoffe selbst oder besser die bei der fraktionierten Destillation zwischen 40—60°, 60—80° und 80—100° C erhaltenen Destillate benutzen. Handelt es sich nur um den Nachweis von Äthyl-, Methylalkohol und Azeton, so empfiehlt es sich, einzelne Destillate von 60—100° C mit wenig Wasser mäßig auszuschütteln, die Benzin- bzw. Benzolschicht abzutrennen und den wässerigen Auszug, in welchen der möglicherweise im Destillate vorhandene Äthyl- und Methylalkohol und Azeton übergeht, zur Probe zu benutzen.

Das erhöhte spezifische Gewicht der Destillate gegenüber den spezifischen Gewichten der Normalfraktionen zeigt einen Zusatz von fremden Stoffen an (s. S. 55 u. 98).

War in dem Betriebsstoffe Schwefelkohlenstoff anwesend, so findet man denselben in der Fraktion von 40—60° C, da dessen Siedepunkt 46° C beträgt. Beim Ausschütteln des Betriebsstoffes oder dessen Destillates mit Wasser bleibt Schwefelkohlenstoff in Benzin oder Benzol zurück, weil er in Wasser unlöslich ist.

Das spezifische Gewicht von Schwefelkohlenstoff beträgt bei 15° C 1,271 und deshalb erhöht derselbe auch bedeutend das spezifische Gewicht der Fraktion von 40—60° C. Man weist ihn nach dem auf S. 65 beschriebenen Verfahren nach.

War im Betriebsstoffe Schwefeläther anwesend, so findet man denselben hauptsächlich in der Fraktion bis 40° C, da er bei 35° C siedet; sein spezifisches Gewicht beträgt bei 15° C 0,720 und deshalb erhöht Schwefeläther auch das spezifische Gewicht des Benzindestillates bis 40° C.

Man kann den Schwefeläther nach dem Geruch der betreffenden Fraktion erkennen, besser aber, wenn man die Fraktion mit

---

[1]) Siehe im technischen Teile das Kapitel »Gemische von Betriebsstoffen«.

Wasser ausschüttelt, wodurch Schwefeläther teilweise ins Wasser übergeht und dem Wasser seinen charakteristischen Geruch erteilt; der Schwefeläther gibt auch die später beschriebene Jodoformreaktion.

Das Petroleum siedet zwischen ungefähr 150—300° C und bildet bei der Destillation die letzte Fraktion. Es verrät sich durch sein höheres spezifisches Gewicht und Fluoreszenz.

Vorprobe auf Äthyl- und Methylalkohol.

Als Vorprobe dient der Farbstoff Fluoreszeïn[1]) (Uranin). 5 ccm des Betriebsstoffes, welcher auch Benzin, Benzol, Schwefeläther, Schwefelkohlenstoff oder Azeton enthalten kann, werden in ein trockenes Reagenzglas gebracht, dazu einige Milligramm von Fluoreszeïn[2]) zugefügt und geschüttelt.

Enthält die Probe Äthyl- bzw. Methylalkohol, so färbt sie sich gleich oder nach kurzem Stehen orangegelb und fluoresziert stark grün.

Nachweis von Äthylalkohol.

1. Jodoformreaktion. — Zu 3 ccm des Destillates oder besser zu dessen wässerigem Auszuge fügt man etwa 3—5 ccm verdünnte Kalilauge (1 : 20) bis zu stark alkalischer Reaktion, erwärmt gelinde auf 50—60° C, setzt zu dem Gemisch unter mäßigem Schütteln so lange verdünnte wässerige Jodlösung[3]) hinzu, bis die Mischung deutlich gelb erscheint, und läßt absetzen, wobei sich die wässerige Schicht abtrennt.

War Äthylalkohol anwesend, so scheiden sich in der unteren wässerigen Schicht der Mischung entweder gleich oder nach längerem Stehen gelbliche Nädelchen von charakteristisch riechendem Jodoform aus.

Verwendet man zur Probe das Destillat selbst, so darf man dabei nicht stark schütteln, da sich das Jodoform in Benzol oder Benzin, welches sich über die wässerige Schicht lagert, auflöst.

---

[1]) Fluoreszeïn, d. i. Natriumsalz des Resorzinphtaleïns, da Resorzinphtaleïn selbst in Benzol löslich ist.

[2]) Man kann zu diesem Zwecke jeden Farbstoff, der in Alkohol löslich, aber in den oben genannten Stoffen unlöslich ist, verwenden, W. Ostwald verwendet dazu Viktoriablau, es wurde jedoch Fluoreszeïn gewählt, weil seine starke Fluoreszenz die Empfindlichkeit der Probe erhöht.

[3]) 1 g Jod wird in 50 ccm Wasser unter Zusatz von 4 g Jodkalium gelöst.

Nichtsdestoweniger kann man das Jodoform nach seinem durchdringenden Geruch erkennen.

Die Jodoformreaktion geben auch Azetaldehyd, Schwefeläther, Essigäther, Azeton usw.

War neben dem Äthylalkohol technischer Methylalkohol anwesend, so bildet sich auch Jodoform, da gewöhnlicher Holzgeist auch mit Azeton und kleinen Mengen von Aldehyden verunreinigt ist.

Hat man daher bei der Probe Jodoform erhalten, so ist somit noch kein Beweis erbracht, daß Äthylalkohol zugegen ist; dessen Anwesenheit muß erst durch folgende Proben bestätigt werden.

2. **Benzoylchloridreaktion nach Berthelot.** — Zu etwa 5 ccm Probe fügt man 2 Tropfen von Benzoylchlorid, schüttelt gut durch und nach einigen Minuten setzt man Kalilauge 1:10 bis zu stark alkalischer Reaktion hinzu. Ist Äthylalkohol anwesend, so entsteht der angenehm riechende Benzoësäureäthylester.

Der Benzoësäureäthylestergeruch kann aber durch den Geruch von Benzol oder anderen in der Probe anwesenden riechenden Körpern verdeckt werden.

3. **Azetaldehydprobe.** — Die Probe beruht darauf, daß man Äthylalkohol zu Azetaldehyd oxydiert und diesen nachweist.

Zu diesem Zwecke setzt man zu 1 ccm Probe 1 ccm reiner Schwefelsäure und allmählich 20—25 ccm 1 proz. Kaliumpermanganatlösung. Sodann wird zur Mischung so viel kalt gesättigte Oxalsäurelösung und, wenn nötig, noch 1 ccm reiner Schwefelsäure zugesetzt, daß das überschüssige Permanganat entfärbt wird.

Der gebildete Azetaldehyd wird dann mit dem Jeanschen Reagens nachgewiesen.

Man gibt zu 2 ccm der Flüssigkeit einige Tropfen von 1 proz. frisch bereiteter Nitroprussidnatriumlösung, einige Tropfen von Phenylhydrazin und dann tropfenweise 1 ccm 50 proz. Natronlauge. War Azetaldehyd zugegen, so färbt sich die Flüssigkeit rot.

Statt mit Permanganat kann man die Oxydation des Alkohols durch mehrmaliges Eintauchen einer oberflächlich oxydierten glühenden Kupferspirale in die zu untersuchende Flüssigkeit durchführen.

Der Vorzug dieser Vorrichtung liegt darin, daß die Probeflüssigkeit mit Mangansalzen nicht verunreinigt wird und daß die Oxydation schnell durchläuft.

Nachweis von Methylalkohol.

1. **Formaldehydprobe.** — Die Probe beruht darauf, daß man Methylalkohol zu Formaldehyd oxydiert und diesen nachweist.

2 ccm des Destillates oder wässeriger Auszug aus demselben werden in einem Reagenzglas mit glühender Kupferspirale (s. oben) oxydiert.

War Methylalkohol anwesend, so entsteht Formaldehyd, welcher sich durch seinen charakteristischen durchdringenden Geruch verrät. Zum Nachweise des Formaldehyds fügt man zu 5 Tropfen der Flüssigkeit in einer Porzellanschale 20 Tropfen konzentrierte Schwefelsäure und einige Körnchen Morphin (Kenntmansches Reagens) oder einige Tropfen einer frisch bereiteten 5proz. Pyrogallollösung.

War Methylalkohol zugegen, so entsteht beim Vermischen der Probe mit Morphin gleich oder später eine violette bis dunkelviolette, mit Pyrogallol eine schokoladebraune Färbung[1]).

2. Fuchsinbisulfitreaktion nach Denigès. — 1 ccm des zu prüfenden Stoffes wird mit 5—10 ccm 1proz. Kaliumpermanganatlösung unter Zusatz von 0,5—1 ccm reiner konzentrierter Schwefelsäure gemischt. Nach 2—3 Minuten ist die Oxydation vollendet; die durch überschüssiges Permanganat gefärbte Flüssigkeit wird, wenn nötig, unter Zusatz von 1 ccm Schwefelsäure mit kalt gesättigter Oxalsäurelösung entfärbt. Zur entfärbten Lösung gibt man 5 ccm Fuchsinbisulfitlösung zu[2]). War Methylalkohol zugegen, so färbt sich die Flüssigkeit nach etwa 15 Minuten deutlich violett[3]).

Auf diese Weise läßt sich Methylalkohol neben Äthylalkohol nachweisen, weil der bei der Oxydation aus Äthylalkohol entstandene Azetaldehyd in stark saurer Lösung mit Fuchsinbisulfitlösung keine rote Färbung gibt.

3. Resorzinreaktion. — Die zu untersuchende Flüssigkeit (etwa 3 ccm) wird mit glühender Kupferspirale oxydiert. Zur Flüssigkeit wird dann 1 Tropfen einer 0,5proz. Resorzinlösung zugefügt und vorsichtig mit konzentrierter Schwefelsäure unterschichtet. Bei Gegenwart von Methylalkohol tritt an der Berührungsstelle eine rosenrote Zone auf (Mulliken Scudder, Amer. chem. Journ. 21, S. 267, Beilstein I [71]).

4. Eine indirekte Probe auf Methylalkohol beruht darauf, daß roher Holzgeist Azeton enthält. Man untersucht daher den Betriebsstoff, wie später unten beschrieben wird, auf Azeton. Wenn die Probe negativ ausgefallen ist, so kann man annehmen, daß kein roher Holzgeist dem Betriebsstoff zugesetzt wurde.

---

[1]) Siehe auch W. Sailer, Pharm. Zeitg. 57, S. 165. Zeitschr. f. anal. Chem. 53 (1914), S. 55.

[2]) Eine 1proz. wässerige Fuchsinlösung wird mit Natriumbisulfitlösung bis zur Entfärbung versetzt.

[3]) Zeitschr. f. anal. Chem. 50 (1911), S. 645.

Nachweis von Äthyl- und Methylalkohol nebeneinander.

1. Man oxydiert die Probe mit glühender Kupferspirale oder nach Denigès mit Kaliumpermanganatlösung (s. oben bei Fuchsinbisulfitreaktion), entfernt den Überschuß des Permanganats mit Oxalsäure und destilliert die gebildeten Aldehyde über.

Die erste Fraktion enthält Azetaldehyd, welcher mit dem Jeanschen Reagens (s. oben) eine dunkelrote Färbung gibt, während Formaldehyd bei der Destillation später übergeht und mit dem genannten Reagens eine graublaue bzw. eine grünliche Färbung gibt [1]).

Aber auch Azeton gibt mit Nitroprussidnatriumlösung und Natronlauge eine rote Färbung. In einem solchen Falle, wenn Azeton zugegen ist, kann diese Probe zum Nachweis des Äthylalkohols nicht verwendet werden.

2. Man oxydiert die Probe mit einer glühenden Kupferspirale. Nach Abkühlung der Flüssigkeit gibt man in einen Teil derselben einen Tropfen von frisch bereiteter 10proz. Nitroprussidnatriumlösung und einen Tropfen von Piperidinlösung. Bei Anwesenheit von Äthylalkohol entsteht eine blaue Färbung.

Der andere Teil der Probe wird eine Minute gekocht; nach dem Abkühlen wird zu demselben ein Tropfen Karbolsäure zugesetzt und allmählich an der Wand des Reagenzglases konzentrierte Schwefelsäure zugegossen. An der Grenze der beiden Flüssigkeiten bildet sich, wenn Methylalkohol zugegen war, ein roter Ring [2]).

Nachweis von Azeton.

1. 1 ccm der Fraktion von 40—80° C bzw. deren wässeriger Auszug wird mit gleicher Menge Natronlauge und 6 Tropfen frisch bereiteter Nitroprussidnatriumlösung (1:50) versetzt. Wenn Azeton zugegen war, so färbt sich die Flüssigkeit rot, nach vorsichtigem Übersättigen der alkalischen Flüssigkeit mit Essigsäure violett.

2. Zu 2 ccm des Destillates oder zu dessen wässerigem Auszuge werden einige Tropfen des Orthonitrobenzaldehyds und wenig Natronlauge zugefügt. War Azeton zugegen, so färbt sich die Flüssigkeit durch das gebildete Indigoblau (Baeyers Reaktion).

---

[1]) Zeitschr. f. anal. Chem. **53** (1914), S. 57.

[2]) Giambatista Franceschi, Chem. Zentralblatt **85**, II, S. 434; Zeitschr. f. anal. Chem. **54** (1915), S. 52.

B. Beurteilung von Benzin und Benzol.

Bei der Beurteilung von Benzin und Benzol sollen vor allem folgende Punkte berücksichtigt werden:

Farbe, Geruch, Verdunstungsprobe am Filtrierpapier, Verdampfungsprobe am Uhrglas, fraktionierte Destillation, Neutralität, schwefelhaltige Verbindungen, Verhalten gegen Indanthrendunkelblau BT, Gehalt an aromatischen und ungesättigten Kohlenwasserstoffen und Gehalt an Paraffinkohlenwasserstoffen in Benzol.

Als Vorproben dienen: die Bestimmung der Dichte (spezifisches Gewicht), Verhalten gegen Schwefelsäure, Probe auf Wassergehalt, Brechungskoeffizient und Erstarrungspunkt.

Für Lagerungszwecke und Motorentechnik sind außerdem von Wichtigkeit der Entflammungspunkt und Explosionsfähigkeit, Dampftension und Heizwert.

Äußere Merkmale, Farbe, Geruch, Probe auf dem Filtrierpapier.

Reines Benzin und Benzol sollen durchsichtig, klar und farblos sein und einen milden, nicht unangenehmen Geruch besitzen.

Bei guter Raffination soll der Benzolgeruch angenehm aromatisch sein; ein nicht raffiniertes oder schlecht raffiniertes Benzol riecht unangenehm scharf, oft sogar brenzlich.

Ein unangehmer Geruch weist auf schlecht raffinierte Ware oder einen Zusatz von Stoffen anderer Herkunft als aus dem Erdöl oder Steinkohlenteer hin.

Der schlechte Geruch des Benzins und Benzols wird außer mit Terpentinöl (s. S. 75) auch durch einen Zusatz von Nitrobenzol verdeckt. Das Nitrobenzol kann leicht nach seinem Bittermandelölgeruch erkannt werden, namentlich wenn man das Benzin auf der flachen Hand verreibt.

Der chemische Nachweis von Nitrobenzol wird bei der Prüfung von Schmierölen besprochen werden.

Das Benzin soll auch nicht fluoreszieren; fluoresziert es bläulich, so kann es ein aus Braunkohlenteer stammendes Erzeugnis, bzw., falls es ein Gemisch von verschiedenen Betriebsstoffen darstellt, auch Petroleum enthalten.

Zeigt aber ein Benzin keine Fluoreszenz, so ist dies noch kein Beweis dafür, daß es die obenerwähnten Erzeugnisse nicht enthält, da man die Fluoreszenz durch geeignete Mittel verdecken kann (s. S. 19).

Ferner soll reines Benzin oder Benzol, auf Filtrierpapier gegossen, leicht verdunsten und weder Geruch noch einen Rückstand oder Fettfleck hinterlassen. Je schneller ein Benzin oder Benzol verdunstet, um so reiner ist es bei sonstiger Gleichheit anderer seiner Eigenschaften.

Schwerbenzine oder unreine Benzole hinterlassen einen Rückstand bzw. einen fetten, mehr oder weniger unangenehm riechenden Fettfleck, welcher nur allmählich oder gar nicht verschwindet. Von unreinem Benzol bleibt mitunter ein schuppenartiger Rückstand zurück, welcher aus Naphthalin besteht; dieses kann an seinem eigentümlichen Geruch erkannt werden (vgl. weiter die Verdunstungsprobe am Uhrglas S. 105).

Spezifisches Gewicht.

Das spezifische Gewicht dient zum Vergleich von verschiedenen Benzinen und Benzolen, zur Feststellung, ob ein Benzin leicht oder schwer ist, z. B. wenn dasselbe auf der Reise gekauft wird, und zur Umrechnung des Gewichtes auf das Volumen und umgekehrt.

Wie schon in der Einleitung erörtert wurde, pflegt man die Benzine je nach deren spezifischem Gewicht in leichte, mittlere und schwere Sorten einzuteilen; nach dieser Einteilung sind auch die Typen der Benzine in der Tabelle II zusammengestellt (s. S. 52).

Dieterich reiht unter leichte Benzine (Klasse A) diejenigen ein, welche ein spezifisches Gewicht 0,650—0,700 haben, unter mittlere Benzine (Klasse B) solche, welche ein spezifisches Gewicht 0,701—0,730 haben, und schließlich unter schwere Benzine (Klasse C) solche, deren spezifisches Gewicht 0,731—0,760 und mehr beträgt.

Auf Grund der in den Tabellen I und II angegebenen Zusammensetzung der Handelsbenzine (S. 51 u. 52) und der bei uns üblichen Einteilung derselben empfiehlt es sich jedoch, die obere Grenze der Mittelbenzine zu erweitern und daher die Motorenbenzine in folgende Klassen einzuteilen: leichte Benzine spezifisches Gewicht 0,680—0,700[1]), mittlere Benzine spezi-

---

[1]) Benzin vom spez. Gewichte 0,650—0,680 ist der sogenannte Petroleumäther.

fisches Gewicht 0,701—0,740 und schwere Benzine spezifisches Gewicht 0,741—0,770.

Eine genaue Begrenzung der Benzine nach dem spezifischen Gewichte läßt sich nicht durchführen und wäre auch zwecklos, denn die richtige Einteilung der Benzine kann sich nur nach deren Siedegrenzen richten. Es kann nämlich vorkommen, daß ein Benzin, welches seinem spezifischen Gewichte nach unter die mittleren Benzine eingereiht werden sollte, infolge seiner Zusammensetzung als leichtes Benzin zu betrachten ist und umgekehrt. Zweckmäßiger wäre es, Benzine, wie schon besprochen wurde, nach dem Werte ihres Brechungskoeffizienten einzuteilen (s. S. 79).

Eine besondere Bedeutung hat die Bestimmung der spezifischen Gewichte von einzelnen Benzinfraktionen für die Untersuchung der Gemische von Benzin mit anderen Betriebsstoffen.

Bestimmt man das spezifische Gewicht einzelner Benzinfraktionen und stimmt dieses mit den spezifischen Gewichten der Normalfraktionen nicht überein (s. S. 54 u. 91), so kann man auf einen Zusatz von fremden Stoffen schließen.

Die meistens verwendeten Zusätze zum Benzin sind Benzol, Spiritus, Holzgeist und Azeton. Benzol hat ein spezifisches Gewicht 0,884 und siedet bei 80,5° C, 94proz. Spiritus hat ein spezifisches Gewicht 0,812 und siedet bei 79° C, Holzgeist hat ein spezifisches Gewicht 0,796 und siedet bei 66° C und Azeton hat ein spezifisches Gewicht 0,800 und siedet bei 56° C.

Da das spezifische Gewicht der normalen Fraktionen von 40 bis 60°, von 60—80° und von 80—100° C, in welchen sich die genannten Stoffe vorfinden können, den Wert von 0,735 nicht übersteigt, Benzol, Spiritus, Holzgeist und Azeton dagegen ein bedeutend höheres spezifisches Gewicht haben, so gestattet die Bestimmung des spezifischen Gewichtes von einzelnen Fraktionen einen Rückschluß auf eventuell anwesende fremde Zusätze. Wurde das spezifische Gewicht der obengenannten Benzinfraktionen bedeutend höher als 0,735 gefunden, so muß man einzelne Fraktionen noch auf chemischem Wege untersuchen und ihren Charakter feststellen.

Auch Handelsbenzole werden nach dem spezifischen Gewichte beurteilt. Einzelne Marken von Handelsbenzolen haben bestimmte, durch Vereinbarung festgesetzte spezifische Gewichte, welche der normalen Zusammensetzung der Benzole zukommen (s. S. 103).

Diese spezifischen Gewichte können aber auch einen gewissen Anhaltspunkt für die Reinheit der Ware geben.

Ist nämlich das spezifische Gewicht eines bestimmten Handelsbenzols bedeutend geringer, als ihm seiner normalen Zusammensetzung nach zukommt, so kann man in demselben einen größeren Gehalt an Paraffinkohlenwasserstoffen (Benzin) vermuten (s. S. 78); ein höheres spezifisches Gewicht deutet beim Benzol I und II Schwefelkohlenstoff, bei den Benzolen III—VI eine ungenügende Raffination an (s. S. 74 u. 91).

Reinbenzol hat ein spezifisches Gewicht 0,883—0,885
Toluol »   »   »   »   0,870—0,871
Xylol »   »   »   »   0,867—0,869.

Spezifische Gewichte von Handelsbenzolen und Motorenbenzol sind auf S. 103 angeführt.

Beurteilung und Einteilung der Benzine und Benzole auf Grund der Destillationsprobe.

1. Benzine.

Wie schon im Abschnitte über die Verarbeitung des Erdöles erörtert wurde, unterscheidet man hauptsächlich Benzine zur Beleuchtung und Beheizung, zur Extraktion und Auflösung, zur Reinigung, ferner Motorenbenzine und sch.ieß.ich Lack- und Terpentinölersatzbenzine.

Jede Benzinsorte erfordert bestimmte Eigenschaften, damit sie ihrem Verwendungszwecke vollkommen entspricht. ·Diese Forderungen für einzelne Benzinsorten sind im nachfolgenden angeführt.

1. **Benzine zur Beleuchtung und Beheizung** (Ligroin, Gasolin, Grubenlampenbenzin) sind verschieden, je nachdem sie für offene oder geschlossene Lampen verwendet werden sollen. Ein Beleuchtungsbenzin soll in der Lampe nicht rußen, es muß daher raffiniert und rektifiziert sein und darf kein Benzol enthalten. Es soll ein spezifisches Gewicht von 0,660—0,729 haben und nur zwischen 60—100° C flüchtige Anteile enthalten.

Aus Braunkohlen- oder aus Steinkohlenteer erzeugte Benzine sind unzulässig, weil sie stark rußen.

Benzine, welche zur Erzeugung von Gas in Laboratorien, zum Löten, Sengen usw. dienen, sollen auch diesen Bedingungen entsprechen.

2. **Benzine für Extraktions- oder Lösungszwecke** sind verschieden je nach der besonderen Verwendungsart, welcher sie dienen sollen. Man verlangt verschiedene Fraktionen, so z. B. soll ein Benzin zur Fettextraktion hauptsächlich nur von 90 bis 100°, höchstens 110° C übergehende Anteile enthalten. Die unter 90° C und über 100° C (höchstens bis 110° C) übergehenden Fraktionen sind nur in kleinen Mengen zulässig.

3. **Putzbenzin**, welches zur Reinigung von Stoffen usw. dient, soll fettfrei sein und nicht unangenehm riechen, es muß daher raffiniert und rektifiziert sein. Wird es in offenen Gefäßen verwendet, so kann es bis 150° C übergehende Fraktionen enthalten, weil die Verdunstungsverluste geringer sind.

4. **Motorenbenzine**. Motorenbenzine gibt es im Handel etwa sieben verschiedene Sorten, deren spezifische Gewichte 0,680 bis 0,760 betragen (S. 17).

Die Forderungen sind verschieden, je nachdem man das Benzin für Flugzeugmotoren (Äro-, Fliegerbenzin), für Personenwagen (Auto- oder Primaluxusbenzin) oder Lastwagen verwendet.

Für Flugzeuge werden leichte Benzine von spezifischem Gewichte 0,680—0,700, für Personenwagen leichte und mittlere Benzine von spezifischem Gewichte 0,680—0,740 und für Lastwagen und stationäre Motoren werden schwere Benzine von spezifischem Gewichte 0,740—0,760 und noch höher verwendet, weil dabei auch der Anschaffungspreis entscheidet.

Jedoch ist hier der Verwendung keine Grenze geboten, da man sowohl leichte als auch schwerere Benzine auch für Personenwagen sehr gut verwenden kann.

Die Beurteilung der Motorenbenzine nach den spezifischen Gewichten ist nur annähernd und muß, wie aus den nachfolgenden Erörterungen erhellt, auf Grund des Gehaltes an einzelnen Benzinfraktionen geschehen.

Betrachtet man in den Tabellen I und II (S. 51 u. 52) die Zusammensetzung der einzelnen Benzine nach ihren Fraktionen, so findet man vor allem, daß die Handelsbenzine Anteile enthalten, welche von 24° C bis über 200° C sieden; letztere hochsiedende Anteile findet man in Benzinen wohl in geringen Mengen.

Ferner sieht man aus den Tabellen, daß der in verschiedenen Büchern angeführten Forderung, derzufolge ein Motorenbenzin nicht mehr als 5 Proz. über 100° C übergehende Anteile enthalten soll, kein Leichtbenzin und um so weniger ein Mittelbenzin vollständig entspricht. Und doch eignen sich diese sämtlichen Benzinsorten und sogar auch Schwerbenzine bei zweckmäßiger Einrichtung des Vergasers und des Motors selbst zur Winterszeit vollständig für den Motorbetrieb (s. den später folgenden technischen Teil).

Aus den angeführten Gründen und auf Grundlage der durchgeführten zahlreichen Benzinanalysen muß man bei leichten Benzinen bis 10 Proz. über 100° C übergehender Anteile zulassen, allerdings mit der Forderung, daß die betreffende Benzinsorte höchstens 6 Proz. über 120° C übergehender Anteile enthalten darf.

Bei den **Mittelbenzinen** kann man 30—40 Proz. über 120° C übergehender Anteile zulassen; diese Benzinsorte soll aber nur höchstens 10 Proz. über 140° C siedender Anteile besitzen.

Schwerbenzine sollen nicht mehr als 50 Proz. über 140° C übergehender Anteile und nur höchstens 20 Proz. über 160° C siedender Anteile aufweisen.

Dieterich[1]) schlägt vor: Ein Leichtbenzin soll nicht mehr als 10 Proz. über 100° C übergehender Anteile und einen Endsiedepunkt von 125° C haben. Ein Mittelbenzin soll höchstens 30 Proz. über 100° C übergehender Anteile enthalten und einen Endsiedepunkt von 140° C besitzen, und schließlich sollen bei einem Schwerbenzin die über 100° C übergehenden Anteile 75 bis 80 Proz. nicht übersteigen und der Endsiedepunkt soll 165—170° C betragen.

Wie die Zusammensetzung der in den Tabellen angeführten Benzine zeigt, kann man so niedrige Endsiedepunkte, wie sie Dieterich in seiner Schrift anführt, nicht fordern.

Wenn einzelne Fraktionen bestimmt werden, so ist die Bestimmung des Endsiedepunktes für die Praxis belanglos, da selbst leichte Benzine geringe Mengen höher siedender Fraktionen enthalten; maßgebend ist jedoch, wieviel von solchen Fraktionen in einem Benzin enthalten sind, und aus diesem Grunde wird auch der Endsiedepunkt des Benzins in den Tabellen nicht angeführt.

Aus der Zusammensetzung der in den Tabellen angeführten Benzine ergibt sich ferner, daß es für die Beurteilung der Motorenbenzine auch von Bedeutung ist, den Gehalt an den einzelnen Fraktionen zu kennen, und daß die bloße Angabe der Gesamtmengen bis und über 100° C übergehender Anteile hierzu nicht genügen kann. Denn Benzine von fast gleichem spezifischen Gewichte und von fast gleichem Gehalte an gesamten bis 100° C übergehenden Anteilen können trotzdem wesentlich verschiedene Mengen engerer gleich hochsiedender Fraktionen aufweisen.

So haben z. B. das Benzin Nr. 8 in der Tabelle I und das Benzin Nr. 7 in der Tabelle II (S. 51 u. 52) ein beinahe gleiches spezifisches Gewicht, und zwar das erste 0,740, das letztere 0,739; ebenso ist die Gesamtmenge der bis 100° C übergehenden Anteile in beiden Fällen beinahe gleich, und zwar beträgt sie bei Benzin Nr. 8 (Tabelle I) 35,8 Proz., bei Benzin Nr. 7 (Tabelle II) 35,3 Proz., und trotzdem sind die einzelnen Fraktionen vom Siedebeginn bis 100° C sehr verschieden.

---

[1]) K. Dieterich, Analyse und Wertbestimmung der Motorenbenzine usw. S. 57.

Betrachtet man weiter den Gehalt an einzelnen Fraktionen, so findet man, daß das Benzin Nr. 7 (Tabelle II) 20,4 Proz. über 140° C siedender Fraktionen enthält, wogegen das Benzin Nr. 8 (Tabelle I) nur 7,2 Proz. von solchen Fraktionen, dafür aber bedeutend mehr von der Fraktion 80—100° C aufweist, welche, wie im technischen Teile dieses Werkes erörtert wird, für die Wirtschaftlichkeit des Betriebes wichtig ist.

Würde man aber diese beiden Benzine nur nach der Gesamtmenge der bis und über 100° C übergehenden Anteile beurteilen, so würde man sie schwerlich als fast gleichwertig bezeichnen; und doch ist auf Grund der obenerörterten Betrachtungen Benzin Nr. 8 (Tabelle I) entschieden besser als Benzin Nr. 7 (Tabelle II).

Diesen Umstand bestätigt auch die beim Benzin Nr. 8 festgestellte kürzere Verdunstungszeit von 6 Stunden 30 Minuten, ein niedrigerer Erstarrungspunkt — 148° C und ein niedrigerer Brechungskoeffizient 1,4160 als bei dem Benzin Nr. 7 (Tabelle II).

Aus diesem Beispiele ergibt sich auch, daß das spezifische Gewicht für sich allein zur Beurteilung von Benzin vollkommen unzureichend ist.

5. Lackbenzine und als Terpentinölersatz dienende Benzine sollen einen milden, angenehmen Geruch haben und müssen Harze gut auflösen. Ferner sollen sie weder langsamer noch schneller als Terpentinöl verdampfen. Verdampft ein solches Benzin schneller, so löst es die Harze ungenügend, verdampft es langsamer, so trocknen die mit demselben erzeugten Lacke nur langsam und ungenügend.

Die Siedegrenzen solcher Benzine sollen etwa zwischen 150 bis 180° C liegen[1]), obwohl im Handel auch Terpentinölersatzmittel vorkommen, welche bei der Destillationsprobe zwischen 90° C und 240° C siedende Anteile geben.

Als Terpentinölersatz dienendes Benzin soll ein spezifisches Gewicht von etwa 0,780—0,785 bei 15° C besitzen, obwohl zu diesem Zwecke auch Benzine von einem spezifischen Gewichte bis zu 0,760 in den Handel kommen. Der Entflammungspunkt soll 24—28° C betragen, jedenfalls aber über 21° C liegen.

Zu Extraktionszwecken und als Terpentinölersatz verwendet man in der letzten Zeit statt Benzin auch Tetrachlorkohlenstoff (CCl_4) oder Trichloräthylen (C_2HCl_3); dieselben sind nicht brennbar, dafür aber giftig und greifen Metallgefäße an.

---

[1]) Die Siedegrenzen des reinen Terpentinöles liegen zwischen 155° C bis 175° C.

2. Benzole.

Handelsbenzole beurteilt man vor allem nach der Menge jener Anteile, welche bei der Destillation bis 100° C übergehen, und nach ihrem spezifischen Gewichte.

Man unterscheidet danach hauptsächlich folgende Benzolarten:

Fabriks- bezeichnung	Handelsmarke	Siedegrenzen	Spez. Gewicht bei 15° C
Handelsbenzol I	90 proz. Benzol	bis 100° 90 Proz.	0,880—0,883
» II	50 » »	» 100° 50 »	0,875—0,877
» III	0 » »	» 100° 0 »	0,870—0,872
» IV	—	» 130° 30 »	0,872—0,876
» V	Solventnaphta I	» 130° 0 »	0,874—0,880
» VI	» II	» 145° 0 »	0,880—0,910
Handelsschwer- benzol	Schwerbenzol	» 160° 0 »	0,920—0,945
Reinbenzol	$^{80}/_{81}$ er Benzol	95 proz. inner- halb 0,8° siedend	0,883—0,885
Benzol thiophen- frei	—	95 proz. inner- halb 0,8° siedend	0,883—0,885

Außer den eben angeführten Handelsmarken gibt es noch ein sog. 30 proz. Benzol.

Unter 90 proz. handelsmäßigem Benzol (Handelsbenzol I) versteht man jenes, welches bei der Destillation bei einem Barometerstande von 760 mm mindestens 90 Proz. bis 100° C übergehender Anteile ergibt; in der Regel gehen 90—93 Proz. über. 50 proz. Benzol soll mindestens 50 Proz. bis 100° C übergehender Anteile, und schließlich das 30 proz. Benzol soll 30 Proz. bis 100° C übergehender Anteile ergeben.

Das Nullerbenzol besteht nur aus Toluol und Xylolen[1]) und besitzt keine bis 100° C übergehenden Bestandteile. Als Solventnaphtha bezeichnet man auch den zwischen 120—170° C übergehenden Anteil.

Das 50 proz., 30 proz. und Nullerbenzol kommen seit längerer Zeit nicht mehr in den Handel und werden nur auf Bestellung geliefert.

---

[1]) Technisches Xylol enthält je nach der Herkunft des Rohmateriales 70—75 Proz. Metaxylol, 20—25 Proz. Paraxylol und 10—15 Proz. Orthoxylol (siehe S. 10).

Eine andere Art der Beurteilung von Benzol besteht darin, daß man von 100 ccm Benzol 90 ccm überdestilliert und die Siedegrenzen bestimmt.

Durch die Temperaturgrenzen, in welchen 90 Proz. der Flüssigkeit übergehen, und durch das spezifische Gewicht des Benzols (s. die vorangehende Tabelle) sind die Handelsbenzole auch charakterisiert. So gehen 90 Volumprozent von der Gesamtmenge über bei

Handelsbenzol I	zwischen	80—100° C
»	II	»	85—120° C
»	III	»	100—120° C
»	IV	»	120—145° C
»	V	»	130—160° C
»	VI	»	145—175° C
Handelsschwerbenzol		»	160—190° C

Für praktische Zwecke genügt zwar diese einfache Einteilung der Benzole, in wichtigen Fällen bzw. in Streitfällen ist aber nötig, die Zusammensetzung des Handelsbenzols nach der Menge des Benzols, Toluols und der Xylole zu kennen. In diesem Falle muß man eine fraktionierte Destillation ausführen.

Hierbei geben normale Handelsbenzole im Mittel folgende Zahlen:

	90 proz. Benzol	50 proz. Benzol	Reinbenzol	
Vorlauf (bis 79° C)	1,0	0,3	Vorlauf (bis 79° C)	0,5
Benzol (79° bis 85° C)	78,8	18,3	Benzol (79° bis 81° C)	98,0
Zwischenfraktion (85° bis 105° C)	10,0	47,5		
Toluol (105° bis 115° C)	8,0	23,7	Nachlauf	1,2
Xylol	2,0	10,0		
Destillationsverlust	0,2	0,1	Destillationsverlust	0,3

Krämer und Spilker geben folgende Zusammensetzung der Typen von Handelsbenzolen an:

Benzol 90 Proz.	84 Benzol	13 Toluol	3 Xylole
» 50 »	43 »	46 »	11 »
Nullerbenzol	15 »	75 »	10 »

Diese Zahlen können etwas schwanken, sie haben auch keine absolute Gültigkeit und stellen nur annähernde Werte dar, die von der Beschaffenheit des Teeres, aus welchem Benzol gewonnen wurde, abhängig sind (S. 29).

Da dem Toluol ein geringeres spezifisches Gewicht (0,870) als dem Benzol (0,884) zukommt, so haben Handelsbenzole II, III und IV ein geringeres spezifisches Gewicht als Handelsbenzol I.

Es ist sehr gut möglich, aus den Komponenten Benzol, Toluol und Xylol Mischungen herzustellen, die scheinbar den Prüfungsvorschriften entsprechen und dennoch die richtige Zusammensetzung nicht aufweisen.

So z. B. siedet bis 100°C zu 90—93 Proz. eine Mischung von

82 Proz. Benzol und 18 Proz. Toluol,
90 Proz. Benzol, 5 Proz. Toluol und 5 Proz. Xylol,
82 Proz. Benzol, 15 Proz. Toluol und 3 Proz. Xylol,

aber nur die letzte Mischung entspricht dem normalen Handelsbenzol I.

Da Benzol, Toluol und Xylol einen verschiedenen Preis haben, so kommt es darauf an, welche Bestandteile man in dem Handelsbenzol vor sich hat.

Wie man aus der Tabelle III (S. 60) entnehmen kann, ist gegenwärtig die Zusammensetzung verschiedener Handelsbenzole auch verschieden. Es gibt danach auch 50proz. Benzole, welche weniger als 50 Proz. Benzol, und 30proz. Benzole, welche nur wenig Benzol enthalten.

Für den Automobilbetrieb kommt hauptsächlich das 90proz. Benzol in Frage, welches als Motorenbenzol auf den Markt gebracht wird und welches ungefähr 80—94 Proz. Benzol enthalten soll.

Da dasselbe aber schon nahe bei 0°C erstarrt, so verwendet man für die Winterszeit Benzole, welche einen größeren Gehalt an Toluol und Xylolen haben, z. B. das 50proz. Benzol, oder Gemische von Benzol und Benzin, welche später im »Technischen Teile« besprochen werden.

Verdunstungsprobe am Uhrglas.

Je schneller und gleichmäßiger ein Betriebsstoff verdunstet und je geringeren Rückstand er hierbei hinterläßt, um so besser eignet er sich zu Betriebszwecken.

Dieterich gibt die Verdunstungszeit für leichtes und mittleres Benzin mit bis $2\frac{1}{2}$ Stunden, für gutes schweres Benzin mit höchstens 4 Stunden an. 90proz. Benzol verdunstet nach seinen Angaben regelmäßig in $3\frac{1}{2}$ Stunden, Schwerbenzol in mehr als 4 Stunden.

Leichte Benzine verdunsten schnell und rückstandslos, Mittelbenzine langsamer, mitunter ungleichmäßig und mit geringem, schwieriger verdunstendem Rückstand; Schwerbenzine verdunsten langsam mit ganz schwerflüchtigen öligen Rückständen.

In der auf S. 52 angeführten Tabelle II findet man die Verdunstungszeiten der einzelnen Benzintypen.

Danach brauchen Leichtbenzine zu ihrer Verdunstung bis zu ungefähr 1 $^1/_2$ Stunden, Mittelbenzine 1 $^1/_2$—7 Stunden und Schwerbenzine ungefähr 6—15 Stunden. Bei beschleunigter Verdampfung brauchen Leichtbenzine zu ihrer Verdunstung bis zu ungefähr 1 Stunde, Mittelbenzine 1—4 Stunden, Schwerbenzine ungefähr 4—10 Stunden.

90proz. Benzol verdunstet ungefähr in 4—6 Stunden, 50-proz. Benzol in mehr als 6 Stunden.

Bei beschleunigter Verdampfung verdunstet 90proz. Benzol ungefähr in 3—4 Stunden; 50proz. Benzol in mehr als 4 Stunden (s. Tabelle III S. 60).

Gemische aus Benzol und Spiritus verdunsten natürlich bedeutend länger, da Spiritus nur langsam verdunstet.

Neutralität.

Reine Benzine verhalten sich stets neutral, nur in seltenen Fällen reagieren schwere Benzine schwach sauer; Benzole reagieren neutral.

Eine saure Reaktion des Benzins hat ihre Ursache in nachlässiger Raffination.

Gemische aus Benzol und Spiritus können mitunter alkalisch reagieren, da die Denaturierungsmittel (Pyridinbasen), welche dem Spiritus behufs Vergällens zugesetzt werden, selbst alkalisch reagieren.

Ein Betriebsstoff, welcher rohes Azeton (Essigalkohol) beigemischt enthält, kann auch sauer reagieren, weil Azeton nicht selten geringe Mengen von freier Essigsäure enthält.

Verhalten gegen Schwefelsäure.

Man verlangt, daß unter 150° C übergehendes raffiniertes Benzin Schwefelsäure (50° Bé) nicht färbe. Dieser Forderung kann bei den Motorenbenzinen nicht vollständig Genüge geleistet werden.

Man muß daher für leichte Motorenbenzine eine hellgelbe, für mittlere Benzine eine hellbraune und für schwere Benzine eine bis braune Färbung der Schwefelsäure zulassen.

Die Schwefelsäureprobe läßt, wie alle anderen Raffinationsgradbestimmungen, gar kein Urteil über den Raffinationsgrad des Benzins zu, da manche nicht raffinierte, jedoch rektifizierte Benzine die Schwefelsäure fast farblos lassen, während umgekehrt selbst leichte raffinierte Benzine dieselbe färben können.

In der beigefügten Tabelle sind verschiedene raffinierte und nicht raffinierte Benzine enthalten, und bei jedem derselben ist der Färbungsgrad angeführt, welchen es der Schwefelsäure verleiht.

Benzin Nr.	1	2	3	4	5	6	7	8
Spez. Gewicht	0,671	0,681	0,693	0,705	0,730	0,748	0,755	0,756
Raffination	nicht raffiniert	raffiniert	raffiniert	raffiniert	raffiniert	nicht raffiniert	nicht raffiniert	raffiniert
Schwefelsäure	fast farblos	hell gelb	hell gelb	hell gelblich	hell gelblich	hell gelblich	hell gelblich	hell gelb
Aromatische und ungesättigte Kohlenwasserstoffe	1,9	6,0	5,5	4,0	6,8	9,8	11,3	11,6

Bei 90 proz., 50 proz. Benzol und Motorenbenzol soll die Farbe der Schwefelsäure mit Kaliumbichromatlösung verglichen nicht dunkler sein als eine Lösung von 0,05 g bis höchstens 0,15 g. reines Kaliumbichromats in 100 ccm 50 proz. Schwefelsäure (siehe S. 64).

Reinbenzol und Reintoluol sollen die Schwefelsäure nicht färben. Bei Xylol kann die Färbung der Schwefelsäure bis 0,2 proz. Kaliumbichromatlösung entsprechen.

Gemische aus Benzol und Brennspiritus oder Holzgeist färben die Schwefelsäure stets stärker gelb bis gelbbraun; diese Färbung rührt von den im Brennspiritus und Holzgeist enthaltenen Verunreinigungen her.

Enthält der Betriebsstoff rohes Azeton, so färbt sich die Schwefelsäure gelb bis rotbraun.

In solchen Fällen kann man natürlich keinen Schluß auf die Reinheit des Benzols ziehen.

Schwefelhaltige Verbindungen.

Leichte Benzine sollen mit einer ammoniakalischen Lösung von salpetersaurem Silber keine Färbung, mittlere Benzine nur eine schwach bräunliche Färbung erhalten und bei schweren Benzinen kann man eine braune bis schwarze Trübung zulassen.

Reines Benzin enthält nur Hundertstel Prozente von Schwefel als Schwefelverbindungen.

Die aus Braunkohlenteer erzeugten Benzine trüben gewöhnlich die ammoniakalische Silberlösung.

Handelsbenzole geben mit ammoniakalischer Lösung von salpetersaurem Silber stets einen schwarzen Niederschlag, weil sie immer von schwefelhaltigen Verbindungen, Schwefelkohlenstoff und Thiophen, begleitet werden (s. »Technischer Teil«, Kapitel »Benzol«).

Benzol enthält nur einige Zehntel Prozent Schwefel als Schwefelverbindungen, selten bis 1 Proz. 90proz. Benzol enthält im allgemeinen 0,2—1,0 Proz., 50proz. Benzol 0—0,5 Proz. Schwefelkohlenstoff; Handelsbenzole III—VI sind frei von Schwefelkohlenstoff.

Aromatische Kohlenwasserstoffe, namentlich Benzol, und ungesättigte Kohlenwasserstoffe.

Die gegenwärtig im Handel vorkommenden Motorenbenzine enthalten selbst, wenn sie raffiniert sind, wechselnde Mengen von Benzol und anderen aromatischen Kohlenwasserstoffen.

Zur qualitativen Untersuchung auf diese Kohlenwasserstoffe dient eine Vorprobe mit Indanthrendunkelblau BT oder Indanthrenviolett RT.

Man muß bei leichten Benzinen einen schwach rosaroten Stich, bei mittleren Benzinen eine bis rosarote Färbung und bei schweren Benzinen mit zunehmendem Gehalt an aromatischen Kohlenwasserstoffen selbst eine rote Färbung mit Indanthrendunkelblau BT zulassen. In der Tafel II (S. 52) befindet sich eine vergleichende Zusammenstellung der durch Drakorubin und Indanthrendunkelblau BT bei verschiedenen Benzinen bewirkten Färbungen nebst deren Gehalt an aromatischen Kohlenwasserstoffen.

Was den Prozentgehalt an aromatischen und ungesättigten Kohlenwasserstoffen anbelangt, so sind bei leichten Benzinen bis 6 Proz., bei mittleren Benzinen bis 15 Proz. und bei schweren Benzinen höchstens 20 Proz. zulässig.

Ungesättigte Verbindungen in Benzin und Benzol.

Bei reinem, von ungesättigten Verbindungen befreitem Benzin beträgt die Bromaufnahme etwa 0,8 mg, bei guter raffinierter Handelsware im allgemeinen 4—7 mg, bei unreinen, nicht raffinierten oder unvollkommen raffinierten Benzinen 14 und mehr Milligramm Brom auf 1 ccm.

Bei 90 proz. und 50 proz. Benzolen beträgt die Bromaufnahme 6, selten 10 mg; bei ungenügend gereinigten Benzolen bis 40 mg auf 1 ccm.

Reinbenzol und Reintoluol färben sich schon mit $^1/_{10}$ ccm der Kaliumbromid-Kaliumbromatlösung, welche Färbung eine Zeitlang halten soll.

Handelsxylole verbrauchen innerhalb weniger Minuten etwa 20 mg Brom, nach längerem Stehen erheblich mehr.

Paraffinkohlenwasserstoffe in Benzol.

90 proz., 50 proz. und Nullerbenzol enthalten nur wenige Zehntel, höchstens 1 Proz. Paraffine.

Toluol enthält in der Regel keine, Xylol nicht selten bis 3 Proz. Paraffinkohlenwasserstoffe.

Ein höherer Gehalt an Paraffinkohlenwasserstoffen kommt wohl nur in Benzinen vor, die aus junger Braunkohle oder Ölgasteer stammen.

Brechungskoeffizient.

Der Brechungskoeffizient von leichten Benzinen liegt bei 15° C ungefähr zwischen 1,3700 und 1,4000, jener von mittleren Benzinen zwischen 1,4001 und 1,4200 und jener von schweren Benzinen ungefähr zwischen 1,4201—1,4285 (s. Tabelle II S. 52).

Der Brechungskoeffizient von Motorenbenzolen liegt bei 15° C zwischen 1,4990 und 1,5110 (s. Tabelle III, S. 60).

Somit kann man durch Bestimmung des Brechungskoeffizienten Benzin leicht von Benzol unterscheiden, nicht immer aber Benzol im Benzin nachweisen (s. S. 82).

Nichtsdestoweniger kann der Brechungskoeffizient bei der Analyse von Gemischen mitunter gute Dienste leisten.

So zeigte z. B. ein Gemisch von zwei Teilen Benzol und einem Teile Alkohol einen Brechungskoeffizienten bei 15° C von 1,4601, ein Benzinersatzstoff, Benzolin, welcher aus Alkohol, Benzol und Schwefelkohlenstoff zusammengesetzt war, bei 15° C einen Brechungskoeffizienten von 1,4781, also bedeutend höhere Werte als bei Benzin.

Ein Benzinersatzstoff Etol, ein Gemisch von 25 Teilen Petroleum, 50 Teilen Alkohol und 25 Teilen Äther hatte zwar einen Brechungskoeffizienten von 1,3865, aber sein hohes spezifisches Gewicht 0,787 verriet, daß es sich wenigstens nicht um ein normalerweise als Motorenbetriebsmittel dienendes Benzin handelte.

Die refraktometrische Bestimmung des Brechungskoeffizienten behufs Beurteilung eines Benzins gibt zwar für sich allein kein klares Bild von dem wirklichen Wert des untersuchten Benzins, bildet aber eine der Vorproben zur Bestimmung der Qualität verschiedener Benzine.

Vergleicht man z. B. in der Tabelle II (S. 52) Benzin Nr. 1 und 2, so wäre dem spezifischen Gewichte nach anzunehmen, daß das Benzin Nr. 1 besserer Qualität sei, aber der Brechungskoeffizient lehrt das Gegenteil und ist bei Benzin Nr. 2 niedriger, weil dasselbe doppelt so viel zwischen 60—80° C siedender Fraktionen enthält als Benzin Nr. 1.

Einen ähnlichen Fall findet man in der Tabelle II bei Benzin Nr. 7 vom spezifischen Gewichte 0,739 mit einem Brechungskoeffizienten von 1,4187 und bei Benzin Nr. 8 vom spezifischen Gewicht 0,742 mit einem Brechungskoeffizienten von 1,4173 und in der Tabelle I bei Benzin Nr. 8, welches nach der durchgeführten Untersuchung ein spezifisches Gewicht von 0,740 und einen Brechungskoeffizienten von 1,4160 bei 15° C besaß.

Bei Benzin Nr. 7 in Tabelle II und Nr. 8 in Tabelle I beobachtet man, daß die spezifischen Gewichte sowie die Volumprozente der bis 100° C übergehenden Anteile fast gleich sind (35,3 und 35,8 Proz.), bloß die Brechungskoeffizienten sind verschieden.

Dieser Unterschied erklärt sich, wenn man den Gehalt beider Benzine an den einzelnen Fraktionen vergleicht; Benzin Nr. 8 in Tabelle I besteht beinahe nur aus mittleren Fraktionen (80 bis 140° C), wogegen Benzin Nr. 7 in Tabelle II sämtliche Fraktionen enthält, namentlich größere Mengen über 140° C siedender Anteile.

Auf Grund des oben angeführten ist das Benzin Nr. 8 in Tabelle I entschieden dem Benzin Nr. 7 in Tabelle II vorzuziehen, wenn auch beide Benzine als mittlere geliefert wurden.

Bei dem Benzin Nr. 8 in Tabelle II erklärt sich der niedrigere Brechungskoeffizient dadurch, daß dieses Benzin um 14,5 Proz. mehr zwischen von 80—100° C übergehender Fraktionen als das Benzin Nr. 7 und außerdem geringe Mengen höher siedender Anteile enthält.

Die refraktometrische Bestimmung des Brechungskoeffizienten ist besonders dann von Bedeutung, wenn es sich darum handelt, ohne Ausführung der fraktionierten Destillation, vorläufig zu entscheiden, welches von mehreren vorliegenden Benzinen von beinahe gleichem spezifischem Gewichte eine besondere Qualität aufweist, d. h. einen größeren Gehalt an flüchtigeren Fraktionen besitzt.

Zur Vornahme einer genauen Beurteilung der Benzine ist jedoch die Durchführung einer Destillationsprobe unerläßlich.

Entflammungs- und Entzündungspunkt.

Der untere Flammpunkt von leichten und mittleren Benzinsorten liegt nach Straches Angaben zwischen ungefähr —30 und — 20° C, der obere Flammpunkt zwischen ungefähr — 5° C und + 10° C. Bei Schwerbenzinen liegen die Flammpunkte höher. Der Entflammungspunkt von Benzol und Toluol liegt unter + 21° C.

Im allgemeinen entspricht einer Zunahme des spezifischen Gewichtes und des Siedepunktes des Benzins auch die Zunahme der beiden Entflammungspunkte. Da aber der Entflammungspunkt sehr stark von dem Gehalt an aufgelösten Gasen (Methan, Äthan, Propan, Butan) abhängig ist, so können Benzinsorten mit verhältnismäßig hohem spezifischem Gewichte trotzdem einen niedrigen oberen Entflammungspunkt aufweisen.

Die Bestimmung von Entflammungspunkten ist nicht nur für den Motorentechniker, sondern auch für die feuer- und explosivsichere Lagerung von Benzin und Benzol von besonderer Bedeutung. (Siehe Kapitel »Benzin« und »Lagerung von feuergefährlichen Flüssigkeiten«.)

Der Entzündungspunkt von Benzin und Benzol wird dagegen seltener bestimmt.

Erstarrungspunkt.

Der Erstarrungspunkt der Motorenbenzine ist von ihrer Zusammensetzung abhängig; je leichter ein Benzin ist, um so schwerer erstarrt es. So erstarren leichte Benzine bei ungefähr —135 bis —170° C, mittlere Benzine bei ungefähr —125 bis —150° C und schwere Benzine schon bei ungefähr — 95 bis — 120° C (s. auch Tabelle II, S. 52).

Der Erstarrungspunkt der Handelsbenzole schwankt je nach dem Gehalte an Toluol und Xylol. Je mehr Toluol und Xylol ein Benzol enthält, um so niedriger ist sein Erstarrungspunkt; demnach erstarren 90 proz. Handelsbenzole und Motorenbenzole zwischen + 3 bis + 1° C, toluol- und xylolhaltige Benzole erstarren bei ungefähr — 10 bis — 25° C und bei noch niedrigeren Temperaturen (s. auch Tabelle III, S. 60).

C. Untersuchung von Mineralschmierölen.

Zum Schmieren von Maschinenteilen benutzt man gegenwärtig fast ausschließlich Mineralöle, welche jedoch mitunter mit Pflanzenfetten oder -ölen oder mit Teerölen, seltener mit tierischen Fetten und Ölen oder Harzölen vermengt werden.

Zu bestimmten Schmierzwecken verwendet man entweder einzelne Ölfraktionen bzw. Rückstände oder deren Gemische untereinander, wodurch die gewünschten Eigenschaften wie Viskosität, Entflammungspunkt, spezifisches Gewicht usw. erzielt werden.

Wie schon im Kapitel über die Verarbeitung von Erdöl erörtert wurde, sind Mineralöle Kohlenwasserstoffe der Fettreihe, Pflanzenöle und -fette sind dagegen Verbindungen von Fettsäuren mit Alkoholen, z. B. Verbindungen der Palmitin-, Stearin- und Oleinsäure mit Glyzerin; in die gleiche Gruppe gehören auch tierische Fette und Öle; Harz- und Teeröle sind aromatische Kohlenwasserstoffe.

Pflanzenöle werden durch Pressen von zerkleinerten Pflanzensamen oder Früchten oder durch deren Extraktion mit Benzin, Schwefelkohlenstoff oder gechlorten Kohlenwasserstoffen gewonnen; hierher gehören Rüb-, Lein-, Oliven-, Baumwollsamen-, Rizinus-, Mohnöl usw.

Tierische Fette werden durch Auskochen oder Extraktion der tierischen Fettgewebe erzeugt, bzw. werden letztere durch Pressen in ein Öl und den Rückstand (z. B. Preßtalg) getrennt; es sind hierher zu zählen Knochenöl, Tran, Talg usw.

Teeröle werden aus Braun- und Steinkohlenteer, Harzöle durch trockene Destillation von Harzen dargestellt.

Öle und Fette werden zum Schmieren von Maschinenteilen verwendet, um die Reibung zwischen zwei beweglichen Metallflächen, wie z. B. zwischen Lager und Achse oder Zapfen, auf das geringste Maß zu beschränken. Die Fähigkeit der Öle, diese Reibung zu vermindern, hängt hauptsächlich von dem Anhaftevermögen, d. i. der Adhäsion des Öles an den Metallflächen und von dessen Kohäsion ab.

Die Adhäsion bewirkt, daß die kleinsten Teilchen des Schmiermittels mehr oder weniger an den sich reibenden Metallflächen festhalten und sie dadurch voneinander trennen. Es reiben sich somit nicht die Metallflächen aneinander, sondern nur die Öl-teilchen.

Je größer die Adhäsion eines Öles ist, desto vollständiger ist die Trennung der sich reibenden Flächen, und mithin ist auch deren Reibung geringer.

Die größere oder geringere Adhäsion bewirkt ferner, daß ein Schmiermittel dem Achsen- oder Kolbendruck, durch welchen es aus dem Lager oder aus dem Zylinder ausgepreßt wird, mehr oder weniger widersteht.

Je größer die Adhäsion ist, um so dicker ist die Ölschicht zwischen den sich reibenden Flächen und um so geringer ist die Reibung an den Flächen.

Die Kohäsion oder der gegenseitige Zusammenhalt der Öl-teilchen äußert sich durch die innere Reibung von Ölteilchen selbst. Je geringer die Kohäsion ist, um so geringer ist die Rei-bung der Ölteilchen. Auch die Kohäsion beeinflußt die Dicke der Ölschicht zwischen zwei sich reibenden Metallflächen.

Im allgemeinen kann man sagen, daß der Schmierwert eines Schmiermittels um so höher ist, je größer die Adhäsion und je geringer die Kohäsion ist. Die Ansichten über die Ursachen der größeren oder geringeren Schmierfähigkeit der Öle sind noch nicht geklärt; es ist noch nicht sichergestellt, ob der Schmierwert nur von der inneren Reibung oder noch von anderen Eigenschaften des Schmiermittels abhängig ist.

Sicher ist jedoch, daß der Schmierwert eines Schmiermittels auch von verschiedenen anderen Umständen, wie von der Ge-schwindigkeit der laufenden Achse, von dem Druck auf die Reibungsflächen, von dem Material, aus welchem die Lager her-gestellt sind, von der Beschaffenheit der sich reibenden Flächen usw., abhängt.

Mit den eben beschriebenen Erscheinungen hängt die Visko-sität oder Zähigkeit zusammen; sie ist eine spezifische Eigen-schaft des Öles und kann als ein Widerstand bezeichnet werden, den die kleinsten Teilchen des Schmiermittels dem Übereinander-gleiten entgegensetzen, d. i. die Viskosität stellt die innere Rei-bung eines Schmiermittels dar.

Die Viskosität ist von dem spezifischen Gewichte des Öles unabhängig, denn leichtere Öle können viskoser sein als schwerere Öle; sie ändert sich aber ähnlich wie die Dichte mit der Tempe-ratur, und zwar nimmt sie mit steigender Temperatur ab.

Mineralöle, welche zum Schmieren der Maschinenteile dienen, müssen je nach Verwendung bestimmte physikalische und che-mische Eigenschaften aufweisen; es werden daher außer Farbe, Durchsichtigkeit, Konsistenz und Geruch hauptsächlich folgende

Werte bestimmt: Viskosität, Entflammungs-, Entzündungspunkt, Erstarrungs- und Schmelzpunkt, Neutralität bzw. Azidität oder Alkalität, Asphalt- und Harzgehalt, Teer- und Verteerungszahl bzw. Kok- und Verkokungszahl, Kautschukgehalt, Seifengehalt, Gehalt an Pflanzen-, Tier-, Teer- und Harzölen.

Nach Bedarf wird noch bestimmt: spezifisches Gewicht, Gehalt an Wasser, Aschenbestandteile, Verunreinigungen, Paraffin, Zeresin und Graphit, Raffinationsgrad, Verdampfbarkeit, Ausdehnungskoeffizient, Brechungskoeffizient und optisches Drehungsvermögen.

Der Paraffin- bzw. Zeresingehalt wird selten, und zwar nur bei der Feststellung der Herkunft des Öles oder in besonderen Streitfällen bestimmt.

Mitunter werden auch Öle mechanisch auf einer Ölprobiermaschine geprüft, um ihren Schmierwert zu bestimmen.

Die Ölprobiermaschinen gestatten den Reibungskoeffizienten, d. i. den auf die Einheit des Druckes und der Geschwindigkeit reduzierten Reibungswiderstand zu ermitteln. Da die Konstruktion dieser Maschinen eine verschiedene ist, so lassen sich die mit denselben erzielten Prüfungsergebnisse untereinander nicht vergleichen und sie können auch mit den praktischen Ergebnissen nicht gut übereinstimmen.

Ausdehnungskoeffizient.

Der Ausdehnungskoeffizient gibt denjenigen Teil eines bestimmten Volumens an, um welchen sich dieses Volumen beim Erwärmen um 1° C ausdehnt.

Derselbe dient zur Umrechnung des bei verschiedenen Temperaturen bestimmten spezifischen Gewichtes auf die Normaltemperatur von 15° C (s. weiter unten), ferner zur Berechnung des Steigraumes eines Öles beim Erwärmen, z. B. beim Aufbewahren oder beim Transport des Öles.

Wenn z. B. das Öl bei 15° C den Raum von 100 l einnimmt und sein Ausdehnungskoeffizient für je 1° C 0,0007 beträgt, so nimmt dieses Öl bei 20° C den Raum $100 + 5 \times 0,0007 \times 100 = 100,35$ l ein.

Der Ausdehnungskoeffizient nimmt mit dem spezifischen Gewichte ab; je größer das spezifische Gewicht ist, um so geringer ist auch der Ausdehnungskoeffizient. Derselbe beträgt für leichtflüssige Öle zwischen 20—78° C 0,00072—0,00076, für schwerflüssige Öle 0,00070—0,00072. Bei Mineralschmierölen verschiedener Herkunft, aber gleicher Zähigkeit ist der Ausdehnungskoeffizient verschieden, was auf die chemische Zusammensetzung des Öles zurückzuführen ist.

Spezifisches Gewicht.

Die Bestimmung des spezifischen Gewichtes hat für die Beurteilung der Schmieröle eine mehr untergeordnete Bedeutung, sie dient aber im Handel zur Vergleichs- oder Identitätsprobe, bzw. zur Klassifizierung von Ölen bekannter Herkunft.

Das spezifische Gewicht der Öle wird gewöhnlich mit einem besonderen Ölaräometer, genauer mit der Mohr-Westphalschen Wage oder mit einem Pyknometer ähnlich wie das spezifische Gewicht des Benzins bestimmt (s. S. 37).

Die Korrektur für die Umrechnung des spezifischen Gewichtes auf 15° C beträgt für 1° Temperaturunterschied bei flüssigen Mineralschmierölen im Mittel 0,00068, bei schwerflüssigen oder vaselinartigen Ölen im Mittel 0,00075.

Viskosität (Zähigkeit).

Die Viskosität wird im allgemeinen nach der Geschwindigkeit des Ausflusses von flüssigem Öl aus einem engen Röhrchen mittels besonders konstruierter Apparate, sog. Viskosimeter, bestimmt.

Die auf diese Weise gefundenen Zahlen entsprechen zwar nicht genau der inneren Reibung von Flüssigkeiten und stehen auch zur wirklichen Viskosität des Öles in keinem bestimmten Verhältnisse, sie stellen aber vereinbarte Werte dar, welche bei Einhaltung von gleichen Bedingungen untereinander vergleichbar sind.

Die Apparate, welche zu diesem Zwecke verwendet werden, sind von verschiedener Konstruktion; bei uns wird der Apparat von Engler, modifiziert von Holde, oder von Ubellohde in zwei Formen benutzt, welche sich hauptsächlich durch die Heizeinrichtungen unterscheiden. Der Engler-Holdesche Apparat ist mit einem geschlossenen, der Engler-Ubellohdesche, etwas höher gebaute Apparat ist mit offenem Heizbad versehen.

Die Viskosität wird dadurch bestimmt, daß man die Zeitdauer feststellt, binnen welcher eine bestimmte Menge des Öles von bestimmter Temperatur aus einem Gefäße von bekanntem Inhalt durch ein enges Röhrchen ausfließt und mit der Zeitdauer vergleicht, binnen welcher aus demselben Gefäße die gleiche Menge von 20° C warmem Wasser ausfließt.

Nachdem die Viskosität von der Temperatur abhängig ist, so wird sie gewöhnlich bei einer Temperatur von 20° C oder 50° C bzw. auch von 100° C festgestellt, je nach der Verwendung und Zähflüssigkeit des untersuchten Öles.

Das Viskosimeter von Engler mit offenem Heizbad, Modifikation Ubellohde (Fig. 9), besteht im wesentlichen aus einem runden, innen vergoldeten Metallgefäße a, welches am Boden mit einem mit Holzstift h verschließbaren Platinröhrchen p versehen ist. Das Gefäß wird mit einem Deckel bedeckt, in welchem seitlich ein passendes Thermometer t befestigt ist. Das Gefäß ist mit einem Metallmantel m umgeben, welcher als Wasserbad zur Erhaltung einer gleichmäßigen Temperatur des inneren Gefäßes dient; dieses Wasserbad ist auch mit einem Thermometer t_1 und mit einer Rührvorrichtung r versehen. Die Form und die Abmessungen des Viskosimeters sind durch Aichvorschriften amtlich festgesetzt und müssen genau eingehalten werden.

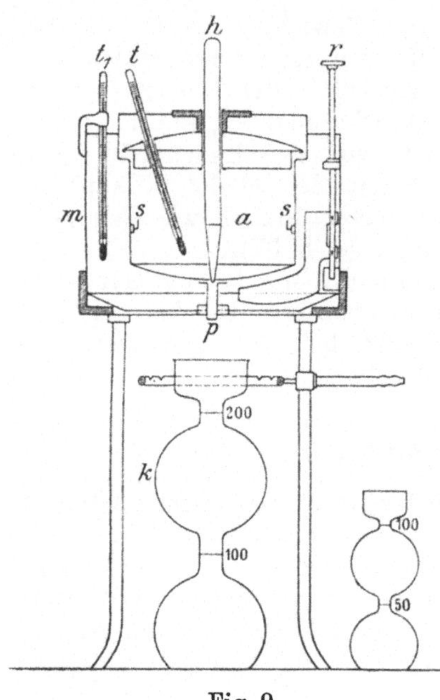

Fig. 9.

Die vorgeschriebenen Abmessungen des Apparates sind folgende:

		Fehlergrenzen
Innerer Durchmesser des Gefäßes a . .	106 mm	± 1,0 mm
Höhe des zylindrischen Teiles des Gefäßes unterhalb der Markenspitzen s . . .	25 »	± 1,0 »
Höhe der Markenspitzen über der unteren Mündung des Ausflußröhrchens p .	52 »	± 0,5 »
Inhalt bis zu den Markenspitzen . . .	240 ccm	± 4 ccm
Weite des Ausflußröhrchens p oben . .	2,9 mm	± 0,02 mm
unten . .	2,8 »	
Länge des Ausflußröhrchens	20 »	± 0,1 »
Der aus dem Ausflußröhrchen unten hervorragende Teil des Röhrchens:		
Höhe	3,0 »	± 0,3 »
Breite	4,5 »	± 0,2 »

Die Einrichtung des inneren Gefäßes ist so gewählt, daß von den darin befindlichen 240 ccm Wasser binnen 50—52 Sekunden 200 ccm Wasser ausfließen, sonst ist der Apparat zum gedachten Zwecke unbrauchbar.

Die zu dem Apparate gehörigen Thermometer werden in der Weise hergestellt, daß die Korrekturen für den herausragenden Quecksilberfaden berücksichtigt werden, so daß man unmittelbar die korrigierte Temperatur am Thermometer abliest. Die Thermometer müssen auf ihre Richtigkeit amtlich geprüft sein.

Als Meßkolben können entweder auf Ausguß geaichte Kolben oder aber, wie es bei der Prüfung von Ölen geschieht, trockene, auf Einguß geaichte Kolben benutzt werden.

Die Bestimmung der Viskosität wird auf folgende Weise durchgeführt. Das mit Schwefeläther, alsdann mit Äthylalkohol und zuletzt mit destilliertem Wasser sorgfältig ausgewaschene Viskosimeter wird auf eine wagerechte Platte gestellt und sein Ausflußröhrchen mit einem Holzstift, welcher nur zur Prüfung mit Wasser benutzt werden kann und sorgfältig gereinigt worden ist, verschlossen. Das innere Gefäß wird mit destilliertem Wasser von 20° C etwas über die im Inneren des Gefäßes befindlichen Markenspitzen s gefüllt, welche einerseits das Volumen von 240 ccm angeben, andererseits, wenn sie den Flüssigkeitsspiegel berühren, die richtige Aufstellung des Viskosimeters anzeigen. Das äußere, als Wasserbad dienende Gefäß wird auch mit einem auf 21° C erwärmten Wasser gefüllt.

Sodann stellt man unter das Ausflußröhrchen den zugehörigen Meßkolben, zieht den Holzstift heraus, läßt das Wasser in den Meßkolben bis zur Marke 200 ccm ausfließen und verschließt alsdann das Röhrchen, welches sich dabei ganz mit Wasser gefüllt hat, mit dem Holzstift.

Das Wasser wird aus dem Kolben in das Viskosimeter zurückgegossen, wobei man das Wasser 1 Minute lang abtropfen läßt. Nun wird der Verschlußstift vorsichtig nur so weit gelockert, daß an der Mündung des Ausflußröhrchens ein Tropfen erscheint und hängen bleibt.

Der Wasserstand wird auf die Markenspitzen genau eingestellt, und zwar so, daß der Überschuß von Wasser mittels einer Pipette bis zu den Markenspitzen abgesogen wird.

Nachher wird das Wasser im inneren Gefäße auf genau 20° C gebracht und gleichzeitig der Kolben k unter das Ausflußröhrchen so aufgestellt, daß die Mitte des Kolbenhalses genau gegen das Ausflußröhrchen gerichtet ist.

Wenn der Apparat zum Versuche vorbereitet ist, so zieht man bei ruhiger Wasseroberfläche den Holzstift ganz heraus, und gleichzeitig bestimmt man mit einem Chronographen (mangels desselben mit einer guten Taschenuhr) die Anzahl der Sekunden, binnen welcher aus dem Gefäße in den Kolben genau 200 ccm Wasser ausfließen.

Die Bestimmung der Ausflußzeit wird mehrfach wiederholt; sobald drei Versuchsreihen nicht mehr als um 0,5 Sekunden voneinander abweichen und die Werte nicht fortschreitend abnehmen, so ist diese Versuchsreihe als beendet anzunehmen.

Nachher wird der Apparat auf die oben beschriebene Weise wiederum gereinigt und die Ausflußdauer des Wassers wieder dreimal bestimmt.

Falls die Ergebnisse dieser Untersuchungen mit denjenigen der ersten Versuchsreihe übereinstimmen, so nimmt man sie als richtig an, sonst muß man die Versuche noch zum dritten Male vornehmen.

Aus den zuletzt erhaltenen sechs Werten berechnet man den mittleren Wert, welcher auf 0,5 Sekunde abgerundet wird.

Auf diese Weise findet man den Wasserwert des Viskosimeters. Dieser Wasserwert wird nur zeitweise, etwa nach zwei Monaten, nachgeprüft, es ist also nicht notwendig, denselben bei jeder Viskositätsbestimmung festzustellen. Bei einem richtig hergestellten Apparate soll die Ausflußzeit 50—52 Sekunden betragen. Genaue Bestimmungen müssen in einem Raume von ungefähr 20° C durchgeführt werden.

Auf dieselbe Art wie die Ausflußzeit von Wasser wird auch die Ausflußzeit von Ölen bestimmt.

Das Viskosimeter wird zuerst mit einigen Stückchen Filtrierpapier gereinigt, mit Benzin ausgespült, mit einem weichen, feinen Tuche erneut abgewischt und dann noch das Ausflußröhrchen mit einem Stäbchen aus Filtrierpapier ebenfalls vollständig gereinigt.

Ist das zu untersuchende Öl trüb oder dunkel, so wird es vorher durch ein Sieb von 0,3 mm Maschenweite filtriert; ist das Öl dickflüssig, so wird es vorher schwach erwärmt. Enthält das Öl Wasser, so muß es vorher durch Schütteln mit Kalziumchlorid und nachheriges Filtrieren vom Wasser befreit werden. Von dem so vorbereiteten Öl werden ungefähr 250 ccm in ein Gefäß (Becherglas) gebracht und allmählich erwärmt, bis das Öl die Temperatur 20° C erreicht hat. Inzwischen wird auch das Wasserbad mit 20° C warmem Wasser gefüllt und bei dieser Temperatur erhalten.

Unter das mit dem Holzstift[1]) verschlossene Ausflußröhrchen

---

[1]) Zur Bestimmung der Ausflußzeit der Öle muß ein anderer Holzstift verwendet werden als derjenige, der zur Wasserwertbestimmung dient.

wird ein trockener Meßkolben mit einer Marke 200 ccm genau gestellt, das Öl in das innere Gefäß bis zu den Markenspitzen genau eingegossen, mittels eines Glasstabes durchgemischt und das Gefäß mit dem Deckel bedeckt.

Mit Rücksicht auf die Ausdehnung der Öle bei höherer Temperatur ist die genaue Niveaueinstellung erst dann vorzunehmen, wenn das Öl annähernd die Versuchstemperatur angenommen hat.

Sobald das Öl genau die gewünschte Temperatur erreicht hat, was möglichst bald geschehen soll, wird der Holzstift ganz wenig gelüftet, damit sich auch das Ausflußröhrchen mit Öl füllt. Alsdann wird der Holzstift schnell vollständig bei gleichzeitiger Beobachtung der Uhr herausgezogen. Man stellt nun die Zeit fest, binnen welcher das Öl in den Kolben bis zur Marke 200 ccm ausfließt.

Beim Ausfließen wird die Temperatur des Öles genau auf 20° C gehalten, indem man je nach Bedarf warmes oder kaltes Wasser zugibt und fleißig mit dem Rührer bewegt. Die Temperatur des Wassers darf nicht mehr als in Zehntelgraden schwanken.

Auf dieselbe Weise wird die Viskosität bei 50° C bestimmt, das Wasserbad wird jedoch entweder mit einem Gasbrenner oder elektrisch geheizt.

Wenn die Viskosität bei 100° C bestimmt wird, was seltener vorkommt, so muß man zum Wasser je nach dem herrschenden Luftdruck so viel Glyzerin zusetzen (10—20 Proz.), daß das im Wasserbade befindliche Thermometer korrigiert die Temperatur 100,8—101° C anzeigt, damit das im inneren Gefäße befindliche Öl die Temperatur von 100° C erreicht.

Für solche Bestimmungen muß man ein Viskosimeter mit geschlossenem Heizbad nach Holde verwenden, weil bei einem Viskosimeter mit offenem Heizbad bei der Temperatur 100° C leicht eine unzulässige Überhitzung des Ausflußröhrchens stattfinden könnte.

Wenn das Öl durch ausgeschiedene Paraffin- oder Pechteile getrübt ist, so können die Viskositätsbestimmungen bei 20° C erheblichere Unterschiede aufweisen, welche ihren Grund darin haben können, daß infolge starker Temperaturveränderungen vor dem Versuche die bei höherer Temperatur geschmolzenen Partikeln beim kurzen Abkühlen sich nicht vollständig abscheiden, bzw. bei starker Abkühlung des Öles grobkörniger werden und daher bei erhöhter Temperatur sich nicht sogleich auflösen.

Der Unterschied in der Viskosität eines solchen ausgeschiedene Paraffinteile enthaltenden Öles kann ± 6—8 Proz. betragen.

Es empfiehlt sich daher, neben der üblichen Viskositätsbestimmung auch eine solche mit einem anderen Teile des Öles vorzunehmen, welcher vorher 10 Minuten auf 100°C erwärmt wurde, und alsdann noch eine Viskositätsbestimmung mit einem Teile des Öles durchzuführen, welcher eine Stunde auf — 15° C abgekühlt wurde.

Wenn jedoch die Viskosität eines solchen trüben Öles bei 50° C bestimmt wird, so ist die eben beschriebene Vorbehandlung des Öles nicht notwendig, da bei dieser Temperatur sich diese Paraffin- oder Pechteilchen auflösen bzw. schmelzen.

Die Viskosität oder die Zähigkeit des untersuchten Öles wird berechnet, indem man die Sekundenanzahl der Ausflußdauer beim Öle durch die Sekundenanzahl der Ausflußdauer bei Wasser von 20° C dividiert.

Die dadurch ermittelte Zahl bedeutet die sog. Englergrade; zu dieser Zahl schreibt man den Buchstaben E, z. B. 10° E bedeutet 10 Englergrade.

Die Bestimmung der Viskosität ist bei dickeren Ölen manchmal sehr langwierig, sie dauert zu lange, häufig stehen kleinere Ölmengen zur Verfügung als die zur üblichen Probe notwendigen. In solchen Fällen kann man die Viskosität auch mit kleineren Ölmengen bestimmen, z. B. mit 50 oder 100 ccm unter Anwendung von entsprechend kleineren Meßkolben.

Im ersteren Falle läßt man bei einer normalen Füllung des Viskosimeters (240 ccm) z. B. nur 50 ccm Öl ausfließen und bestimmt die Ausflußzeit.

Weil aber die Flüssigkeit am Anfange unter einem höheren Drucke ausfließt, so stehen die Ausflußzeiten von 20, 50 und 100 ccm zu derjenigen von 200 ccm in einer bestimmten Beziehung, und es muß daher die Ausflußzeit von 200 ccm aus den anderen berechnet werden.

Man erhält sie, wenn man die Ausflußzeit von 20 ccm Öl mit 11,95, diejenige von 50 ccm mit 5,03 und diejenige von 100 ccm mit 2,352 multipliziert.

Ubellohde hat Tabellen zum Englerschen Viskosimeter zusammengestellt, aus welchen man die Viskositäten für die Ausflußzeiten von 50, 100 und 200 ccm bei einem Wasserwert des Apparates von 50—52 Sekunden unmittelbar entnehmen kann[1]).

Stehen nur kleinere Ölmengen zur Verfügung, so füllt man in das Viskosimeter nur die zur Verfügung stehende Ölmenge, bestimmt die Ausflußzeit eines aliquoten Teiles bei 20° C und rechnet diese nach den beigefügten, für eine bestimmte Ölmenge, z. B. 45 ccm Öl, von Gans angegebenen Faktoren auf 200 ccm um.

---

[1]) L. Ubellohde, Tabellen zum Englerschen Viskosimeter, 1907, Verlag von S. Hirzel in Leipzig.

Füllung des Viskosimeters ccm	25	45	45	50	50	60	120
Abgelassene Ölmenge ccm . .	10	20	25	20	40	50	100
Faktor	13	7,25	5,55	7,3	3,62	2,79	1,65

Wer den Englerschen Apparat nicht besitzt, der kann für technische Zwecke die Viskosität annähernd nach Schulz[1]) mit folgender einfacher Einrichtung bestimmen: eine 18—20 cm lange, auf einer Seite in eine Spitze von ungefähr 1 mm Öffnung ausgezogene Glasröhre von 5 mm innerem Durchmesser wird mit einer provisorischen Millimeterskala beklebt und vorher versuchsweise kalibriert.

Zu diesem Zwecke wird in diese Glasröhre ein 20 ° C warmes Öl von bekannter Viskosität, z. B. von 5° E, bis zu einer bestimmten Stelle eingesogen. Alsdann läßt man durch die enge Öffnung das Öl frei ausfließen, und sobald der ununterbrochen ausfließende Ölstrahl in einzelne Tropfen zerreißt, verschließt man die obere Öffnung rasch mit dem Zeigefinger und liest nun an der Skala den unteren Ölmeniskus ab, d. i. die Stelle, bis zu welcher sich die nach unten gewölbte Oberfläche des Öles vertieft.

Nach dem Ergebnisse dieses ersten Versuches wird die Ausflußöffnung nach Bedarf durch leichtes Zuschmelzen verengt oder durch Abschleifen auf Glaspapier erweitert, so daß der Teilstrich für die Viskosität 5° E etwa 20 mm von der Ausflußöffnung entfernt ist, was man nachher durch einen erneuten Versuch feststellt. In diesem Falle sind dann die einzelnen Teilstriche für 1° E 3—5 mm voneinander entfernt.

In derselben Weise, wie eben beschrieben, werden mit dieser Röhre die Ausflußzeiten von etwa 4—5 Ölen von verschiedener Viskosität bestimmt. Nach diesen Ergebnissen bestimmt man graphisch die wirkliche Viskositätsskala, welche dann auf der Röhre statt der Millimeterskala passend befestigt wird.

Mit der so eingerichteten Röhre kann man die Viskosität der Öle von 5—30° E bei 20° C bis auf 1° E genau bestimmen. Bei Ölen von einer Viskosität über 30° E läßt sich der Apparat nicht mehr gut verwenden.

Von anderen zahlreichen, für diesen Zweck vorgeschlagenen Apparaten sind die wichtigsten das Viskosimeter von Redwood, Lamansky-Nobel und Sayboldt.

Das Viskosimeter von Redwood wird in England verwendet

<hr>

[1]) F. Schulz, Ein Schnellviskosimeter. Chemiker-Zeitung 1908, S. 891; siehe auch A. Speedy, Ein einfacher Apparat zur Bestimmung der Viskosität, Chemiker-Zeitung 1917, chem.-techn. Übersicht, S. 205.

und ist im allgemeinen dem Englerschen Apparate ähnlich. Bei diesem Apparate wird die Ausflußzeit für 50 ccm Öl bestimmt.

Das Lamansky-Nobelsche Viskosimeter wird vorzugsweise in Rußland verwendet. Bei demselben wird auch wie bei dem Englerschen Apparat die Ausflußzeit einer bestimmten Ölmenge ermittelt, aber mit dem Unterschiede, daß hierbei eine Vorrichtung getroffen ist, daß das Öl unter konstantem Druck ausfließt, was ein wesentlicher Vorteil des Apparates ist.

Die zu dem Versuche nötige Ölmenge beträgt 400 ccm. Bei diesem Apparate wird die Ausflußzeit von 100 ccm Öl bei 50° C mit der Ausflußzeit von 100 ccm Wasser bei gleicher Temperatur verglichen. Da der Druck des Öles stets gleich ist, so läßt sich aus der Ausflußzeit eines kleineren Volumens als 100 ccm auch die Ausflußzeit der vorgeschriebenen 100 ccm Öl direkt berechnen.

Das Verhältnis zwischen den Viskositätsgraden nach Engler und denjenigen nach Lamansky-Nobel ist annähernd gleich, so daß man die Englerschen Grade auf Lamansky-Nobelsche Grade und umgekehrt umrechnen kann.

Für dünnflüssige Öle beträgt das Verhältnis:

$$\frac{\text{Lamansky-Nobel-Grade}}{\text{Englergrade}} \ .\ .\ 1{,}13 - 1{,}18$$

für dickflüssige Öle (Zylinderöle):

$$\frac{\text{Lamansky-Nobel-Grade}}{\text{Englergrade}} \ .\ .\ 1{,}20 - 1{,}26$$

Das Viskosimeter von Sayboldt wird hauptsächlich in Amerika verwendet; der Apparat weicht in seiner Konstruktion von dem Englerschen Apparate erheblich ab. Derselbe besteht hauptsächlich aus einem 3 cm weiten und 8 cm langen Messingrohr von etwa 66 ccm Inhalt, welches unten verengt und mit einem Verschlußstift versehen ist. Dieses Rohr befindet sich in einem Wasserbade befestigt. Bei dem Versuch wird die Zeit ermittelt, binnen welcher 60 ccm Öl ausfließen.

In Frankreich wird ein sogenanntes Ixometer von Barbey verwendet, bei welchem aber nicht die Viskosität, sondern die Anzahl ccm Öl, welche den Apparat binnen 10 Minuten durchfließen, bestimmt wird.

Der Apparat von Engler gestattet, wie schon auf S. 115 bemerkt wurde, weder die absolute innere Reibung[1]), noch

---

[1]) Unter absoluter innerer Reibung versteht man die in absolutem Maß ausgedrückte Kraft μ, die nötig ist, um eine Flüssigkeitsschicht von 1 qcm Oberfläche über eine gleich große, 1 cm entfernte Schicht mit der Geschwindigkeit von 1 cm/sec. zu verschieben. Für Wasser von 20° C ist $\mu = 0{,}010164$. Gewöhnlich setzt man aber die

die spezifische Zähigkeit zu bestimmen, diese lassen sich jedoch nach der von Ubellohde angestellten Formel berechnen oder mit besonderen Apparaten bestimmen. Bezüglich der Bestimmung der spezifischen Zähigkeit verweise ich auf das Werk von Holde.

Die von Ubellohde[1]) aufgestellte Formel zur annähernden Berechnung der spezifischen Zähigkeit lautet:

$$Z = s\left(4{,}072\,E - \frac{3{,}514}{E_1}\right)$$

wobei Z die gesuchte spezifische Zähigkeit bei irgendeiner Temperatur, bezogen auf Wasser von $0° = 1$, s das spezifische Gewicht des Öles bei der Versuchstemperatur, E Englergrade des Öles, bezogen auf die Auslaufzeit des Wassers bei $20° = 1$ bedeuten.

Wenn der Wert für Eng'ergrade größer ist als 10, so kann man die vereinfachte Formel

$$Z = s \cdot 4{,}072\,E$$

benutzen.

Da bei der Erzeugung von Mineralölen auch verschiedene Ölsorten vermischt werden, um eine bestimmte Viskosität zu erhalten, welche z. B. von dem Konsumenten vorgeschrieben wird, so ist es wünschenswert, die Viskosität eines Ölgemisches berechnen zu können, ohne dieselbe neuerdings bestimmen zu müssen.

Der Flüssigkeitsgrad von Ölmischungen läßt sich aber nach einfacher Mischungsregel nicht berechnen, da die durch direkte Bestimmung erhaltenen Werte stets niedriger sind als die berechneten. Die Viskosität von Ölmischungen muß daher nach einer besonderen Formel berechnet werden.

Die zu diesem Zwecke aufgestellte Formel von Pyhälä soll nach Molin nicht ganz richtig sein, wogegen die Formel von F. Schulz kompliziert und daher die Berechnung etwas zeitraubend ist.

Molin[2]) hat daher auf Grund graphischer Darstellungen eine Tabelle angegeben, nach welcher man die Viskosität des Gemisches von zwei Mineralölen bekannter Viskosität in einem bekannten Mischungsverhältnisse leicht berechnen kann.

Zähigkeit des Wassers $= 1$ und bezieht auf diese Einheit die Zähigkeit anderer Flüssigkeiten; in diesem Sinne spricht man von spezifischer Zähigkeit.

[1]) Chem. Ztg. 1907, S. 38. Ubellohde hat auch Tabellen zusammengestellt, mit deren Hilfe sich die spez. Zähigkeit leicht berechnen läßt.

[2]) Siehe E. Molin, Einfache Methode zur Berechnung des Viskositätsgrades von Mineralölmischungen. Chemiker-Zeitung 1914, S. 857.

Tabelle für die Berechnung der Viskositätsgrade von Ölmischungen bei 20° C.

1 Viskos. E.	2 Vol. %	3 Diff. entspr. 0,01° E.
2,50	0,00	
		0,250
2,60	2,50	
		0,230
2,70	4,80	
		0,200
2,80	6,80	
		0,187
2,90	8,67	
		0,167
3,00	10.33	
		0,166
3,10	12,00	
		0,143
3,20	13,43	
		0,143
3,30	14,86	
		0,139
3,40	16,25	
		0,125
3,50	17,50	
		0,125
3,60	18,75	
		0,125
3,70	20,00	
		0,111
3,80	21,11	
		0,111
3,90	22,22	
		0,108
4,00	23,30	
		0,100
4,10	24,30	
		0,100
4,20	25,30	
		0,097
4,30	26,27	
		0,091
4,40	27,18	
		0,090
4,50	28,08	
		0,084
4,60	28,92	
		0,083
4,70	29,75	
		0,079
4,80	30,54	
		0,077
4,90	31.31	
		0,076
5,00	32,07	
		0,072
5,10	32,79	
		0,071

1 Viskos. E.	2 Vol. %	3 Diff. entspr. 0,01° E.
5,20	33,50	
		0,070
5,30	34,20	
		0,068
5,40	34.88	
		0,067
5,50	35.53	
		0,066
5,60	36.19	
		0,062
5,70	36,81	
		0,060
5,80	37,41	
		0,059
5,90	38,00	
		0,059
6,00	38.59	
		0,051
7,00	43,68	
		0,043
8,00	47,96	
		0,037
9,00	51,62	
		0,032
10,00	54,82	
		0,029
11,00	57,69	
		0,025
12,00	60,24	
		0,023
13,00	62,52	
		0,021
14,00	64,58	
		0,019
15,00	66,44	
		0,017
16,00	68.13	
		0,016
17,00	69,68	
		0,015
18,00	71,14	
		0,013
19,00	72,48	
		0,013
20,00	73.74	
		0,012
21,00	74.93	
		0,011
22,00	76,05	
		0,011
23,00	77,11	
		0,010
24,00	78,11	
		0,010

1 Viskos. E.	2 Vol. %	3 Diff. entspr. 0,01° E.
25,00	79,07	
		0,009
26,00	79,99	
		0,009
27,00	80,86	
		0,008
28,00	81,70	
		0,008
29,00	82,51	
		0,008
30,00	83,29	
		0,008
31,00	84,04	
		0,007
32,00	84,77	
		0,007
33,00	85,47	
		0,007
34,00	86,16	
		0,007
35,00	86,82	
		0,007
36,00	87,46	
		0,006
37,00	88,09	
		0,006
38,00	88,70	
		0,006
39,00	89,29	
		0,006
40,00	89,87	
		0,006
41,00	90,42	
		0,005
42,00	90,92	
		0,005
43,00	91,42	
		0,005
44,00	91,90	
		0,005
45,00	92,40	
		0,004
46,00	92,80	
		0,004
47 00	93,20	
		0,004
48,00	93,60	
		0,004
49,00	94.00	
		0,004
50,00	94,35	

Die Benutzung der beigegebenen Tabelle, welche für die Viskositätsgrade bei 20° C gilt, geschieht folgendermaßen:

Man sucht in der ersten Reihe den Viskositätsgrad der ersten Komponente des Ölgemisches auf, liest in der zweiten Reihe die entsprechende Volumprozentzahl ab und multipliziert diese Zahl mit $\frac{P}{100}$, wobei P den Prozentgehalt der Komponente in Raumteilen angibt. Der gefundene Wert sei x. Mit der zweiten Komponente wird ebenso verfahren. Der ermittelte Wert sei y. Die Summe beider Werte $(x + y)$ sucht man nunmehr in der Reihe 2 auf und liest den entsprechenden Viskositätswert in der Reihe 1 ab. Dieser ist die gesuchte Viskositätszahl des Gemisches.

Diese Berechnung gilt aber für Mischungen von Mineralölen und fetten Ölen nicht, weil die Viskosität eines Ölgemisches durch die Gegenwart eines Mineralöles mehr erniedrigt wird, als durch diejenige eines fetten Öles von derselben Viskosität.

Mischt man einerseits gleiche Volumteile eines Mineralöles und eines fetten Öles und andererseits gleiche Volumteile desselben Mineralöles mit einem anderen Mineralöle von der genau gleichen Viskosität wie das genannte fette Öl, so ergibt sich, daß die Mischung von zwei Mineralölen einen niedrigeren Viskositätsgrad zeigt, als die Mischung des Mineralöles mit dem fetten Öle; der Unterschied ist ein wesentlicher.

Verdampfbarkeit des Öles.

Mineralöle verdampfen erst bei höheren Temperaturen; da sie aber Gemische von Kohlenwasserstoffen darstellen, welche bei verschiedenen Temperaturen sieden, so verdampfen die in Ölen anwesenden niedriger siedenden Bestandteile schon unter dem Siedepunkte des Öles, und zwar um so mehr, je höherer Temperatur das Öl ausgesetzt wird.

Je leichter daher ein Öl verdunstet, um so größer ist der Verbrauch an demselben. Aus diesem Grunde empfiehlt es sich mitunter, auch die Verdampfbarkeit des Öles zu bestimmen, und dies namentlich in denjenigen Fällen, in welchen ein verhältnismäßig niedriger Entflammungspunkt gefunden wird.

Die Probe wird in einer von Holde angegebenen Vorrichtung[1]) in der Weise durchgeführt, daß man eine abgewogene Menge Öl in einem Tiegel, wie derselbe beim Pensky- oder Marcussonschen Apparate zur Entflammungspunktbestimmung verwendet wird, bei der Temperatur von 100 oder 200° C und, wenn es nötig erscheint, auch bei der Temperatur 300° C in einem, zu diesem Zwecke besonders konstruierten Dampfbade zwei Stunden erhitzt und den Tiegel samt Öl nach dem Erkalten wiegt.

Als Flüssigkeiten für das Heizbad dienen verschiedene Stoffe, welche über 100° C sieden, wie Kochsalzlösung, Toluol, Anilin, Nitrobenzol, Anthrazen usw.

Statt des von Holde angegebenen Heizbades kann man sich auch selbst ein zweckentsprechendes Heizbad herstellen.

---

[1]) Siehe Holde, Kohlenwasserstofföle und Fette, S. 170.

Zyl:nderöle, welche einen Entflammungspunkt von 250 bis 300° C aufweisen, verlieren nach zweistündigem Erhitzen auf 200° C durch Verdampfen 0,03—0,1 Proz., nur selten 0,13 Proz.; bei zweistündigem Erhitzen auf 300° C beträgt der Verlust bei einem solchen Öle 0,2—1,2 Proz., selten über 2,3 Proz.

Die Verdampfbarkeit wird praktisch nur bei denjenigen Ölen, welche zum Schmieren der Hochdruckdampfmaschinen oder Maschinen mit überhitztem Dampf dienen sollen, sowie bei den Ölen für Dampfturbinen oder für Transformatoren ermittelt.

Entflammungs- und Entzündungspunkt.

Unter Entflammungspunkt versteht man denjenigen Wärmegrad, bei welchem sich die durch Erwärmen des Öles entwickelten Gase und Dämpfe bei einer vorübergehenden Annäherung einer Flamme entzünden, ohne daß sich aber das Öl selbst an der Oberfläche entzündet und weiter brennt.

Der Entzündungspunkt ist diejenige Temperatur, bei welcher sich das erwärmte Öl durch Annäherung einer Flamme entzündet und weiter brennt.

In der Bestimmung des Entflammungs- bzw. des Entzündungspunktes herrscht keine Einheitlichkeit; man verwendet dazu sowohl geschlossene als auch offene Apparate verschiedener Konstruktionen, deren Ergebnisse voneinander bedeutend abweichen.

Zu den geschlossenen Apparaten gehört der Abelsche Prober, welcher jedoch nur für die unter 50° C entflammenden Öle benutzt wird, und der Pensky-Martensche Apparat, welcher die Untersuchung der Öle bei einer höheren Temperatur gestattet, aber kompliziert und daher teuer ist.

Während bei dem Abelschen Apparate zum Erwärmen des Öles ein Wasserbad verwendet und das Zündflämmchen mittels Uhrwerkes betrieben wird, ist bei dem Pensky-Martensschen Apparate ein Luftbad vorgesehen und die Bewegung des Zündflämmchens erfolgt durch die Hand.

Bei der Untersuchung der niedriger entflammenden Öle mit dem Abelschen Apparate wird der Barometerstand, wie es bei der Untersuchung von Petroleum geschieht, nicht berücksichtigt.

Für Eisenbahnwagenöle benutzt man einen von den preußischen Bahnverwaltungen vorgeschriebenen Apparat mit offenem Behälter.

Zur Bestimmung des Entflammungspunktes von Maschinen- und Zylinderölen, welche einen höheren Entflammungspunkt haben, wird der Brenkensche, von Marcusson vervollkommnete Apparat verwendet.

Dieser Apparat (Fig. 10) besteht aus einem Porzellantiegel a von 4×4 cm Größe, welcher in einer Sandbadschale s erwärmt wird. Der Tiegel ist 10 mm unterhalb des Randes mit einem ringförmigen Ansatz versehen; mittels dieses Ansatzes kann der Tiegel in den Einsatz der Schale so eingehängt werden, daß sich sein Boden 2 mm hoch über dem Boden der Sandbadschale befindet; außerdem wird der Tiegel mit zwei kleineren Riegeln festgehalten. Diese Anordnung bezweckt auch, die Entfernung des Tiegels vom Zündrohr gleich hoch zu halten.

Die Zündvorrichtung z ist mechanisch so eingerichtet, daß die Zündflamme in der Ebene des Tiegelrandes über dem Öl wagerecht von Grad zu Grad einmal hin- und einmal hergeführt wird.

Der Tiegel ist mit zwei 10 und 15 mm vom oberen Rand entfernten Strichmarken versehen, und zwar werden die Maschinenöle bis zur oberen, Zylinderöle bis zur unteren Strichmarke angefüllt, da sie infolge der stärkeren Ausdehnung beim Erhitzen leicht überlaufen können. Der Tiegel wird bis zur Höhe der Öloberfläche in Sand eingebettet.

Für technische Analysen genügt aber die folgende einfache Vorrichtung:

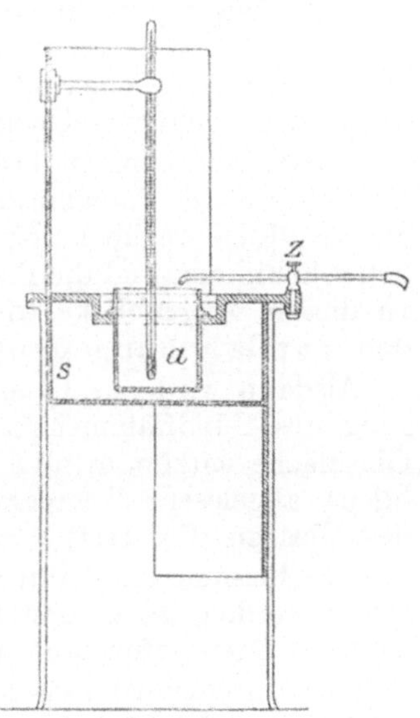

Fig. 10.

Eine konische, 6 cm hohe Eisenschale, oben 10 cm, unten 7,5 cm im Durchmesser, wird teilweise mit nicht zu feinkörnigem trockenem Sand gefüllt und in diesen ein Tiegel aus 1 mm starkem Eisenblech von 4×4 cm Größe so eingebettet, daß sein Boden von dem Boden der Schale 4 mm entfernt ist und im Sand 3 cm tief sitzt.

Statt des Eisentiegels kann man zu diesem Zwecke auch einen Porzellantiegel der angegebenen Dimensionen verwenden.

In den Tiegel wird das Öl bis 3 cm hoch gefüllt und in die Mitte desselben ein Thermometer mit kurzem Quecksilbergefäß so eingehängt, daß sein Quecksilbergefäß sich gerade unter der Oberfläche des Öles befindet.

Die Sandbadschale wird bis zu 100° C stärker und dann mäßig so erhitzt, daß die Temperatur von 120° C ab nur allmählich, und zwar um 3°, höchstens 5° C in einer Minute steigt. Von

Zeit zu Zeit wird in den Tiegel ungefähr 5 mm über der Oberfläche des Öles eine kleine Zündflamme geführt, welche folgendermaßen hergestellt wird:

Auf einen mit einer Öse versehenen Nickeldraht wird ein
kurzer Asbestfaden umgewickelt, der Asbest wird mit Spiritus
benetzt, dieser angezündet und das Flämmchen über dem Tiegel,
wie oben angegeben wurde, geführt.

Statt dieser Vorrichtung benutzt man auch eine kleine Gas-
flamme. Man setzt an ein mit der Gasleitung verbundenes Kaut-
schukrohr eine in eine Spitze ausgezogene Röhre auf und befestigt
sie in eine drehbare Klemme.

Sobald aus dem Öl brennbare Dämpfe austreten, entzünden
sie sich bei der Annäherung des Flämmchens. Es erscheint in
diesem Momente über der ganzen Oberfläche des Öles ein bläu-
licher Schimmer und die Flamme erlischt mit einem kleinen Knall.
In diesem Augenblicke wird die Temperatur abgelesen, sie gibt
den Entflammungspunkt (open test) an.

Alsdann wird das Öl weiter erhitzt unter zeitweiser Annäherung des Zündflämmchens, bis sich das Öl schließlich an der
Oberfläche entzündet und weiter brennt. Die in diesem Augenblicke abgelesene Temperatur gibt den Endzündungspunkt
des Öles an (fire test).

Die Flamme muß durch Blasen in den Tiegel sofort ausge-
löscht werden, damit das Thermometer nicht springt; man zieht
letzteres auch sofort aus dem Öl heraus.

Der Unterschied zwischen Entflammungs- und Entzündungspunkt kann 20—60° C betragen.

Bei genauen Untersuchungen wird die Korrektur für den aus
dem Öle herausragenden Quecksilberfaden sowie der etwaige
Fehler des Thermometers berücksichtigt, in der Praxis wird jedoch meist die erstere Korrektur vernachlässigt und man gibt
den Entflammungs- und Entzündungspunkt nach dem Stande
des Thermometers an.

Der Raum, in welchem die Probe ausgeführt wird, muß frei
von jedem Luftzug sein; man soll sie daher nicht im Digestorium
vornehmen. Auch empfiehlt es sich, diese Probe bei gedämpfter
Beleuchtung vorzunehmen, damit man bei der Entflammungs-
bestimmung das Aufflammen der entstehenden Gase nicht über-
sieht.

Beide Proben, Entflammungs- und Entzündungspunktbestim-
mung, werden mit frischen Ölmengen nochmals unternommen
die Unterschiede der Temperaturen sollen nicht mehr als 3° C
betragen.

Schon geringe Mengen Wasser im Öl haben einen Einfluß auf den Entflammungspunkt; man beobachtet oft, daß das Zündflämmchen selbst durch den gebildeten Wasserdampf vorzeitig erlischt.

Man soll sich allerdings vor der Entflammungspunktbestimmung überzeugen, ob das Öl kein Wasser enthält (s. den Absatz »Wassergehalt«), und falls das Öl Wasser enthält, so muß man es vorher mit wasserfreiem, geschmolzenem Kalziumchlorid, welches das Wasser aufnimmt, durchschütteln und filtrieren.

Die Unterschiede zwischen den in geschlossenen Apparaten (Pensky-Martens) und im offenen Tiegel bestimmten Flammpunkten können beträchtlich sein, da schon geringe Mengen leichtflüchtiger Dämpfe, welche im offenen Tiegel ungehindert entweichen, den Entflammungspunkt im Pensky-Apparate oft stark herabdrücken. So drückt z. B. ein ganz geringer Benzinzusatz zum Schmieröl den Entflammungspunkt im Pensky-Apparat um 20° C, ja sogar bis um 80° C herab. Daher sind die gefundenen Werte nur für einen und denselben Apparat vergleichbar.

Die bei niedriger entflammenden Ölen mittels Pensky-Apparates erhaltenen Zahlen kann man jedoch mit denjenigen mittels Abelschen Apparates festgestellten vergleichen.

Der Entflammungspunkt, in geschlossenen Apparaten bestimmt, liegt stets niedriger als jener, welcher in offenen Apparaten ermittelt wurde.

Es würde sich empfehlen, auch hier einen bestimmten Apparat einzuführen und dadurch die Unsicherheit in der Beurteilung der Öle in dieser Richtung zu beseitigen.

Erstarrungs-, Trüb-, Stock- und Schmelzpunkt.

Unter Erstarrungspunkt versteht man denjenigen Wärmegrad, bei welchem das Öl in einen nicht fließbaren Zustand übergeht.

Flüssige Pflanzen- und Tieröle verwandeln sich durch die Einwirkung der Kälte in eine talgartige, Mineralöle in eine weiche, salbenartige Masse. Helle, paraffinarme Mineralöle erstarren mitunter gelatinös und bleiben dabei klar.

Zur Erstarrungspunktbestimmung der Öle bedient man sich der im folgenden beschriebenen Einrichtung (Fig. 11): In einen 10 cm hohen Porzellan- oder Eisentopf *a* von 20 cm Durchmesser stellt man auf eine 1 cm dicke Unterlage ein kleineres rundes Gefäß *b* aus Eisenblech von 10 cm Durchmesser und ebensolcher Höhe, welches mit einer 10—20proz. Salzlösung gefüllt wird. In das äußere Gefäß wird feingestoßenes Eis und, wenn

es sich um die Abkühlung unter Null handelt, ein Gemisch von
2 Teilen Eis oder Schnee und 1 Teil Kochsalz gefüllt.

Das äußere Gefäß wird mit einem Tuch umgewickelt und
bedeckt, um eine Erwärmung von außen zu vermeiden. Alsdann
werden in ein Reagenzglas von 15 mm lichter Weite 3—4 ccm des
zu prüfenden Öles gebracht und in dasselbe ein dünnes Thermometer mittels eines Korkstöpsels derart befestigt, daß sein Queck-

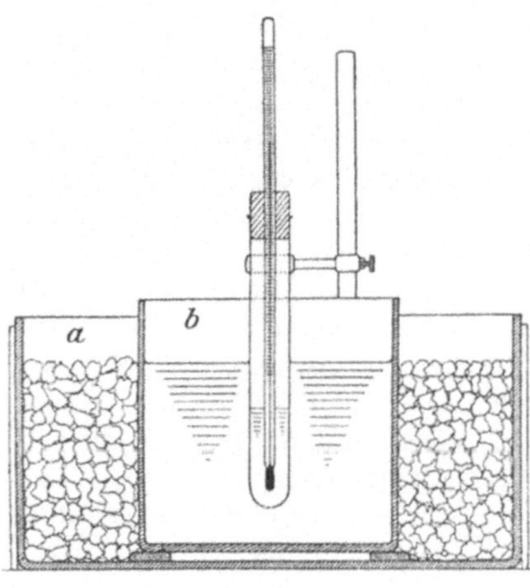

Fig. 11.

silbergefäß in das Öl ein-
taucht. Das Reagenzglas mit
Öl wird hierauf in die Salzlösung gestellt und langsam
gekühlt.

Das Öl nimmt die äußere
Temperatur nur allmählich
an, auch das im Öl fallweise
anwesende Paraffin scheidet
sich nur langsam ab; aus
diesem Grunde soll die Kühlung länger, wenigstens eine
Stunde, dauern.

Um die Überkühlung der
im inneren Gefäße enthaltenen Salzlösung zu vermeiden,
schabt man den gefrorenen
Teil derselben von den Wan-
dungen ab und nimmt das innere Gefäß von Zeit zu Zeit aus
der Kältemischung heraus.

Von Zeit zu Zeit nimmt man das Reagenzglas aus der Salzlösung heraus und neigt es langsam ohne Erschütterung und ohne
Rühren.

Sobald das Öl zu fließen aufhört und salbenartig fest erscheint, liest man an dem Thermometer den Erstarrungspunkt
(cold test) ab.

Hierbei muß die Korrektur für den aus dem Öl herausragenden
Quecksilberfaden des Thermometers berücksichtigt werden[1]).

---

[1]) Die Korrektur k für die Temperatur t wird nach der Formel

$$k = \frac{(t - a)\ (t - t_1)}{6300 - (t - a)}$$

berechnet, wobei t die abgelesene Temperatur, t_1 die mittlere Temperatur des herausragenden Quecksilberfadens, praktisch die Temperatur
der umgebenden Luft, a den Grad, bis zu welchem das Thermometer in
die Flüssigkeit getaucht ist, $(t - a)$ die Länge des aus der Flüssigkeit
herausragenden Quecksilberfadens in Graden bedeutet.

Das Öl im Reagenzglas soll beim Kühlen aus dem Grunde nicht erschüttert werden, weil dadurch die schuppen- und netzartige Abscheidung von Paraffin- oder Pechteilchen gestört und somit das Gefrieren bedeutend verzögert wird.

Durch Erwärmen der Öle vor der Abkühlung können sich die im Öl verteilten Paraffin- oder Pechteilchen auflösen, sie scheiden sich jedoch mitunter nicht gleich aus, wodurch das Öl einen anderen Gefrierpunkt aufweisen kann.

Solche Veränderungen, welche namentlich der kolloiden Natur der Mineralölbestandteile zuzurechnen sind, können auch eintreten, wenn das erwärmte Öl auf die Zimmertemperatur gebracht und dann wiederum abgekühlt wird.

Es kann daher in der Praxis vorkommen, daß Öle, welche beim Lagern oder Versenden Temperaturveränderungen ausgesetzt wurden, zu verschiedenen Zeiten untersucht, bedeutend abweichende Erstarrungspunkte aufweisen.

Aus diesem Grunde wird das Öl regelmäßig so auf seinen Erstarrungspunkt geprüft, wie es zur Probe geliefert wurde. Alsdann wird das Öl 10 Minuten lang auf 50 °C erwärmt und weiter einer 30 Minuten dauernden Kühlung auf 20 °C unterworfen.

Enthält das Öl Wasser, so muß man es vorher mit wasserfreiem Kalziumchlorid durchschütteln und filtrieren, da ein wasserhaltiges Öl leicht übergekühlt wird, ohne zu erstarren.

Liegt ein Gemisch von Mineral- und fettem Öl vor, so wird eine Probe unter Vermeidung von Bewegung und eine andere Probe unter eine Viertelstunde dauerndem Umrühren mit einem Glasstabe vorgenommen, da ohne zeitweilige Bewegung der Probe das Fettöl im Gegensatz zum Mineralöl infolge der Überkühlung mehrere Stunden lang unter seinem Erstarrungspunkt flüssig bleiben kann. Die Kühlung soll wenigstens 4 Stunden dauern.

Nicht selten handelt es sich darum, die Frage zu beantworten, ob das zu prüfende Öl bei einer bestimmten Temperatur noch flüssig bleibt. In einem solchen Falle bringt man in das innere Gefriergefäß bestimmte Salzlösungen, welche bei einer bekannten Temperatur gefrieren.

So gefriert die Lösung:

von 13 g Kaliumnitrat in 100 ccm Wasser bei −3 °C,

von 13 g Kaliumnitrat und 3,3 g Natriumchlorid in 100 ccm Wasser bei −5 °C,

von 22 g Kaliumchlorid in 100 ccm Wasser bei −10 °C,

von 25 g Ammoniumchlorid in 100 ccm Wasser bei −15 °C,

von 36 g Natriumchlorid in 100 ccm Wasser bei −20 °C.

Diese Lösungen werden mit einem oben bezeichneten Gemisch von Eis und Kochsalz allmählich gekühlt.

9*

Bei diesem Verfahren ermittelt man durch eine Vorprobe den Stockpunkt des zu prüfenden Öles, um bei dem Versuche die Benutzung verschiedener Salzlösungen zu vermeiden und eine geeignete Salzlösung gleich wählen zu können.

Ist eine noch niedrigere Temperatur notwendig, so gießt man in das innere Gefäß Spiritus ein, in das äußere Gefäß schüttet man feste Kohlensäure ein; man erzielt so die Temperatur $-25°$ bis $-30°$ C.

Aus den oben angeführten Gründen muß man das zu untersuchende Öl wenigstens eine Stunde langsam kühlen und es dabei der Ruhe überlassen.

Außer dem Erstarrungspunkte wird mitunter auch der Trüb- und Stockpunkt des Mineralschmieröles bestimmt. Es wird dabei so verfahren, wie es auf S. 84 beschrieben wurde.

Alle drei Bestimmungen, Trüb-, Stock- und Erstarrungspunkt, können zu gleicher Zeit ausgeführt werden, und zu diesem Zwecke wird das zu untersuchende Öl in drei Reagenzgläser gefüllt.

In das Reagenzglas, in welchem der Stockpunkt beobachtet wird, bringt man statt des Thermometers lose einen Glasstab. Durch zeitweises Heben des Glasstabes bestimmt man den Punkt, bei welchem das Öl noch breiartig bleibt. Die Temperatur der Salzlösung und somit die Temperatur des Öles wird an einem Thermometer abgelesen.

Ein anderes Verfahren zur Ermittelung des Verhaltens der Schmieröle beim Abkühlen ist die sog. U-Rohrmethode, welche von den preußischen Bahnverwaltungen vorgeschrieben ist.

Dieses Verfahren besteht darin, daß man das vorbehandelte Öl in besondere zweischenkelige Röhren bis zur an den Röhren angebrachten Marke füllt, in einer bestimmten Kältelösung eine Stunde kühlt, sodann die längeren Schenkel der U-Röhren mit einem Druckerzeuger verbindet und das Öl einem Drucke von 50 mm Wassersäule 1 Minute aussetzt. Dann nimmt man die U-Röhren aus dem Kältebade heraus und liest an der Skala des kürzeren Schenkels die Höhe, bis zu welcher das Öl durch den Druck gestiegen ist, ab, was man nach dem Rückfließen des Öles infolge der Benetzung der Glaswandung erkennen kann. Die Aufstieghöhe bildet das Maß für das Verhalten der Öle beim Abkühlen.

Da diese Methode bei der Untersuchung von Automobilzylinderölen bisher nicht eingeführt ist, so sehe ich von deren ausführlicher Beschreibung ab und verweise auf das Werk von Holde.

Den Schmelzpunkt eines festen Schmiermittels bestimmt man auf folgende Weise: Man taucht das Quecksilbergefäß eines

Thermometers in das geschmolzene Schmiermittel und zieht es wieder langsam heraus. Nach dem Abkühlen bildet sich an dem Thermometer eine schwache Schicht des erstarrten Schmiermittels. Das Thermometer wird mittels eines Korkstöpsels in ein Reagenzglas derart befestigt, daß sein Quecksilbergefäß etwa 1 cm vom Boden entfernt ist und das Reagenzglas wird samt dem Thermometer wenigstens 6 Stunden der Ruhe überlassen.

Nach dieser Zeit wird das Reagenzglas bis zur Hälfte in ein etwa 1 l fassendes, mit Wasser gefülltes Becherglas getaucht und befestigt.

Das Wasser wird nun allmählich so erwärmt, daß die Wärme um etwa 1° C in der Minute steigt. Sobald sich unter dem Quecksilbergefäße aus der festen Substanz ein flüssiger Tropfen gebildet hat, liest man an dem Thermometer den Schmelzpunkt des Schmiermittels ab.

Bei flüssigen Ölen wird deren Schmelzpunkt zugleich mit dem Erstarrungspunkte bestimmt. Nachdem das Öl bei der Probe zum Erstarren gebracht worden ist, zieht man das Reagenzglas aus dem Kühlgefäß heraus und stellt denjenigen Temperaturgrad fest, bei welchem das Öl beim Neigen des Reagenzglases eben zu fließen anfängt. Der Schmelzpunkt liegt gewöhnlich wenige Grade höher als der Erstarrungspunkt.

Brechungskoeffizient.

Mitunter ist es von Vorteil, den Brechungskoeffizienten des Öles zu bestimmen; diese Bestimmung dient hauptsächlich zum Nachweise von Harzölen in Mineralölen. Der Brechungskoeffizient der Mineralöle nimmt mit dem Siedepunkte derselben zu und ist im allgemeinen höher als bei Pflanzen- und Tierölen, jedoch niedriger als bei Harzölen.

Der Brechungskoeffizient von hellen, durchsichtigen Maschinenölen liegt bei 15° C zwischen 1,4950 und 1,5175. So hat Spindelöl einen Brechungskoeffizienten von 1,5028, Automobilzylinderöl einen Brechungskoeffizienten von 1,5175.

Bei Pflanzen- und Tierölen liegt der Brechungskoeffizient bei 15° C zwischen 1,4700—1,4880; so hat z. B. Rüböl einen Brechungskoeffizienten von 1,4780, Olivenöl von 1,469—1,470, Knochenöl von 1,4871 usw. Hochsiedende Harzöle haben bei 15° C einen Brechungskoeffizienten von 1,530—1,550.

Bei dunklen Ölen läßt sich der Brechungskoeffizient überhaupt nicht bestimmen, da die Grenze zwischen Licht und Schatten im Refraktometer ganz verschwommen erscheint.

Optisches Drehungsvermögen.

Optisches Drehungsvermögen von Ölen ist in manchen Fällen von besonderer Wichtigkeit, weil man auf Grund dessen dadurch einige Öle identifizieren oder auf deren Anwesenheit in Mineralölen schließen kann.

Mineralöle zeigen, in eine 200 mm lange Polarisationsröhre gefüllt, in einem Halbschattenapparat eine Rechtsdrehung von $0°$ bis $+3°$ (Kreisgrade). Die Drehung nimmt mit dem Siedepunkte der Öle zu.

Harzöle drehen bedeutend stärker, $30-44°$, mitunter bis $50°$ nach rechts. Infolge dieses Unterschiedes kann man daher den Harzölgehalt in Mineralölen mittels eines Polarimeters feststellen.

Helle Mineralöle können nach dieser Methode unmittelbar untersucht werden, dunklere Öle muß man vorher mit Knochenkohle entfärben bzw. mit Benzol verdünnen und in einer kürzeren Polarisationsröhre (100 oder 50 mm Länge) prüfen. Dunkle Öle lassen sich jedoch auf diese Art überhaupt nicht untersuchen, weil sie sich mit Knochenkohle nicht genügend entfärben und trotz der Verdünnung mit Benzol auch in kürzeren Polarisationsröhren zu dunkel erscheinen.

Von den natürlichen Fetten und Ölen zeigen deutlich ein optisches Drehungsvermögen Sesamöl $+3$ bis $+9°$ und insbesondere stark Rizinusöl $+7,6$ bis $+9,7°$ (mitunter bis $+43°$) und die ihm nahestehenden Öle[1]).

Auch Wollfett dreht infolge seines Gehaltes an Cholesterin und Isocholesterin die Polarisationsebene in stärkerem Maße.

Zur Ermittelung des Drehungsvermögens verwendet man einen Halbschattenapparat nach Laurent mit Kreiskala, man kann aber zu diesem Zwecke auch jeden anderen Halbschattenapparat benutzen, z. B. ein Saccharimeter. Man muß jedoch die Saccharimetergrade auf Kreisgrade umrechnen, wenn man die Resultate mit obigen Angaben vergleichen will.

Neutralität (Azidität, Alkalität) des Öles.

Jedes Öl soll eine neutrale Reaktion zeigen; wenn es jedoch unrichtig raffiniert wurde, was aber selten vorkommt, so kann es eine saure oder alkalische Reaktion, herrührend von der zur Raffination verwendeten Schwefelsäure oder Natronlauge, aufweisen.

---

[1]) Die Zahlen bedeuten Kreisgrade bei Anwendung einer 200 mm langen Polarisationsröhre.

Die saure Reaktion des Öles kann auch von den im Öl anwesenden Petrolsäuren, wie z. B. Naphthensäuren, oder von harzartigen Körpern herrühren.

Mitunter hat das Öl eine alkalische Reaktion von der absichtlich zugesetzten Seife.

Qualitativ wird das Öl auf Neutralität folgendermaßen geprüft: 50—100 ccm Öl werden in einem Glaskolben mit gleichen Mengen von warmem Wasser ungefähr eine Viertelstunde durchgeschüttelt.

Alsdann läßt man das Wasser absetzen, die wässerige Schicht wird filtriert und zu einem Teile ein Tropfen einer 1 proz. wässerigen Lösung von Äthylorange zugesetzt. War das Öl sauer, so färbt sich das Wasser rot.

Zeigt das Wasser keine saure Reaktion, so gibt man zu einem zweiten Teile desselben einen Tropfen einer 1 proz. alkoholischen Lösung von Phenolphthaleïn zu; war das Öl alkalisch, so färbt sich das Wasser in diesem Falle rot.

Praktisch prüft man die Neutralität des Öles folgendermaßen: Ein 1 mm dickes Kupferblech wird mit einigen runden 0,5—1 cm breiten und 0,3 mm tiefen Grübchen versehen. In eins derselben wird das Öl bis zum Rand eingetropft und das Kupferblech ungefähr 1 Stunde auf der Temperatur 100—110° C erhalten. War das Öl säurehaltig, so färbt es sich, besonders am Rande der Vertiefung, grün.

Quantitativ wird der gesamte Säuregehalt, je nachdem es sich um ein dunkles oder helles Öl handelt, auf verschiedene Weise bestimmt.

1. Dunkle Öle. In einem Meßzylinder von 100 ccm Inhalt mit eingeschliffenem Glasstöpsel werden 20 ccm des zu prüfenden Öles abgemessen, alsdann wird so viel von wasserfreiem, neutralem Äthylalkohol zugegeben (war der Alkohol nicht neutral, so muß er vorher neutralisiert werden), bis der Gesamtinhalt 60 ccm beträgt. Alsdann wird ungefähr 2—3 Minuten mäßig geschüttelt und nachher stehen gelassen. Sobald sich das Öl abgesetzt hat, wird das Volumen des Alkohols an der Teilung des Zylinders abgelesen und von demselben ein Teil, z. B. 30 ccm, in ein Becherglas abgemessen.

Zu dieser Lösung setzt man als Indikator alkoholische Lösung von Alkaliblau 6 B[1]) (Meister Lucius & Brüning in

---

[1]) Die Lösung von Alkaliblau 6 B stellt man dar, indem man 2 g Farbstoff in 100 ccm Alkohol löst und vorsichtig nur so viel $^1/_{10}$ norm. Lösung von Kaliumhydroxyd zufügt, bis die blaue Lösung eben rot gefärbt erscheint.

Höchst a. M.) zu, bis die Flüssigkeit deutlich blau gefärbt erscheint, und titriert aus einer Bürette mit alkoholischer oder auch wässeriger $^1/_{10}$ normaler Lösung von Kaliumhydroxyd, bis die grünlichblaue Färbung in gelblichrot übergeht.

Die verbrauchten Kubikzentimeter der $^1/_{10}$ normalen Kaliumhydroxydlösung werden auf das ganze Alkoholvolumen umgerechnet und daraus die zur Neutralisation des Öles nötige Kaliumhydroxydmenge bestimmt; gewöhnlich rechnet man die Kaliumhydroxydmenge auf Schwefelsäureanhydrid (SO_3) oder auf Ölsäure um, weil das Molekulargewicht der im Öle anwesenden Säuren nicht bekannt ist.

1 ccm der $^1/_{10}$ normalen Kalilauge entspricht 4 mg Schwefelsäureanhydrid oder 28 mg Ölsäure. Den Säuregehalt gibt man in Prozenten von Schwefelsäureanhydrid oder Ölsäure an.

Werden bei der Untersuchung des Öles mehr als 0,03 Proz. Schwefelsäureanhydrid gefunden, so muß man das in Arbeit genommene Öl nach dem Abziehen des im Glaszylinder verbliebenen Alkoholrestes mit weiteren 40 ccm Alkohol ausschütteln, titrieren und nötigenfalls das Ausschütteln mit Alkohol, wie oben beschrieben, noch zum zweiten Male wiederholen.

Um das Öl nicht einigemal ausschütteln zu müssen, verwendet man, wenn eine Fehlergrenze von $\pm\,0,01$ Proz. SO_3 gestattet ist, eine empirisch zusammengestellte, unten angeführte Tabelle.

Wenn z. B. der Säuregehalt beim ersten Ausschütteln 0,08 Proz. gefunden wurde, so rechnet man dieser Zahl die aus der Tabelle entnommene Korrektur 0,018 zu. Korrekturen für andere als die in der Tabelle enthaltenen Zahlen berechnet man durch Interpolation.

Korrekturen für die Säurebestimmung in Ölen.
Proz. SO_3.

1. Ausschütteln	0,015—0,025	0,030	0,040	0,047
Korrektur	0,005	0,008	0,011	0,012
1. Ausschütteln	0,054	0,062	0,069	0,077
Korrektur	0,013	0,014	0,015	0,017
1. Ausschütteln	0,085	0,093	0,102	0,121
Korrektur	0,019	0,022	0,026	0,031
1. Ausschütteln	0,139	0,151	0,165	0,179
Korrektur	0,034	0,042	0,060	0,077

Wurde der Säuregehalt größer als 0,2 Proz. SO_3 gefunden, so bleibt nichts übrig, als ein zweites, bzw. ein drittes Ausschütteln des Öles mit Alkohol vorzunehmen.

Nach den neueren Beschlüssen des Deutschen Verbandes für

die Materialprüfungen der Technik wird vorgeschlagen, die Säure-
menge in Prozenten Ölsäure oder in Form der Säurezahl auszu-
drücken. Unter »Säurezahl« versteht man die Anzahl von Milligrammen Kaliumhydroxyd, die zur Neutralisation von 1 g Öl
nötig sind.

2. Helle Öle. In einem Erlenmeyerkolben von etwa 200 ccm
Inhalt wiegt man 10—20 g Öl, fügt ungefähr 50—75 ccm eines
vollständig neutralen Gemisches von 1 Teil Äthylalkohol und
2 Teilen Benzol zu, mischt durch und titriert unmittelbar unter
Zusatz von Alkaliblaulösung mit $^1/_{10}$ normaler Kalilauge.

Asphalt- und Harzgehalt.

Man unterscheidet harte, hochschmelzende Asphalte, welche
aus den Ölen durch Benzin ausgeschieden werden, und weiche,
schon unter 100° C schmelzende, in Ätheralkohol oder Amylalkohol unlösliche Asphaltstoffe. Beide Arten von Asphalten
sind im wesentlichen Verbindungen von Kohlenstoff, Wasserstoff,
und Sauerstoff; mitunter kommt auch Schwefel in denselben vor.
Weiche Asphaltstoffe bilden einen Übergang zu den hochschmel-
zenden Kohlenwasserstoffen, sie enthalten daher wenig Sauerstoff
und wenig Schwefel.

Qualitative Prüfung auf Asphaltstoffe.

Qualitativ werden die Asphaltstoffe auf zweierlei Art nachgewiesen:

1. Hartasphalt. In einem Kölbchen wird 1 ccm Öl mit
40 ccm Normalbenzin[1]) geschüttelt und nachher etwa 12 Stunden
stehen gelassen. Reines Öl löst sich ohne Rückstand auf; wenn
aber Asphalt zugegen ist, so scheidet sich dieser bald oder läng-
stens binnen 24 Stunden in schwarzbraunen Flocken aus, welche
nach dem Abgießen des Benzins in Benzol gelöst werden. Nach
dem Abdampfen des Benzols bleibt ein Rückstand, harter Asphalt, zurück, welcher auf dem Wasserbade erwärmt noch nicht
schmilzt.

2. Weiche Asphaltstoffe. Man löst in einem Kölbchen
2 ccm Öl in 25 ccm Schwefeläther und setzt 12,5 ccm Alkohol
hinzu. Wenn Asphalt und asphaltartige Stoffe anwesend sind,
so scheiden sich dieselben an den Wandungen des Kölbchens in
braunen bzw. schwarzen Flocken aus, welche auf dem Wasserbade erwärmt gewöhnlich schmelzen und in Benzol löslich sind.

---

[1]) Normalbenzin siehe S. 69.

Quantitative Bestimmung von Asphaltstoffen.

Hartasphalt. Hartasphalt wird quantitativ auf folgende Weise bestimmt:

In eine 500 ccm fassende Glasflasche mit eingeschliffenem Stöpsel bringt man 5 g Öl[1]) ein, fügt die 40fache Menge Normalbenzin (220 ccm, wenn man das spezifische Gewicht des Öles zu 0,91—0,92 annimmt) zu, schüttelt tüchtig um und läßt 24 Stunden bei einer Temperatur, welche 20° C nicht übersteigt, jedoch auch nicht unter 15° C sinkt, im Dunkeln stehen.

Nachher wird die Flüssigkeit durch ein dichtes, vorher mit Normalbenzin ausgewaschenes Faltenfilter filtriert, der Niederschlag nach einer Dekantation unter Nachspülung der Flasche mit Normalbenzin gewaschen, bis das ablaufende Filtrat nach dem Abdampfen keinen öligen Rückstand mehr hinterläßt.

Der Niederschlag, welcher an den Wandungen der Flasche anhaftet, wird ohne Verzug in reinem, heißem Benzol gelöst, durch das vorgenannte Filter in einen Kolben filtriert und das Filter dann mit Benzol ausgewaschen. Aus dem Kolben wird der größte Teil des Benzols abdestilliert, der Rückstand in eine abgewogene Schale gebracht, unter Umrühren mit einem mitgewogenen Glasstab auf einem mäßig erwärmten Wasserbade vollständig abgedampft, worauf der Rückstand eine Viertelstunde bei 105° C getrocknet und gewogen wird.

Bei dieser Bestimmung muß man ein Benzin von bestimmter Zusammensetzung verwenden. Es wurde nämlich gefunden, daß verschiedene Benzine Asphaltstoffe von ungleicher Zusammensetzung abscheiden. Um daher einheitliche und untereinander vergleichbare Ergebnisse zu erzielen, wurde zu diesem Zwecke ein sog. Normalbenzin eingeführt, welches ein spezifisches Gewicht 0,695—0,705 bei 15° C, sowie die Siedegrenzen 65—95° C haben muß und keine aromatischen und ungesättigten Kohlenwasserstoffe enthalten darf. Dieses Benzin steht unter der Kontrolle des kgl. Materialprüfungsamtes in Berlin-Lichterfelde und man kann es von der chemischen Fabrik C. A. F. Kahlbaum, Adlershof bei Berlin beziehen.

Statt des Normalbenzins empfiehlt F. Schwarz[2]) das Butanon (Methyläthylketon) zu verwenden, weil er annimmt, daß es als einheitlicher Stoff besser übereinstimmende Werte geben wird als Benzin. Es sei hier bemerkt, daß die bei Verwendung

---

[1]) Vermutet man, daß das Öl nur wenig Asphalt enthält, so wiegt man 10—20 g Öl ab.

[2]) F. Schwarz, Verfahren zur Bestimmung des Asphaltgehaltes von Mineralölen. Chem.-Ztg. 1911, S. 1417.

von Butanon erhaltenen Werte höher als bei Verwendung von Benzin ausfallen.

Außerdem werden zur Bestimmung von Asphaltstoffen auch Amylalkohol, Äthyl- und Propylazetat usw. vorgeschlagen.

Weiche Asphaltstoffe. Weiche Asphaltstoffe werden nach Holde auf folgende Art bestimmt:

In eine mit einem eingeschliffenen Stöpsel versehene Glasflasche werden 5 g Öl gebracht und in 25facher Menge von wasserfreiem Äther gelöst (137,5 ccm, wenn man das spezifische Gewicht des Öles zu 0,91—0,92 annimmt). Zu der Lösung wird aus einer Bürette unter ständigem Umrühren allmählich die $12^{1}/_{2}$-fache Menge (68,5 ccm) von 96-gewichtsprozentigem Alkohol zugefügt und das Gemisch während 5 Stunden bei 15° C der Ruhe überlassen.

Der Inhalt der Flasche wird alsdann durch ein dichtes, vorher mit einem Gemisch von 1 Teil 96-gewichtsproz. Alkohol und 2 Teilen Äther ausgewaschenes Faltenfilter filtriert und das Filter sowie die Flasche mit dem genannten Alkoholäther so lange gewaschen, bis 20 ccm Filtrat, auf einer Schale abgedampft, keinen öligen Rückstand, sondern höchstens Spuren von asphaltartigen Stoffen geben.

Der Niederschlag auf dem Faltenfilter, sowie in der Flasche wird in heißem Benzol aufgelöst und die Lösung weiter behandelt, wie bei der Bestimmung von harten Asphaltstoffen.

Falls sich nur kleine Mengen (einige Zehntel Prozent) von nur hellbraun gefärbten Asphaltstoffen ausgeschieden haben, so wird der Rückstand, um den Asphalt von mitgerissenem Paraffin zu trennen, auf einer Schale einigemal unter Umrühren mittels eines Glasstabes mit 30 ccm absolutem Alkohol ausgekocht, bis der erkaltete alkoholische Auszug kräftig umgeschüttelt kein Paraffin mehr abscheidet. Der Verdampfungsrückstand des alkoholischen Auszuges wird eine Viertelstunde bei 105° C getrocknet und gewogen.

Wenn sich bei der Probe verhältnismäßig viele tiefschwarz gefärbte Asphaltstoffe abgeschieden haben, so ist das vollständige Trennen des Paraffins von den Asphaltstoffen durch einfaches Auskochen mit Alkohol unsicher, und es bleibt dann nichts anderes übrig, als den Asphalt von mitgerissenem Paraffin in einem Extraktionsapparate zu trennen.

Nach dem Vorschlage von Holde und Meyerheim wird der nach dem Abdampfen des Benzols abgewogene Niederschlag mit 10 ccm Äther verrührt, zu demselben werden 2 g vorher mit Alkohol gründlich ausgewaschener Knochenkohle und 10—15 g grobkörnigen, ausgeglühten Sandes zugesetzt, gründlich durch-

gerührt und der Äther auf dem Wasserbade vorsichtig verdunstet.
Die Masse wird möglichst vollständig aus der Schale in eine Ex-
traktionshülse gebracht, die an der Schale haftenden Reste in
wenig Äther aufgelöst, mit kleinen Mengen von Knochenkohle
und Sand vermischt und das Gemisch auch in dieselbe Extrak-
tionshülse zugegeben.

Die mit einem Wattebausch oben geschlossene Hülse wird in
einem Gräfeschen Extraktionsapparat mit eingeschliffenem Rück-

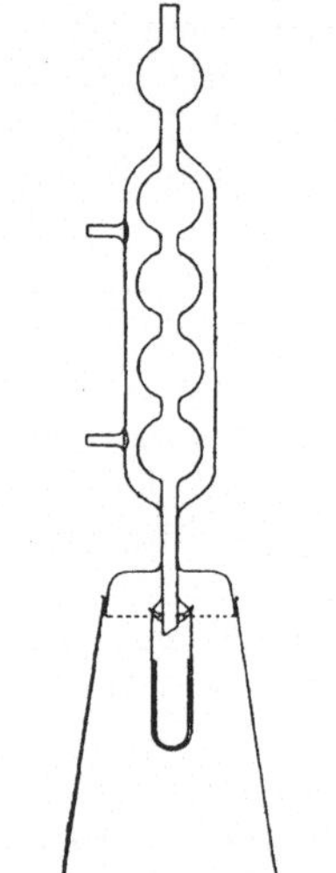

Fig. 12.

flußkühler (s. Fig. 12) am unteren Ende des
Kühlers mit Nickeldraht oder Bindfaden befestigt und in üblicher Weise unter Erwärmen
auf einem Wasserbade mit absolutem Alkohol
ausgelaugt. Das Auslaugen geschieht so lange,
bis schließlich der Alkohol durch erneuertes,
eine Stunde dauerndes Auslaugen nach dem
Abdampfen einen unter 1,5 mg wiegenden Rückstand ergibt.

Die vereinigten alkoholischen Auszüge werden auf einer gewogenen Schale abgedampft,
der Rückstand 10 Minuten getrocknet und nach
dem Erkalten gewogen.

Der Unterschied in den Gewichten der vorher erhaltenen unreinen Asphaltstoffe und des
durch Auslaugen mit Alkohol daraus entfernten
Paraffins ergibt reine Asphaltstoffe.

Diese Methode ergibt keine genügend befriedigenden Resultate, weil nach der Beschaffenheit des Öles beim Abscheiden der Asphaltstoffe mit Alkoholäther auch größere oder
geringere Mengen von Paraffin, sowie auch etwas Öl mitgerissen
wird, welches sich mit Alkohol nur schwierig beseitigen läßt.

Aber auch die erste Bestimmungsmethode von harten Asphaltstoffen ergibt bei gleicher Analysenausführung keine überein-
stimmenden Resultate[1]).

Außerdem werden mit Asphalt auch andere Harz- und Asphaltstoffe mit abgeschieden, gleichviel, ob man Benzin, Alkoholäther
oder auch andere bisher vorgeschlagene Trennungsmittel verwendet.

Keine von diesen Methoden gibt ein richtiges Maß für den
wirklichen Gehalt des ursprünglichen Asphaltes im Öl, weil der
auf obige Weise abgeschiedene Asphalt mit dem technischen
Goudronasphalt nicht identisch ist. Beide Methoden werden

---

[1]) Siehe auch H. Kantorowicz, Über Erdöl und Erdwachs, Chem.-
Ztg. 1913, S. 1394, 1483, 1565, 1594.

jedoch von Behörden und in der Industrie allgemein anerkannt und genügen zu Vergleichszwecken.

Die erste Methode wird bei den Bestimmungen von Asphaltstoffen in Zylinder- und Wagenachsenölen für Eisenbahnen verwendet, die zweite Methode nur bei den Bestimmungen von Asphaltstoffen in Zylinderölen.

Harze und Kolophonium.

Harze und Kolophonium werden im allgemeinen folgendermaßen nachgewiesen:

10 ccm Öl werden in einem Glaskölbchen mit 50 ccm 70 proz. Alkohol durchgeschüttelt und dann absetzen gelassen. Sodann wird die obere klare Schicht mit einem Glasrohr (Pipette) herausgenommen und durch ein doppeltes Papierfilter filtriert. Zum Filtrate setzt man einige Tropfen einer Lösung von essigsaurem Blei. Falls im Öle Harze anwesend sind, so trübt sich die Flüssigkeit milchartig und es scheidet sich ein Niederschlag als gelbliche Flocken ab; die Abscheidung dieses Niederschlages wird durch Zugabe von einigen Wassertropfen beschleunigt.

Quantitativ werden alkohollösliche Harze annähernd nach dem eben beschriebenen Verfahren auf folgende Art bestimmt:

5 g Öl werden in einem Glaskolben mit 100 ccm 70 proz. Alkohol durchgeschüttelt und bei der Zimmertemperatur 24 Stunden der Ruhe überlassen.

Alsdann wird die klare alkoholische Schicht durch ein mit Alkohol benetztes Filter abfiltriert und der ölige Rückstand mit 70 proz. Alkohol ausgewaschen. Das Filtrat wird in einer gewogenen Glasschale auf dem Wasserbade zur Trockne abgedampft und der Abdampfrückstand nach dem Erkalten gewogen.

Die auf diese Art abgeschiedenen im Öl natürlich vorkommenden »Harze« geben die später beschriebene Storch-Morawskische Harzreaktion mit Essigsäureanhydrid und Schwefelsäure nicht.

Kolophonium wird zum Öle mitunter zugesetzt, um seine Viskosität zu erhöhen. Es löst sich auch in 70 proz. Alkohol wie die Harze des Öles auf.

Nachdem das Kolophonium hauptsächlich organische Säuren (Abietin- bzw. Pimarsäure) enthält, so kann man Kolophoniumzusatz bei einem ausnahmsweise hohen Säuregehalt vermuten; es hat Verseifungszahl 167—194, Jodzahl 100—125 (s. die diesbezüglichen Kapitel).

Kolophonium gibt die Harzreaktion, d. i. eine violette Färbung mit Essigsäureanhydrid und Schwefelsäure.

Verharzungsprobe, Teer- und Verteerungszahl-, Kok- und Verkokungszahlbestimmung.

Verharzungsfähigkeit, Teer- und Kokzahl werden meistens nur bei dunklen, nicht raffinierten bzw. auch nicht filtrierten Ölen, Wagenachsen- und Dampfzylinderölen bestimmt.

Die einfachste empirische Probe, die **Verharzungsfähigkeit** eines Mineralöles zu prüfen, besteht darin, daß man einen Tropfen Öl auf einer Glasplatte 5 × 10 cm vollständig ausbreitet, in einem Trockenschrank auf 50°, bzw. auf 100° C erhitzt[1]) und von Zeit zu Zeit die Konsistenz der Ölschicht nach dem Erkalten untersucht.

Behufs genauerer Untersuchung der Öle hat Kissling die Bestimmung von **Teer**- und **Kokzahl** sowie die Bestimmung von **Verteerungs**- und **Verkokungszahl** eingeführt, welche folgendermaßen durchgeführt werden.

1. Teerzahl. 50 g Öl werden in einem Erlenmeyerschen Kolben, welcher mit einem Stopfen und einem etwa 60 cm langen Glasrohr versehen ist, mit 50 ccm alkoholischer Natronlauge[2]) auf ungefähr 80° C erwärmt; sodann wird der Kolben mit einem Vollstopfen verschlossen und kräftig 5 Minuten lang geschüttelt. Das noch warme Gemisch wird in einen Scheidetrichter gebracht und in der Wärme so lange stehen gelassen, bis sich die Ölschicht von der Natronlauge vollständig abgeschieden hat.

Die Natronlauge, welche nun die teerartigen Bestandteile des Öles aufgenommen hat, wird nach dem Erkalten möglichst abgelassen, filtriert, von dem Filtrate wird ein möglichst großer Teil in einen Scheidetrichter abgemessen, angesäuert und mit 50 ccm Benzol geschüttelt. Die Benzolschicht wird abgezogen und die Natronlauge nochmals mit 50 ccm Benzol behandelt; dadurch werden die teerartigen Stoffe der Natronlauge entzogen.

Die vereinigten Benzollösungen werden in einer gewogenen Glasschale auf dem Wasserbade abgedampft, der Rückstand bei 105° C in einem Trockenschrank 30 Minuten getrocknet und nach dem Erkalten gewogen. Das Gewicht des Rückstandes, auf 50 ccm Natronlauge und auf 100 g Öl umgerechnet, ergibt die Teerzahl.

2. Kokzahl. Wenn in dem Mineralschmieröl neben den teerartigen auch kokartige Stoffe enthalten sind, so wird das bei der Teerzahlbestimmung von den teerartigen Stoffen durch

---

[1]) Maschinen- und Wagenachsenöle werden auf 50° C, Dampfzylinderöle auf 100° C erwärmt.

[2]) 50 g einer 7,5 proz. wässerigen Natronlauge werden mit 50 g Alkohol versetzt.

Natronlauge befreite Öl mit 500 ccm Petroleumäther[1]) gemischt, wobei mit demselben auch der bei der Teerzahlbestimmung verwendete Erlenmeyersche Kolben, Scheidetrichter und Filter nachgespült werden. Nach zwölfstündigem Stehen der Lösung werden die abgeschiedenen kokartigen Stoffe durch ein bei 105° C bis zum konstanten Gewichte getrocknetes Filter filtriert, zuerst mit Petroleumäther, dann mit heißem Wasser gründlich nachgewaschen und schließlich bei 105° C getrocknet. Das Gewicht des Rückstandes ergibt die Menge der kokartigen Stoffe, welche aber auch asphaltartige Stoffe enthalten, da durch Petroleumäther auch Hartasphalt abgeschieden wird (vgl. S. 138).

3. Verteerungs- und **Verkokungszahl.** Zur Ermittelung dieser Zahlen wird nach Kissling das Öl 50 Stunden lang bei einer Temperatur von 150° C erwärmt und in einem solchen Öle die Menge der teer- und kokartigen Stoffe abermals nach dem oben angegebenen Verfahren bestimmt. Die bei dem erwärmten und bei dem nicht erwärmten Öle gefundene Zahlendifferenz ist die Verteerungs- bzw. Verkokungszahl.

Da es sich darum handelt, bei einem bestimmten Automobilöl festzustellen, wie die teerartigen Stoffe während der Zirkulationsschmierung in einer bestimmten Zeit anwachsen würden, in dem Ölbehälter des Automobilmotors und in den Lagern die Temperatur 100° C nicht übersteigt, so erscheint es den wirklichen Verhältnissen besser angepaßt, das Öl nur bei 100° C durch 100 Stunden zu erwärmen.

Paraffingehalt.

5—10 g Öl werden mit einem Gemisch von 1 Teil absolutem Äthylalkohol und 1 Teil Äther bis zur klaren Lösung versetzt und zu der Lösung wird unter gleichzeitiger Kühlung bis auf —20° C so viel Alkoholäther weiter zugefügt, daß alle öligen Teile bei —20° C gelöst bleiben und nur Paraffinflocken sich ausscheiden.

Ist das Öl stark paraffinhaltig, so wird es zuerst unter gelindem Erwärmen in Äther gelöst und dann mit gleichem Volumen Äthylalkohol versetzt.

Die ausgeschiedenen Paraffinflocken werden durch ein mittels Kochsalz und Eis auf —21° C gekühltes Filter (s. Fig. 13) filtriert und so lange mit einem auf —21° C abgekühltem Gemisch von Alkoholäther gewaschen, bis 5 ccm Filtrat nach dem Ab-

---

dampfen keinen flüssigen (öligen), sondern einen paraffinartigen Rückstand geben. Allzu langes Auswaschen muß vermieden werden, da das Paraffin in Alkoholäther etwas löslich ist.

Das Filtrat wird auf dem Wasserbade abgedampft, in wenig Alkoholäther gelöst, die Lösung auf −20° C abgekühlt, das möglicherweise noch abgeschiedene Paraffin bei −20° C filtriert und mit auf −20° C abgekühltem Alkoholäther ausgewaschen.

Die beiden Paraffinniederschläge werden mit warmem Benzin oder Benzol in eine gewogene Schale abgespült und auf dem Wasserbade abgedampft. Erscheint das Paraffin nach der Abkühlung der Schale hart, so wird es im Trockenschrank $^1/_4$ Stunde bei 105° C getrocknet und nach dem Erkalten gewogen.

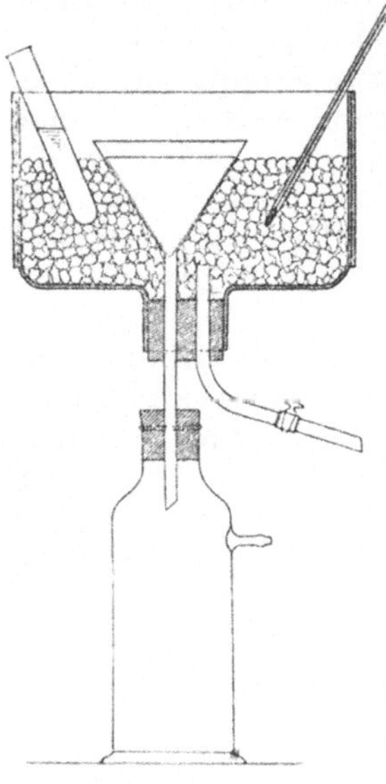
Fig. 13.

Ist das Paraffin weich und schmilzt es unter 45° C, so wird es vor dem Abwiegen bei 50° C im Vakuum getrocknet. Erscheint das ausgeschiedene Paraffin braun von mitgerissenen harzartigen Stoffen, so wird es einigemal mit heißem wasserfreiem Alkohol ausgelaugt und von den ungelösten Harzstoffen durch Filtration getrennt.

Reicht dieses Verfahren nicht aus, so muß man das Paraffin mit einigen Prozenten konzentrierter Schwefelsäure raffinieren oder seine Lösung in Benzin über Fullererde oder Knochenkohle filtrieren.

Da das Paraffin in Alkoholäther doch etwas löslich ist, so muß man für diesen Verlust eine praktisch festgestellte Korrektur einführen, und zwar rechnet man bei vollständig flüssigen Ölen 0,2 Proz., bei Ölen, welche schon bei +15° C Paraffin abscheiden, 0,4 Proz. und bei festen Massen (Destillaten) 1 Proz. zu.

Diese Methode gibt das im Öl (Destillat) wirklich vorhandene Paraffin nur insoweit richtig an, soweit es sich um hartes Paraffin handelt. Weichere, unter 50° C schmelzende Paraffine scheiden sich auch bei −20° C nicht ganz ab und bleiben in ziemlich großen Mengen in der alkoholätherischen Lösung zurück.

Man kann sie aber durch einigemal wiederholtes Abdampfen des alkoholätherischen Filtrates und Wiederauflösen in wenig Alkoholäther (2:1) größtenteils bei −20 bis −21° C und eventuell bei noch niedrigerer Temperatur abscheiden.

Schwarz[1]) schlägt vor, zu diesem Zwecke statt des Alkohol-
äthers das Butanon zu verwenden, bei welchem durch ein ein-
maliges Abscheiden und eine einmalige Filtration bei -15° C
sämtliches Paraffin abgeschieden werden soll.

Kautschukgehalt.

Die Mineralöle lösen in gewissen Mengen nichtvulkanisierten
Kautschuk auf und solche Öle werden zu bestimmten Zwecken
verwendet.   Nur selten werden sie den Schmiermitteln beigemischt, um eine größere Dichte und Viskosität zu erreichen.

Nimmt man ein wenig Öl zwischen Zeigefinger und Daumen
und entfernt man die Finger voneinander, so zieht sich das Öl in
dünne Fäden aus, wenn es Kautschuk enthält.   Man muß sich
jedoch bei der Prüfung eines Öles auf Kautschukzusatz auch
überzeugen, ob das Öl keine Seife enthält, da Seife dieselbe Erscheinung bewirkt.

Die mit Kautschuk versetzten Öle sind in einem Gemisch von
4 Teilen Äther und 3 Teilen Alkohol unvollständig löslich; der
in diesem Gemisch unlösliche Rückstand eines Öles kann somit
Kautschuk sein.

Seifengehalt.

Mineralöle werden mit wasserfreien Seifen vermischt, um eine
höhere Konsistenz und Adhäsion zu erzielen.   Es werden zu diesem Zwecke entweder wasserlösliche Kali- oder Natronseifen, oder
wasserunlösliche Tonerde-, Magnesia- und Kalkseifen verwendet.

Die mit Seifen versetzten Öle zeigen auch das Fadenziehen
wie die mit Kautschuk versetzten Öle.   Nach Durchschütteln mit
verdünnter Salzsäure zeigen die mit Seifen versetzten Öle diese
Erscheinung nicht mehr, da die anwesende Seife durch Säure
zersetzt wird.   Der Zusatz von wasserlöslichen Seifen wird in
einem Öle folgendermaßen nachgewiesen:

8—10 g Öl werden in einem Reagenzglas mit gleichem Volumen Wasser durchgeschüttelt und dann stehen gelassen.   Wenn
das Öl frei von Seife ist, so trennen sich beide Schichten sofort
voneinander, sonst findet die Trennung erst nach einer halben
Stunde statt und die untere Schicht erscheint milchig trüb; die
wässerige Lösung rötet sich schwach mit Phenolphthaleïnlösung,
da die anwesende Seife durch hydrolytische Wirkung des Wassers

---

1) F. Schwarz, Verfahren zur Bestimmung des Asphaltgehaltes von
Mineralölen, Erdpechen u. dgl.   Chem.-Ztg. 1911, S. 1419.

in schwache Säure und freies starkes Alkali zerlegt wird und infolgedessen die Flüssigkeit alkalisch reagiert.

Vermutet man im wässerigen Auszuge die Anwesenheit von Seife, so dampft man denselben zur Trockne, glüht schwach aus und untersucht den Rückstand auf Kali und Natron.

Die in Wasser unlöslichen Seifen werden auf folgende Art nachgewiesen:

10 g Öl werden mit 10 ccm verdünnter Salzsäure[1]) gemischt und durchgeschüttelt. Nachdem sich das Öl von der Salzsäure getrennt hat, zieht man die salzsaure Lösung von unten ab und untersucht dieselbe auf Kalzium, Magnesium und Tonerde; war eine alkalische Seife zugegen, so enthält die Lösung auch Kali bzw. Natron.

Man kann aber auch die nach Verbrennung des Öles zurückgebliebene Asche auf die Gegenwart der eben genannten Metalle untersuchen.

Wenn das Öl mehr Seife enthält, so kann man es auch dadurch erkennen, daß die Viskosität des Öles nach dem Vermischen mit Salzsäure und Ablassen derselben sinkt.

Aschengehalt.

Der Aschengehalt wird bei Ölen nur dann bestimmt, wenn ein Öl in Benzin oder Benzol unvollständig löslich ist, oder wenn verdünnte Salzsäure mit dem Öl geschüttelt, von demselben getrennt und abgedampft einen Rückstand ergibt.

Die Asche wird durch Verbrennung von 20—30 g filtrierten Öles in einem geräumigen Porzellantiegel oder in einer Platinschale bestimmt. Der Tiegel wird zuerst mit einer kleinen Flamme erhitzt und das Öl dann entzündet; erst wenn es verkohlt ist, wird der kohlige Rückstand stärker geglüht.

Auf diese Weise werden dunkle Öle verbrannt.

Bei hellen Ölen, die lebhaft verbrennen, empfiehlt es sich, um Verluste zu verhindern, die im Tiegel oder in der Schale abgewogene Menge in ein als Docht zusammengelegtes aschenfreies Filter einsaugen zu lassen, das Filter anzuzünden und erst nach dem Verbrennen des Öles zu glühen.

Richtig raffinierte Maschinenöle ergeben nicht mehr als 0,01 Proz., Zylinderöle 0,1 Proz. Asche; mitunter findet man bei Zylinderölen bis 1 Proz. Asche.

---

[1]) Die verdünnte Salzsäure wird bereitet, indem man 1 Volumen konzentrierter Salzsäure mit 3 Volumen destilliertem Wasser versetzt.

Raffinationsgrad.

Ungenügend raffinierte Öle enthalten Naphthen- und Sulpho-säuren bzw. deren Natronsalze. Man kann die ersteren durch Behandlung mit Natronlauge aus dem Öle abscheiden oder, wenn sie als Natronsalze vorhanden sind, mit Wasser ausschütteln.

Die Salze können auch durch Veraschung bestimmt werden. Somit hängt der Raffinationsgrad mit der Säurezahl, der Seifen-menge und dem Aschengehalte zusammen.

Lissenko und Stepanoff empfehlen zur Feststellung, ob ein Öl genügend raffiniert wurde oder nicht, folgende Probe: 10 ccm Öl werden mit 5 ccm 2proz. Natronlauge auf etwa $80°$ C erwärmt und ungefähr 3 Minuten stark geschüttelt. Nachher läßt man die Mischung in $70°$ C warmem Wasser stehen, bis sich die Natronlauge vom Öl getrennt hat. War das Öl ungenügend raffiniert, so bildet sich zwischen beiden Schichten ein aus petrol-saurem Natron bestehendes Seifenhäutchen, weil die gebildete Seife in verdünnter Natronlauge unlöslich ist.

Eine andere Probe beruht auf der Hydrolyse der Seife in Wasser. 20 ccm Öl werden mit 10 ccm Wasser unter Zusatz von einem Tropfen Phenolphthaleïnlösung in einem verschlossenen Reagenz-glase andauernd 5 Minuten geschüttelt, im Wasserbade auf un-gefähr $80°$ C erwärmt und dann erkalten gelassen. Färbt sich das von Öl abgetrennte Wasser rot, so ist Alkaliseife vorhanden.

Selbstverständlich darf das Öl kein freies Alkali enthalten. Um sich davon zu überzeugen, schüttelt man das Öl mit Alkohol, dem ein Tropfen Phenolphtaleïnlösung zugesetzt wurde. Färbt sich der Alkohol rot, so war das Öl alkalisch.

Man kann den Raffinationsgrad auch empirisch durch Schüt-teln mit verdünnter Schwefelsäure 1:1 prüfen; je unvollständiger ein Öl raffiniert ist, um so bräunlicher wird die Säure gefärbt werden.

Wassergehalt und mechanische Beimengungen.

Wenn ein Öl Wasser enthält, so erscheint es trüb und schäumt beim Erwärmen; wenn es mehr Wasser enthält, so bewirkt das Wasser ein Knistern des Öles beim Erhitzen. Bei gelindem Er-wärmen des Öles fließen kleinere Wassertröpfchen in größere zu-sammen und sinken zum Boden des Gefäßes; das Öl wird nach dem Erkalten nicht mehr trübe.

Die Ursache der Trübung des Öles kann aber auch ein aus dem Öle bei niedriger Temperatur ausgeschiedenes Paraffin oder absichtlich zugesetztes Zeresin sein, welches zu dünneren Ölen mitunter als Verdickungsmittel zugesetzt wird.

Wenn man ein solches trübes Öl in einem Reagenzglas auf
40—50° C erwärmt, so verschwindet zwar die Trübung, sie erscheint aber nach dem Erkalten des Öles wieder.

Einen Zusatz von Zeresin kann man bei nicht zu dunklen
Ölen meist dadurch erkennen, daß beim Vermischen des Öles
mit Alkoholäther (3 : 4) ein weißer Niederschlag entsteht, welcher
abfiltriert, mit Alkoholäther gewaschen und im Kapillarrohr auf
seinen Schmelzpunkt geprüft wird. Zeresin schmilzt regelmäßig
zwischen 60—80° C.

Mitunter kann die Trübung in dunklen Ölen auch von suspen-
diertem Asphalt herrühren.

Grobe, zufällige mechanishe Verunreinigungn verraten
sich, wenn man ungefähr 250 ccm Öl durch ein Sieb von 0,3 mm
Maschenweite filtriert und das Sieb mit Benzin und Äther ab-
spült.

Es sind Verunreinigungen, welche gewöhnlich von einer nach-
lässigen Behandlung der Öle herzukommen pflegen: Sand, Rost,
von schlecht geleimten Fässern abgelöster Leim, Fetzen, Holz-
späne, Spinnfasern usw.

Allgemeine Unterscheidungsmerkmale der Mineral-, Fett-, Teer- und Harzöle.

Fast sämtliche Ölarten lösen sich in Schwefeläther, Petroleumäther, Schwefelkohlenstoff und Benzol[1]); sie unterscheiden sich
aber in ihrem Verhalten gegen alkoholische Kali- oder Natronlauge.

Mineralöle werden durch Einwirkung von Kalilauge nicht
verändert, während Pflanzen-, Tieröle und -Fette mit Kalilauge »verseift« werden; aus den letzteren spaltet sich nämlich
durch Einwirkung von Kali- oder Natronlauge Glyzerin ab und
es entstehen Kali- bzw. Natronsalze der entsprechenden Fett-
oder Ölsäuren, sog. Seifen.

Die Probe mit Kalilauge wird folgendermaßen durchgeführt:
Zu einer Lösung von 0,5 g Kaliumhydroxyd (bzw. Natrium-
hydroxyd) in 10 ccm Alkohol in einem Reagenzglas werden 3
bis 4 Tropfen Öl zugefügt und das Gemisch 1—2 Minuten gekocht. Nachher wird die Flüssigkeit abgekühlt, dazu ungefähr
5 ccm Wasser getropft und geschüttelt.

Bei Mineral-, Harz- und Teerölen entstehen milchartige
Trübungen, wogegen Pflanzen- und Tieröle eine klare, beim
Schütteln schäumende Lösung von Seife geben[2]).

[1]) Gewöhnliches Rizinusöl löst sich in Benzin nicht.
[2]) Eine Ausnahme unter den tierischen Ölen bilden Spermazetiöl

Hat die Kalilauge auf das Öl nicht gewirkt, so schüttelt man einen anderen Teil des Öles mit gleichem Volumen Schwefelsäure, welche durch Vermischen von einem Teil konzentrierter Schwefelsäure und einem Teil Wasser dargestellt wurde (Schwefelsäure ist langsam ins Wasser zu gießen, nicht umgekehrt!). **Mineralöle** färben sich gelb bis gelbbraun, **Teeröle** braun bis rotbraun, **Buchenholzteeröl** gelbbraun und **Harzöle** rubinrot.

Wenn man **Teeröle** mit konzentrierter Salpetersäure mischt, so erwärmen sie sich stark, wogegen beim Vermischen der **Mineralöle** mit Salpetersäure die Temperatur nur etwa um 10° C steigt.

Nach **Valenta** lassen sich **Steinkohlenteeröle** von **Mineralölen** mittels Dimethylsulfat voneinander unterscheiden[1]). Die im Steinkohlenteer vorkommenden Benzolkohlenwasserstoffe lösen sich nämlich leicht schon bei Zimmertemperatur in Dimethylsulfat, wogegen Roherdöl, Benzin, Petroleum, Mineralöl sowie Harzöle ungelöst bleiben.

Zu diesem Zwecke werden in einem schmalen, geteilten Glaszylinder mit Glasstopfen 4 ccm Öl mit 6—8 ccm Dimethylsulfat[2]) 1 Minute lang geschüttelt und nach erfolgter Trennung der Schichten die eventuelle Volumzunahme bei Dimethylsulfat festgestellt.

Gräfe[3]) fand, daß die Methode bei Mischungen von hochsiedenden Steinkohlenteer- und Mineralölen, wie sie in der Praxis am häufigsten vorkommen, fast theoretische Werte ergibt.

Nur bei sehr niedrig siedenden Erdölderivaten ist eine merkliche Löslichkeit in Dimethylsulfat vorhanden; und bei Braunkohlenteerölen tritt ein nahezu gleicher Fehler von 10 Proz. auf, bei dessen Berücksichtigung aber auch die Trennung von Braunkohlenteerölen durchführbar ist.

Pflanzen- und Tieröle bzw. Fette in Mineralschmierölen.

Die Mineralschmieröle werden mitunter mit verschiedenen fetten Ölen und Fetten, wie z. B. mit Rüböl, Olivenöl, Talg usw., vermischt. Es wird daher in den nachfolgenden Kapiteln der Nachweis dieser Öle und Fette besprochen.

---

und Döglingtran, welche vom chemischen Standpunkt aus als flüssige Wachse zu betrachten sind und daher beim Verseifen in Wasser unlösliche Alkohole geben.

[1]) Siehe Chem. Ztg. 1906, 30, S. 266.

[2]) Dimethylsulfat ist giftig, es ist daher bei dessen Verwendung Vorsicht geboten.

[3]) Chem. Revue 1907, 14, S. 112.

Prüfung auf verseifbare Öle und Fette.

Pflanzen- und Tieröle (fette Öle) bzw. -fette werden auf folgende Art nachgewiesen: 3—5 g Öl werden in einem Reagenzglas mit einem erbsengroßen Stückchen Natrium 25—30 Minuten in einem Sandbad (eine kleine Eisenblechschale teilweise mit feinkörnigem Sand gefüllt) auf 230—250° C erwärmt. Das zu diesem Zwecke verwendete Thermometer wird in das Reagenzglas gesetzt und damit wird auch das Öl durchgerührt. Wird das Öl nach dem Erkalten ganz dick oder erstarrt es gelatinös, oder entsteht auf seiner Oberfläche ein Seifenschaum, so enthält es höchstwahrscheinlich fette Öle.

In hellen Ölen kann man durch diese Probe noch 0,5 Proz., in dunklen Ölen noch 2 Proz. fettes Öl nachweisen.

Wenn ein Mineralöl Harz- und Naphthensäuren enthält, so kann es ohne Schaumbildung durch Einwirkung von Natrium auch gelatinieren, trotzdem kein fettes Öl darin enthalten war.

In einem solchen Falle, wo das Natrium auf das Öl gewirkt hat, und man die Anwesenheit eines fetten Öles in Mineralöl vermutet, stellt man im Bedarfsfalle die verseifbaren Öl- und Fettarten durch weitere chemische Proben fest. Zu diesem Zwecke dienen besonders die Verseifungszahl- nach Köttstorfer bzw. die Farbenreaktionen einzelner Öle und Fette.

Bestimmung des Fettgehaltes.

a) *Durch Ermittelung der Verseifungszahl.*

Unter Verseifungszahl eines Öles versteht man die Anzahl Milligramme von Kaliumhydroxyd, welche zur Verseifung von 1 g Öl nötig sind.

Die Verseifungszahl wird wie folgt ermittelt: In einen reinen, mit neutralem Alkohol ausgespülten Kolben aus Jenaerglas von 250 ccm Inhalt werden je nach der Menge des vermuteten fetten Öles 5—10 g Öl eingewogen, sodann 25 ccm reines Benzol und genau 25 ccm halbnormaler alkoholischer Kalilauge, am besten aus einer Bürette, zugesetzt. Vermutet man in der Probe größere Mengen von fettem Öl, so mißt man in den Kolben 20 ccm normaler Kalilauge ab.

Der Benzolzusatz hat den Zweck, die Reaktion des Fettes mit Lauge zu erleichtern.

Gleichzeitig werden in einen zweiten gleich großen Kolben, der auch mit neutralem Alkohol ausgespült wurde, 25 ccm Benzol und 25 ccm Lauge, aber ohne Öl, abgemessen[1]). Dieser Versuch, ein sog. blinder Versuch, dient zur Bestimmung des Titers der Kalilauge, welcher bei jeder Probe neu bestimmt wird.

Auf beide Kolben werden dann mit neutralem Alkohol vorher ausgespülte Rückflußkühler gesetzt und die in den Kolben befindlichen Lösungen auf dem Wasserbade eine halbe Stunde gekocht.

Nach dem Auskühlen werden in die Kolben je 50 ccm wasserfreien neutralen Alkohols zugefügt, und die Flüssigkeiten mit einer halbnormalen Salzsäure unter Zusatz von einem Tropfen 1 proz. alkoholischer Phenolphthaleïnlösung als Indikator zurücktitriert.

Wenn das zu untersuchende Öl dunkel ist oder sich nach Zusatz von Kalilauge rotbraun färbt, was von dem eventuell anwesenden Tran herrühren kann, so verwendet man als Indikator anstatt Phenolphthaleïn die Lösung von Alkaliblau 6 B (s. S. 135).

Die Verseifungszahl erhält man, indem man den Unterschied zwischen den verbrauchten Kubikzentimetern Säure bei der Titration der Lauge einerseits ohne Öl (blinder Versuch) und andererseits mit Öl mit dem Titer der Säure, ausgedrückt in Milligrammen Kaliumhydroxyd, multipliziert und die so ermittelte Zahl durch das in Arbeit genommene Ölgewicht dividiert.

Beispiel:

Es wurden 5 g Öl abgewogen. Zum Verseifen und zum blinden Versuch (Titerbestimmung) wurden je 25 ccm halbnormaler Kalilauge angewendet.

Beim blinden Versuch wurden
verbraucht: 20,5 ccm halbnorm. Salzsäure
Beim Verseifungsversuch
wurden verbraucht: 17,3 »   »   »

           Unterschied   3,2 ccm halbnorm. Salzsäure.

Nachdem die halbnormale Salzsäure der halbnormalen Kalilauge gleichwertig ist, so entspricht auch 1 ccm halbnormaler Säure 28,05 mg Kaliumhydroxyd (KOH).

Somit beträgt die Verseifungszahl

$$\frac{3,2 \times 28,05}{5} = 17,9.$$

---

[1]) Will man zum Abmessen der Kalilauge die Pipette verwenden, so muß dieselbe für beide Versuche in genau gleicher Weise entleert werden.

Pflanzen-, Tieröle und -fette weisen verschiedene Verseifungszahlen auf, deshalb nimmt man für die hier in Betracht kommenden Öle eine mittlere Verseifungszahl von 185 an, wogegen für reine Mineralschmieröle die Verseifungszahl von 0 angenommen wird.

Somit beträgt der Fettgehalt $185 : 100 = 17,9 : x$ und $x = 9,6$ Proz.

Nachdem 1 ccm normaler Salzsäure 56,10 mg Kaliumhydroxyd entspricht, so wird auch 1 ccm dieser Säure 0,303 g Fett entsprechen[1]. Multipliziert man daher die bei der Titration verbrauchte Menge Normalsäure (gleich halber Menge der Halbnormalsäure), welche der zur Verseifung verbrauchten Kalilauge entspricht, mit der Zahl 0,303, so erhält man annähernd die Menge des fetten Öles, welches in dem abgewogenen Mineralschmieröl enthalten ist.

$$\text{Demnach } \frac{1,6 \times 0,303 \times 100}{5} = 9,6 \text{ Proz. Fettgehalt.}$$

Genaue Werte würde man erhalten, wenn die Art und die Verseifungszahl des zugesetzten Fettes bekannt wäre. Liegt z. B, ein mit Wollfett (Wollwachs) vermischtes Öl vor, so ist die Verseifungszahl dieses Fettes der Berechnung zugrunde zu legen.

Bei der Fettgehaltsbestimmung muß man sich im Bedarfsfalle überzeugen, ob und wieviel Glyzerin bei der Verseifung frei wurde, weil auch Wachse eine Verseifungszahl haben.

In der nachfolgenden Tabelle sind die Verseifungszahlen von einigen wichtigen Öl-, Fett- und Wachsarten angeführt:

Leinöl	188—195 (bis 221)	Erdnußöl	189—194	
Baumwollsamenöl	191—198	Kokosnußöl	246—260	(268)
» eingedickt	214—225	Knochenöl	191—203	
Sesamöl	188—195	Rindstalg	193—200	
Rüböl	170—179	Hammeltalg	192—196	
» eingedickt	195—267	Walfischtran	188—193	(224)
Olivenöl	185—196	Delphintran	197—203	(Körperöl)
Olivenkernöl	182—189	Walratöl	125—133	
Rizinusöl	176—186	Döglingöl	123—136	
Palmöl	196—207	Wollfett	82—130	
Palmkernöl	241—250			

b) *Gewichtsanalytisch.*

Gewichtsanalytisch auf indirekte Weise kann man den Gehalt an fettem Öle nach Spitz und Hönig ermitteln, indem man in

---

[1] Die Zahl 0,303 erhält man durch Division von 56,10 mit 185.

etwa 10 g Öl die Fette mit alkoholischer Kalilauge verseift, den unverseifbaren Anteil der Seifenlösung mit leichtem Benzin entzieht, die Benzinlösung abdestilliert, den Rückstand in einer gewogenen Schale trocknet und wägt. Der Unterschied zwischen den Gewichten des Rückstandes und des in Arbeit genommenen Öles ergibt den Gehalt an verseifbarem Fette.

Handelt es sich um die Feststellung der Art des Öles, so scheidet man aus der bei diesem Verfahren erhaltenen Seifenlösung die Fettsäuren mit verdünnter Schwefelsäure ab und bestimmt in denselben den Schmelzpunkt, Molekulargewicht [1]) und Jodzahl.

Jodzahlbestimmung.

Eine der wichtigsten Prüfungen zur Feststellung der Art eines fetten Öles ist die Bestimmung der Jodzahl. Unter Jodzahl versteht man diejenige Jodmenge, in Prozenten ausgedrückt, welche sich mit einem fetten Öle oder Fette verbindet.

Die Reaktion beruht darauf, daß eine alkoholische Jodlösung bei Gegenwart von Quecksilberchlorid schon bei gewöhnlicher Temperatur mit Ölen reagiert, d. i. die Reaktion verläuft im wesentlichen unter Bindung (Addition) von Jod an ungesättigte Fettsäuren und deren Glyzeride.

a) *Verfahren nach Hübl-Waller.*

Die Hüblsche Jodzahl wird nach Waller folgendermaßen bestimmt:

In einer mit eingeschliffenem Glasstöpsel versehenen Flasche von 300 ccm Inhalt wird eine abgewogene Ölmenge [2]) in 20 ccm reinem Chloroform [3]) gelöst, dazu werden 30—60 ccm einer alkoholischen Lösung von Jod und Quecksilberchlorid (Sublimat) zugesetzt [4]) und das Gemisch kräftig durchgeschüttelt.

---

[1]) Siehe Holde, Kohlenwasserstofföle S. 212 u. 436.

[2]) Von flüssigen Fetten werden 0.18—0.22 g, von festen Fetten 0,5—1 g abgewogen. Von trocknenden Ölen, wie Leinöl, wiegt man nur 0,15—0,18 g ab. Ist das zu untersuchende Öl trüb, so muß es vorher filtriert werden.

[3]) Das Chloroform muß frei von ungesättigten Verbindungen sein, worüber man sich durch Vermischen von 10 ccm Chloroform mit 10 ccm Jodlösung und Titration des Gemisches nach mehrstündigem Stehen überzeugen kann.

Anstatt Chloroform kann man Tetrachlorkohlenstoff oder auch thiophenfreies Benzol verwenden.

[4]) Für nichttrocknende Öle benutzt man 30 ccm, für halbtrocknende

Ist das Gemisch trüb, so setzt man noch Chloroform bis zum vollständigem Klären zu.

Nach 12stündigem Stehen im Dunkeln fügt man zur Lösung 20 ccm wässerige 10proz. Jodkaliumlösung und 100—150 ccm destilliertes Wasser zu und titriert das bei der Reaktion unverbrauchte Jod unter Schütteln mit Natriumthiosulfatlösung (unterschwefligsaures Natron) von bekanntem Titer zurück[1]), zunächst bis die wässerige rotbraune Flüssigkeit hellgelb erscheint, und dann unter Zusatz von frischbereiteter Stärkelösung (Indikator für Jod), bis die blau gewordene Flüssigkeit entfärbt wird. Die später eingetretene Blaufärbung wird nicht berücksichtigt.

Gleichzeitig mit dieser Probe wird noch derselbe Versuch (blinder Versuch), aber ohne Öl, durchgeführt, um den Jodgehalt der angewandten Jod-Quecksilberchloridlösung festzustellen. Aus dem Unterschiede der in beiden Versuchen verbrauchten Kubikzentimeter Thiosulfatlösung berechnet man die vom Öl aufgenommene Jodmenge und drückt dieselbe in Gewichtsprozenten des Öles aus.

Beispiel: 0,2 g Öl wurden mit 40 ccm Jod-Quecksilberchloridlösung versetzt. Die ölhaltige Lösung verbrauchte beim Zurücktitrieren 36,6 ccm, die ölfreie Lösung 58,6 ccm Thiosulfatlösung, deren Titer für 1 ccm 0,0105 g Jod entsprach.

Der Unterschied 58,6 ccm — 36,6 ccm = 22,0 ccm multipliziert mit dem Titer der Thiosulfatlösung, d. i. $22,0 \times 0,0105 = 0,231$ zeigt die Gramme Jod an, welche das Öl aufgenommen hat.

Die Jodzahl beträgt mithin $\dfrac{0,231 \times 100}{0,2} = 115,5.$

b) *Verfahren nach Wijs*[2]).

Wijs hat die Hübl-Wallersche Methode in der Weise abgeändert, daß er bei der Jodzahlbestimmung eine Lösung von Jodmonochlorid in Eisessig verwendet.

Öle 40 ccm und für trocknende Öle 60 ccm Jodlösung. Siehe auch Fußnotiz S. 151.

Die Jod-Quecksilberchloridlösung wird bereitet, indem man 25 g Jod und 30 g Quecksilberchlorid in je 500 ccm 95proz. Alkohol löst. Die Lösungen werden filtriert, sodann zusammengegossen und mit 50 ccm Salzsäure von spez. Gewichte 1,19 versetzt.

[1]) Der Titer der Natriumthiosulfatlösung wird mittels titrierter Jodlösung oder mit reinem getrockneten Kaliumbichromat festgestellt und von Zeit zu Zeit kontrolliert. 1 g Kaliumbichromat entspricht 2,5886 g Jod.

[2]) Gräfe-Wieben, Chemische Revue für Fette, 12, S. 270 (1902); J. Lewkowitsch, Chemische Technologie und Analyse der Öle, Fette und Wachse 1905, I, S. 274. 268 usw.; Zeitschrift Petroleum Bd. I, 1905, S. 631.

Zu diesem Zwecke werden 9,4 g Jodtrichlorid und 7,2 g Jod in Eisessig unter gelindem Erwärmen auf dem Wasserbade unter Ausschluß von Luftfeuchtigkeit getrennt aufgelöst, die Lösungen sodann vereinigt und auf 1 Liter mit reinem Eisessig verdünnt[1]).

Die Versuchsanordnung ist dieselbe wie bei der Jodzahlbestimmung nach Hübl, nur verwendet man hierzu statt Chloroform, welches nicht selten Alkohol enthält, Tetrachlorkohlenstoff, auf dessen Reinheit vorher zu prüfen ist[2]).

Die Wijssche Lösung kann sofort benutzt werden und hält sich lange Zeit (2—3 Monate) unverändert, so daß es nicht nötig ist, bei jeder Probe deren Titer festzsutellen. Der weitere Vorteil dieser Lösung ist, daß bei nicht trocknenden Ölen und festen Fetten, deren Jodzahl unter 100 liegt, die Reaktion binnen einer halben Stunde, bei halbtrocknenden Ölen binnen etwa einer Stunde, bei trocknenden Ölen binnen einer bis zwei Stunden beendigt ist.

Die nach dieser Methode gefundenen Jodzahlen stimmen auch mit den nach der Hübl-Wallerschen Methode erhaltenen überein, nur bei den Ölen mit hoher Jodzahl und Wollfett sind sie etwas höher. Da bei dieser Methode höhere Zahlen richtiger sind, so kann auch die Wijssche Methode als genauer betrachtet werden.

Trocknende Öle (Leinöl, Mohnöl, japanisches Holzöl usw.) haben die Jodzahl 130—204, halbtrocknende Öle (Rüböl, Baumwollsamenöl, Sesamöl, Maisöl usw.) 95—130, nichttrocknende Öle (Olivenöl, Rizinusöl, Erdnußöl usw.) unter 95, tierische Fette bei Landtieren unter 80, bei Seetieren regelmäßig über 100.

Die niedrigste Jodzahl haben Mineralschmieröle, regelmäßig unter 6, selten über 14; Krackdestillate aus Mineralöl jedoch bis etwa 70. Braunkohlenteeröle haben eine hohe Hüblsche Jodzahl, z. B. das Solaröl 77, Gasöl 63.

Im nachfolgenden sind die Hüblschen Jodzahlen von einigen wichtigen Öl-, Fett- und Wachsarten und deren Fettsäuren angegeben.

Jodzahl der Öle und Fette.

Leinöl	171—204	eingedicktes Rüböl	47—65
Baumwollsamenöl	102—111 (117)	Olivenöl	79—90
» eingedickt	56—66	Olivenkernöl	87—88
Sesamöl	103—112 (117)	Rizinusöl	82—88
Rüböl	94—105 (108)	Palmöl	51—58

---

[1]) Der Eisessig darf sich beim Erhitzen mit Kaliumbichromat und konzentrierter Schwefelsäure nicht grünlich färben.

[2]) Beim Erwärmen des Tetrachlorkohlenstoffs mit Kaliumbichromat und konzentrierter Schwefelsäure soll keine Grünfärbung stattfinden.

Palmkernöl	10—18	Walfischtran	110—136
Erdnußöl	86—98 (103)	Delphintran	99—128
Kokosnußöl	8—9,5	Wallratöl	81—90
Knochenöl	44—75 (82)	Döglingöl	67—82,1
Rindstalg	35—46	Wolfett	17,1—28,9
Hammeltalg	35—46	Harzöle	43—48

Jodzahl der Fettsäuren.

Leinöl	179—182	
Baumwollsamenöl	111—116,	flüssige Fettsäuren 147—148
Sesamöl	109—112	
Rüböl	99—106,	flüssige Fettsäuren 121—126
Olivenöl	86—90	
Rizinusöl	86—93	
Palmöl	53,3,	flüssige Fettsäuren 95—99
Palmkernöl	12—13,6	
Erdnußöl	96—103	
Kokosnußöl	8,3—10,	flüssige Fettsäuren 54
Knochenöl	44—75	(rohe Knochenfette)
Rindstalg	41,3,	flüssige Fettsäuren 92
Hammeltalg	34,8,	flüssige Fettsäuren 92,7
Walfischtran	130—132,	flüssige Fettsäuren 145.

Die Herstellungsweise der Öle hat einen bedeutenden Einfluß auf die Jodzahl, wie z. B. bei den Knochenölen, Klauenfetten und Erdnußölen.

Je mehr feste Glyzeride bei der Herstellung aus diesen Ölen durch Abpressen entfernt werden, umso mehr steigt die Jodzahl.

Die mittels Lösungsmitteln hergestellten Olivenöle haben eine niedrigere Jodzahl als die gepreßten Öle. Ebenfalls haben eingedickte Öle (Rüb- und Baumwollsamenöl) niedrigere Jodzahlen.

Bei den Ölen, welche längere Zeit gelagert sind und deshalb dem Einflusse des Luftsauerstoffes ausgesetzt waren, können erhebliche Veränderungen in ihrem Aufnahmevermögen für Jod eintreten. Man muß daher bei der Jodzahlbestimmung, namentlich bei trocknenden Ölen, diesen Umstand berücksichtigen, um nicht falsche Schlüsse aus den Jodzahlen zu ziehen.

In solchen Fällen muß man auch das spezifische Gewicht und den Gehalt an Oxysäuren in Betracht nehmen[1]).

---

[1]) Siehe auch Benedikt-Ulzer, Analyse der Fette und Wachsarten. Berlin 1908. Verlagsbuchhandlung von J. Springer.

Besondere Prüfungen auf einzelne Öl-, Fett- und Wachsarten.

Außer den allgemeinen Methoden zur Bestimmung der Öl- und Fettarten dienen zu diesem Zwecke auch farbige Reaktionen, welche für die hier in Frage kommenden Öle und Fette im nachfolgenden angeführt sind.

Rübölprobe. 5 ccm Öl werden in einem Reagenzglas mit 2 ccm einer alkoholischen Lösung von salpetersaurem Silber[1]) geschüttelt und in einem Wasserbade eine $1/2 - 3/4$ Stunde mäßig erwärmt.

Enthält das untersuchte Öl Rüböl, so beobachtet man in der Flüssigkeit nach dem Verdunsten des Alkohols, namentlich an der Grenze des Öles und des nach dem Verdunsten des Alkohols zurückbleibenden Wassers, ein braunes Schwefelsilberhäutchen; außerdem erscheint das Öl trüb und braun gefärbt.

Die Reaktion gründet sich darauf, daß das Rüböl Schwefelverbindungen enthält, welche die Schwärzung des salpetersauren Silbers bewirken.

Diese Reaktion können jedoch auch andere schwefelhaltige Öle geben.

Olivenölprobe (*Elaïdinreaktion*). 5—10 ccm Öl werden in einem Reagenzglase mit 5 ccm Salpetersäure von spezifischem Gewicht 1,38—1,41 2 Minuten geschüttelt und bis zur Trennung der Öl- und Säureschichte in Ruhe gelassen.

Dann gibt man 1 g Quecksilber bzw. 1 g Kupferspäne dazu und wartet ab, bis sich das Metall gelöst hat; schließlich schüttelt man heftig 4 Minuten lang und kühlt die durch die Reaktion erwärmte Flüssigkeit, welche bei reinem Olivenöl salbenartig erscheint, durch Eintauchen des Reagenzglases in kaltes Wasser oder durch Stehenlassen an einem kühlen Orte ab. Von der Zeit an beobachtet man, wann eine Trübung beginnt. Aus dem Olivenöle scheidet sich manchmal schon nach einer halben Stunde ein gelblichweißer Stoff ab, und das Öl erstarrt nach etwa 8 bis 12 Stunden vollständig. Der Hauptbestandteil des Olivenöles, das Trioleïn, geht nämlich durch die Einwirkung der salpetrigen Säure in das feste Trielaïdin über.

Diese Reaktion geben nach Literaturangaben auch andere Öle, und zwar scheidet sich bei gleicher Behandlung der Öle mit Salpetersäure und Quecksilber das Elaïdin aus Erdnußöl in $1^1/_2$ Stunden, aus Hammelfußöl nach 2 Stunden und aus Sesamöl nach 3 Stunden ab.

---

[1]) 2 g salpetersaures Silber werden in 10 ccm destilliertem Wasser gelöst und die Lösung wird mit Alkohol auf 100 ccm verdünnt.

Die Ausscheidung des Elaïdins ist von vielen Umständen abhängig, so daß die Probe nicht ganz verläßlich ist. Ein dem Sonnenlichte 14 Tage ausgesetztes Olivenöl gab nach Gintl keine Elaïdinreaktion mehr.

Bei dieser Elaïdinprobe wird das reine Olivenöl licht- bis dunkelgelb. Sind fremde Öle zugegen oder ist die Probe kein Olivenöl, so wird das Öl braun.

Baumwollsamenölprobe. 1. *Halphensche Reaktion.* Gleiche Teile von dem zu prüfenden Öl, Amylalkohol und Schwefelkohlenstoff, in welchem man vorher 1 Proz. Schwefelblumen aufgelöst hat, werden in einem Kölbchen auf dem Wasserbade ungefähr 15 Minuten erwärmt.

Wenn Baumwollsamenöl zugegen ist, so entsteht eine orangerote bis rote Färbung.

Sollte nach 15 Minuten dauerndem Erwärmen die rote Färbung nicht eintreten, so empfiehlt es sich, den verdampften Schwefelkohlenstoff zu ersetzen und noch 10 Minuten zu erwärmen.

Durch diese Probe lassen sich noch 5 Proz. Baumwollsamenöl nachweisen.

2. *Becchische Reaktion.* 10 ccm Öl werden in einem Kölbchen mit 150 ccm alkoholätherischer Lösung von salpetersaurem Silber[1]) vermischt. Der Kolben wird mit einem Korkstöpsel, welcher mit einer ungefähr 100 cm langen Glasröhre versehen ist, verschlossen und auf dem Wasserbade eine Viertelstunde erwärmt.

Durch Reduktion scheidet sich bald ein braunschwarzer Silberniederschlag ab, wogegen bei anderen Ölen die Reduktion erst nach längerer Zeit erfolgt.

Ein altes oder gekochtes Baumwollsamenöl gibt diese Reaktion nicht.

3. *Wellmannsche Reaktion.* Zu einer Lösung von 1 g Fett in 5 ccm Chloroform setzt man 2 ccm Phosphomolybdänsäurelösung zu und schüttelt kräftig um. Bei Gegenwart von Baumwollsamenöl färbt sich das Gemisch grün.

Beim Stehen trennt sich das Gemisch in zwei Schichten, von denen die untere wasserhell, die obere grün gefärbt erscheint. Nach Zusatz von Ammoniak geht die grüne Farbe ins Blau über.

4. *Salpetersäurereaktion.* Ungefähr 5 ccm Öl werden in einem Reagenzglas mit gleicher Menge Salpetersäure vom spezifischen Gewicht 1,38—1,40 geschüttelt und 24 Stunden stehen gelassen.

---

[1]) 1 g salpetersaures Silber wird in 200 ccm Alkohol und 40 ccm Äther unter Zusatz von 2 Tropfen Salpetersäure gelöst.

War Baumwollsamenöl anwesend, so entsteht eine braune Färbung, welche selbst bei einem auf eine höhere Temperatur erwärmten Öle erscheint.

Sesamölprobe. 1. *Baudouinsche Reaktion.* 5 ccm Öl werden mit 10 ccm Salzsäure ungefähr vom spezifischen Gewichte 1,19 durchgemischt, zum Gemische 0,2 g fein zerriebener Rübenzucker zugesetzt und etwa eine halbe Minute geschüttelt. Bei Anwesenheit von Sesamöl erscheint die sich vom Öl abscheidende Salzsäure binnen kurzer Zeit karmoisinrot gefärbt, sonst gelb oder braungelb.

Die Reaktion beruht darauf, daß eine in Sesamöl anwesende Verbindung mit dem durch Einwirkung von Salzsäure neben Levulose gebildeten Furfurol eine rote Färbung bewirkt.

Demzufolge kann man zur Reaktion statt Zucker eine 1 prozentige alkoholische Furfurollösung verwenden; zum Gemisch von Öl und Salzsäure werden 0,5 ccm Furfurollösung zugefügt und das Gemisch stark geschüttelt.

Die Reaktion mit Furfurol soll verläßlicher sein, da einige Olivenöle (Afrika, Portugal, Bari) mit Salzsäure und Zucker auch eine schwache rosarote Färbung geben sollen.

Mit der Baudouinschen Reaktion läßt sich 0,5 Proz. Sesamöl nachweisen.

Wenn Fette oder Öle mit Teerfarbstoffen gefärbt sind, so kann durch Zusatz von Salzsäure allein (ohne Zuckerzusatz) eine rote Färbung stattfinden. In einem solchen Falle ist die spektroskopische Untersuchung die verläßlichste[1]).

Die mit Salzsäure und Furfurol bei Sesamöl hervorgerufene rote, entsprechend mit Salzsäure verdünnte Lösung gibt zwei Absorptionsstreifen ungefähr bei λ 528,0 und 492,5.

2. *Soltsiensche Reaktion.* 2 Volumteile Öl werden in einem Reagenzglas in doppelter Menge Benzin (Siedepunkt ungefähr 70—80° C) gelöst, mit 3 Volumteilen konzentrierter Zinnchlorürlösung, welche vorher mit Salzsäuregas gesättigt wurde, durchgeschüttelt und in ein Wasserbad von 40° C eingetaucht. Nach dem Absetzen der Zinnchlorürlösung wird das Reagenzglas in Wasser von 80° C nur bis zur Höhe der unten befindlichen Zinnchlorürlösung eingesenkt, so daß ein Sieden des Benzins möglichst

---

[1]) Siehe J. Formánek, Die qualitative Spektralanalyse anorganischer und organischer Körper, Berlin 1915, Verlag von R. Mückenberger, und J. Formánek (unter Mitwirkung von E. Grandmougin), Untersuchung und Nachweis organischer Farbstoffe auf spektroskopischem Wege. Berlin 1911, Verlag von Julius Springer.

vermieden wird. Wenn Sesamöl zugegen ist, so färbt sich die Zinnchlorürlösung rot.

Auch das Öl, dem der Träger dieser Reaktion mit Salzsäure ausgezogen wurde, soll nach Soltsien immer noch die Reaktion mit Zinnchlorürlösung geben. Die Reaktion läßt eine schnelle Entscheidung über die Gegenwart von Sesamöl auch in Fällen zu, in denen die Baudouinsche Reaktion unverläßlich ist, also bei gewissen Olivenölen und bei künstlich gefärbten Ölen.

Wollfettprobe. 1. *Liebermannsche Reaktion.* Vermischt man ungefähr 0,25 g Wollfett mit 3 ccm Essigsäureanhydrid, filtriert und setzt zum Filtrate einen Tropfen konzentrierter Schwefelsäure zu, so entsteht eine rote Färbung; die Farbe geht aber bald in Dunkelgrün über zum Unterschied von der gleichen Reaktion auf Harzöle. Die Reaktion ist durch das im Wollfett anwesende Cholesterin bedingt.

2. *Hager-Salkowskische Reaktion.* Löst man etwa 0,25 g Wollfett in 10 ccm Chloroform und schüttelt mit der gleichen Menge konzentrierter Schwefelsäure durch, so färbt sich die Flüssigkeit dauernd rot und fluoresziert grün.

Teer- und Harzöle.

Steinkohlenteeröle riechen nach Kresol und lösen sich in konzentrierter Schwefelsäure bei gelindem Erwärmen zu wasserlöslichen Verbindungen auf.

Mischt man sie mit konzentrierter Salpetersäure, so erwärmen sie sich stark und geben Nitroverbindungen; man darf die Erwärmung nicht zu hoch steigen lassen, da sie zur Explosion führen könnte.

In absolutem Alkohol sind sie bei Zimmerwärme vollständig löslich. Die alkoholische Lösung fluoresziert grünlichblau und gibt nach Zusatz von verdünnter Eisenchloridlösung eine vorübergehende blaue Färbung.

Braunkohlenteeröle riechen nach Kresol, aber schwächer als Steinkohlenteeröle. Sie reagieren auch mit konzentrierter Salpetersäure, aber nicht mehr so heftig wie Steinkohlenteeröle, bedeutend stärker jedoch als Mineralöle, welche sich bei Zusatz von Salpetersäure nur um etwa 10° C erwärmen.

Mischt man solche Öle mit einem doppelten Volumen von Alkohol, so lösen sie sich zu 22—66 Proz.; die Lösung fluoresziert nicht; mit Eisenchloridlösung versetzt, gibt die alkoholische Lösung keine Färbung.

Für Steinkohlen- und Braunkohlenteeröle ist die von Gräfe angegebene Diazobenzolreaktion auf Phenole charakteristisch[1]); sie wird folgendermaßen ausgeführt: 2 g Öl werden 5 Minuten mit 20 ccm halbnormaler wässeriger Natronlauge gekocht, filtriert und das Filtrat nach dem Abkühlen mit einigen Tropfen frisch bereiteter Benzoldiazoniumchloridlösung[2]) versetzt. Bei Gegenwart von Stein- oder Braunkohlenteeröl tritt Rotfärbung bzw. ein roter Niederschlag ein, infolge Bildung eines Azofarbstoffes aus den in diesen Ölen enthaltenen Phenolen.

Von den Holzteeren wird als Schmiermittel auch *Buchenholzteeröl* verwendet. Dasselbe hat einen besonderen, von dem Stein- und Braunkohlenteeröl verschiedenen kreosolartigen Geruch. Es löst sich vollständig in absolutem Alkohol. Die alkoholische Lösung fluoresziert nicht; mit wenig Eisenchloridlösung versetzt, färbt sie sich blau, mit mehr Eisenchlorid grün. Die Reaktion ist durch das im Öl anwesende Guajakol ($OH.C_6H_4.OCH_3$) bzw.

Kreosol ($CH_3.C_6H_3\begin{Bmatrix} O.CH_3 \\ OH \end{Bmatrix}$) bedingt.

Buchenholzteeröl gibt zwar auch die oben beschriebene Diazobenzolreaktion, aber in schwächerem Maße.

Harzöle sind in doppeltem Volumen von absolutem Alkohol zu 50—100 Proz. löslich; die Lösung fluoresziert mitunter schwach grünlichblau; in ätherischer Lösung tritt die Fluoreszenz deutlicher auf. Mit Azeton sind sie im Gegensatz zu Mineralöl in jedem Verhältnisse mischbar.

Harzöle werden am besten durch die Liebermann-Storchsche (Storch-Morawskische) Reaktion auf folgende Weise nachgewiesen: 2 ccm Öl werden in einem Reagenzglase mit 2 ccm Essigsäureanhydrid durchgeschüttelt und gelinde erwärmt. Nach dem Absetzen werden die zwei Flüssigkeitsschichten getrennt und zu dem Essigsäureanhydrid ein Tropfen Schwefelsäure vom spezifischen Gewichte 1,53 zugesetzt[3]).

War Harzöl anwesend, so färbt sich die Flüssigkeit rosarot bis violett, sonst graugrün. Die violette Farbe geht jedoch bald in eine braune Farbe über.

Die Reaktion ist ziemlich verläßlich, und man kann dadurch noch 2 Proz. Harzöl nachweisen. Eine rote Färbung mit Essigsäureanhydrid gibt auch Wollfett (s. S. 160).

---

[1]) Gräfe, Chem.-Ztg. 1906, S. 298.

[2]) Zu einer mit Eis gekühlten, angesäuerten Lösung von salzsaurem Anilin werden einige Tropfen von Natriumnitritlösung zugesetzt.

[3]) Diese Schwefelsäure wird zubereitet, indem man konzentrierte Schwefelsäure in gleiches Volumen Wasser langsam eingießt.

Carles[1]) empfiehlt folgende Probe auf Harzöle:

Man erhitzt etwa 5 g Öl mit der fünffachen Menge 60proz. Alkohol auf dem Wasserbade auf 40—50° C, schüttelt kräftig einige Minuten, kühlt und filtriert die abgeschiedene alkoholische Schicht ab. Das Filtrat wird auf dem Wasserbade erwärmt, bis der Alkohol verflüchtigt ist und nach dem Erkalten tropfenweise mit 2—3 ccm Dimethylsulfat versetzt. Bei Anwesenheit von Harzöl färbt sich die Flüssigkeit rot.

Eine andere Reaktion auf Harzöle ist die folgende:

Man löst das zu prüfende Öl in Schwefelkohlenstoff und setzt einen Tropfen Zinntetrachlorid bzw. Zinntetrabromid zu und schüttelt um. Bei Gegenwart von Harzöl wird die Lösung violett.

Die Harzöle haben die besondere Eigenschaft, daß sie die Polarisationsebene bedeutend stärker drehen als Mineralöle (siehe S. 134).

---

[1]) Schmieröle für Automobile und ihre Verfälschung. Chem. Ztg. 1910. Chem. techn. Repertorium S. 492.

D. Beurteilung von Schmierölen.

Aussehen, Farbe, Geruch, Konsistenz.

Die Schmiermittel können zunächst einigermaßen annähernd nach ihren äußeren Merkmalen, und zwar nach Aussehen, Farbe, Geruch und Konsistenz beurteilt werden.

Zu diesem Zwecke wird das betreffende Öl in ein Reagenzglas von 15 mm Durchmesser eingegossen und sowohl im durchfallenden als im auffallenden Lichte beobachtet.

Raffinierte Destillatschmieröle und Rückstandsöle erscheinen im durchfallenden Lichte vollkommen klar und mehr oder minder durchsichtig; sie besitzen je nach dem Grade der Raffination eine mehr oder weniger helle rote, gelbrote bis hellgelbe Farbe; nur einige Sorten, wie weißes Vaselinöl, sind fast farblos.

Unraffinierte Schmieröle sind regelmäßig auch in dünneren Schichten undurchsichtig und haben gelbrote, meistens eine tief dunkle Farbe.

Unraffinierte Destillatschmieröle haben eine viel hellere Farbe als unraffinierte Rückstandsschweröle.

Die dunkle Farbe eines Öles ist noch kein Beweis, daß ein Öl nicht gereinigt worden ist; ein dunkles Öl kann trotz seiner Farbe reiner sein als ein helles Öl.

So können Öle, welche nur durch Destillation und sorgfältige Filtration hergestellt wurden, also nicht raffiniert sind, mitunter wertvoller sein als manche raffinierte Öle. Im allgemeinen sind jedoch gut raffinierte Öle die besten.

Die Farbe eines Öles bildet kein entscheidendes Kriterium für den Grad der Raffination desselben, sie hängt vielmehr von dem Ursprung und der Art des Öles ab.

Auch können die Öle zugefärbt sein, um ihnen das Aussehen von bestimmten Ölsorten zu verleihen. Um beispielsweise einem Öle eine goldgelbe Farbe zu erteilen, werden demselben 0,005 bis 0,01 Proz. Chinolingelb zugesetzt. Mitunter werden manche Öle absichtlich gefärbt, um sie von anderen Ölen zu unterscheiden, wie z. B. die Kompressorenöle rot.

Sämtliche Mineralschmieröle zeigen im auffallenden Lichte eine mehr oder minder starke Fluoreszenz, und zwar fluoreszieren galizische Öle bläulich grün bis grün, russische Öle blau und amerikanische Öle grasgrün. Die Fluoreszenz tritt deutlich auf, wenn man einen Tropfen des betreffenden Öles auf schwarzes Glanzpapier bringt. Die Farbe der Fluoreszenz ist jedoch kein ganz verläßliches Merkmal für die Herkunft eines Öles, sie kann auch mit Anilinfarben künstlich erzeugt worden sein.

Die die Fluoreszenz bedingenden Körper sind vermutlich die Verbindungen der Benzolreihe wie Chrysen, Fluoren, Pyren (siehe Ztschr. »Petroleum« X. 1915, S. 334). Die Ansicht, daß die Fluoreszenz durch das Vorhandensein kolloidaler Paraffinteilchen verursacht wird, ist unzutreffend.

Die natürliche Fluoreszenz der Mineralöle wird mitunter künstlich verdeckt, um dem Öle z. B. das Aussehen von Pflanzenölen zu erteilen, welche außer Erdnußöl nicht fluoreszieren[1]). Man nennt diesen Vorgang das »Entscheinen« und ein seiner Fluoreszenz beraubtes Öl »entscheintes Öl«.

Die Fluoreszenz wird künstlich durch einen Zusatz von $^1/_4$ bis $^1/_2$ Proz. α-Nitronaphthalin ($C_{10}H_7NO_2$) oder durch fettlösliche Anilinfarben beseitigt; solche Öle erscheinen, auf schwarzes Glanzpapier getropft, schwarz.

Eine vollständige Entfernung der Fluoreszenz ist hierdurch nicht möglich und selbst bei best entscheinten Mineralölen tritt diese in stärkeren Schichten deutlich auf.

Auch tritt die Fluoreszenz wieder auf, sobald sich das Entscheinungsmittel ausgeschieden hat.

Die mit Nitronaphthalin entscheinten Öle dunkeln stark nach, bleichen aber wieder, sobald sie dem direkten Sonnenlichte ausgesetzt werden.

Nitronaphthalin läßt sich nachweisen, indem man ungefähr 2 ccm Öl eine Minute lang mit 2—3 ccm 10proz. alkoholischer Kalilauge kocht. Bei Anwesenheit von Nitronaphthalin färbt sich die alkoholische Lösung rot bis violett infolge Umsetzung des Nitronaphthalins zu einer Azoverbindung. Trane geben blutrote, alle übrigen Öle gelb- oder rötlich-braune Färbung.

Diese Probe dient nur als Vorprobe; fällt diese bejahend aus, so muß das vermutete Nitronaphthalin durch Erwärmen und Umschütteln mit Zinkstaub und Salzsäure zu α-Naphthylamin reduziert und dieses durch Oxydation mit Eisenchlorid oder durch Überführung in Azofarbstoffe nachgewiesen werden[2]).

---

[1]) Erdnußöl zeigt am Rande der Flüssigkeit eine bläuliche Fluoreszenz.
[2]) Siehe D. Holde, Kohlenwasserstofföle, S. 222; R. Wischin, Vademecum des Mineralölchemikers, S. 119.

Ist ein Öl trüb, so kann es verschiedene absichtliche oder zufällige Beimengungen enthalten, wie Wasser, Paraffin, Zeresin, Pech- oder Asphaltteilchen, Graphit, Mineralstoffe usw.

Grobe mechanische Verunreinigungen, welche von nachlässiger Behandlung herrühren, wie Sand, Rost, Fetzen, Strohhalme, Spundteile und Spinnfasern, dürfen in Ölen nicht vorhanden sein, weil dadurch die mit denselben geschmierten Maschinenbestandteile beschädigt werden könnten.

Schon ein ganz geringer Wassergehalt verursacht im Öl eine Trübung, er ist aber belanglos; größere Mengen von Wasser, namentlich in Zylinderölen, sind jedoch für die Qualität des Öles nachteilig.

Reine Mineralöle sind entweder geruchlos oder haben einen milden eigenartigen Geruch, welcher mit zunehmendem spezifischem Gewichte abnimmt. Unraffinierte Schmieröle haben meistens einen stark ausgeprägten, unangenehmen Geruch. Rückstandsschmieröle sind im allgemeinen geruchsschwächer als Destillationsschmieröle. Deutlicher tritt der Geruch eines Mineralöles auf, wenn man dasselbe zwischen den Handflächen verreibt. Erwärmt man das Öl gelinde, so tritt sein Geruch stärker hervor.

Ein unangenehmer Geruch läßt vermuten, daß das Mineralöl Zersetzungsprodukte enthält, daß es schlecht gereinigt wurde oder daß demselben verdorbene Öle oder Fette beigemischt wurden. Riecht ein Öl nach Kreosot, so enthält es Steinkohlen- oder Braunkohlenteeröle. Auch Harzöle, Buchenholzteeröle und rohes Rüböl lassen sich mitunter im Öl an deren eigentümlichem Geruch erkennen.

Ein unangenehmer Geruch eines Öles läßt sich teilweise mittels verschiedener Mittel mildern oder durch Nitrobenzolzusatz verdecken; in letzterem Falle ist selbst ein größerer Zusatz eines riechenden Öles äußerlich nicht erkennbar.

Auf Nitrobenzol prüft man in gleicher Weise wie auf Nitronaphthalin.

Die Konsistenz der Öle wird im allgemeinen nach dem Augenschein festgestellt; man unterscheidet folgende Abstufungen:

dünnflüssig (petroleumartig),
wenig zähflüssig (spindelölartig),
mäßig zähflüssig (entsprechend leichten Maschinenölen),
zähflüssig (entsprechend schweren Maschinenölen),
äußerst zähflüssig (entsprechend Zylinderölen),
dünn salbenartig,
schmalzartig,
butterartig,
talgartig.

Behufs einheitlicher Beurteilung der Konsistenz werden die Öle vor der Prüfung in ein Reagenzglas von 15 mm lichter Weite 3 cm hoch eingefüllt, 10 Minuten in siedendem Wasser erwärmt und nachher noch eine Stunde unter Vermeidung von Bewegung in 20° C warmem Wasser belassen. Die Prüfung auf die Konsistenz wird dann durch Neigung des Reagenzglases durchgeführt. Seifen- und kautschukhaltige Öle zeigen eine eigentümliche fadenziehende Konsistenz (s. S. 145).

Viskosität.

Die Öle sollen einen möglichst hohen Schmierwert haben und einen möglichst geringen Verbrauch aufweisen. Demzufolge ist es vor allem die Viskosität, welche den wichtigsten Maßstab zur Einteilung und Beurteilung der Öle bildet.

Im Kapitel über die Verarbeitung des Erdöles sind die Viskositäten der Mineralöle angeführt, nach denen man sich richten kann (S. 24).

Die Viskosität kann zwar durch verschiedene Zusätze, wie z. B. durch Zusatz von Harzöl oder Asphalt und anderen Mitteln, künstlich erhöht werden, aber der wirkliche Schmierwert wird dadurch nicht größer.

Durch einen Zusatz von Seifen, namentlich von Tonerdeseife oder Kautschuk (1—2 Proz.) wird die Viskosität vorübergehend erhöht, sinkt aber wieder, wenn das Öl erwärmt wird.

Mischt man ein Öl mit höherer Viskosität mit einem solchen von niedrigerer Viskosität, so liegt die Viskosität des Gemisches niedriger als auf Grund einer einfachen Mischungsrechnung resultiert (S. 123).

Die Viskosität der Öle hängt, wie schon früher erörtert wurde, auch von der Temperatur ab; mit steigender Temperatur nimmt sie verhältnismäßig rascher ab, als dies bei Pflanzenölen der Fall ist (s. S. 113 u. 175).

Bei Maschinenölen ist die Viskosität bei einer Temperatur von 50° C 5—6 mal geringer als bei 20° C und bei einer Temperatur von 200—300° C beträgt sie bloß ungefähr 1—1,5° E. Je viskoser (zähflüssiger) ein Öl ist, um so schneller nimmt verhältnismäßig seine Viskosität bei höherer Temperatur ab.

Demzufolge hat die bei hohen Temperaturen bestimmte Viskosität nicht jene Bedeutung, welche ihr beigelegt wird; nichtsdestoweniger bildet sie in der Praxis eine wichtige Grundlage zur Beurteilung der Öle.

Ebenso muß man den Umstand berücksichtigen, daß der Schmierwert verschiedener Öle gleicher Viskosität nicht gleich sein muß. Die Erfahrung lehrt nämlich, daß mitunter ein billigeres Öl mit geringerer Vikosität ebenso gut schmiert wie ein teureres Öl mit höherer Viskosität.

Die Erklärung dieser Erscheinung ist in Umständen zu suchen, welche mit dem Schmiermittel in keiner Beziehung stehen, wie z. B. die Lagerkonstruktion, Druckverteilung, Schmierungsart, Temperatur usw.

Paraffinreichere Öle haben im allgemeinen eine geringere Viskosität und fließen leichter als paraffinarme Öle.

Wichtig ist, in welchem Zustande sich je nach der Art der Erzeugung das Paraffin in einem Öle befindet, ob in kristallinischer, kolloidaler oder vaselinartiger Struktur (Bauart), und zu welchem Zwecke das Öl dienen soll.

Es wurde eingewendet, daß ein Paraffingehalt den Ölen nachteilig ist, aber unmittelbar nachgewiesen wurde dies bisher nicht, umgekehrt kann ein paraffinreicheres Öl für einige besondere Zwecke ganz gut geeignet sein, weil festgestellt wurde, daß das Paraffin dem Auspressungsdrucke einen sehr hohen Widerstand entgegensetzt.

So sind z. B. amerikanische (pennsylvanische), paraffinreiche Zylinderöle besser als russische paraffinarme Öle.

Galizische Rohöle geben gute viskose Maschinenöle, dagegen Zylinderöle von mittlerer Qualität, russische Rohöle geben gute viskose Öle, amerikanische Rohöle gute Maschinenöle und besonders gute Zylinderöle.

Entflammungs- und Entzündungspunkt, Verdampfbarkeit der Öle.

Der Entflammungspunkt hat bei Maschinenölen, welche zum Schmieren von Lagern bei gewöhnlicher Temperatur dienen, eher nur eine orientierende Bedeutung; derselbe beträgt bei Maschinenölen fast stets über 160° C, welche Temperatur im Lager nur selten vorkommt. Dagegen ist der Entflammungspunkt von Wichtigkeit für Öle, die zum Schmieren von Gasmotoren, sei es nun feststehenden oder Kraftfahrzeugmotoren, sowie zum Schmieren von Zylindern landwirtschaftlicher Lokomobilen dienen.

Der Entflammungspunkt der Schmieröle für feststehende Motoren und Kraftfahrzeugmotoren soll nicht allzu hoch sein, weil die in den Ölen von hohem Entflammungspunkt anwesenden hochsiedenden Anteile im Zylinder nur schwierig verbrennen und schmierige, kohlige Rückstände bilden, welche sich in den Zylindern und unter den Ventilen festsetzen. Außerdem raucht solches unvollständig verbrennendes Öl stark, und die Luft wird durch unangenehm riechende Auspuffgase verunreinigt.

Je größere Mengen solcher hochsiedender viskoser Anteile ein Öl enthält, um so unvollständiger ist dessen Verbrennung und um so größer daher auch die Verunreinigung der Motoren.

Der Entflammungspunkt der Öle für Explosionsmotoren soll zwischen 180—235° C liegen.

Zum Schmieren der Zylinder von landwirtschaftlichen Dampflokomobilen verwendet man Öle mit einem Entflammungspunkt von 250—300° C, damit das zum Kesselspeisen dienende Kondenswasser nicht durch verbranntes Öl verunreinigt werde.

Nachdem jedes Öl aus bei verschiedenen Temperaturen siedenden Anteilen zusammengesetzt ist, so verflüchtigen sich die leichter siedenden Anteile schon unter dem Siedepunkte des Öles verhältnismäßig mehr.

Von einem Öl wird bei einer bestimmten Temperatur um so mehr verdampfen, je größere Mengen solcher niedrig siedender Anteile es enthält. Demzufolge kann man, wohl annähernd, nach dem Entflammungspunkt auf die Verdampfbarkeit eines Öles schließen; mitunter weisen jedoch Öle von gleichem Entflammungspunkt verschiedene Verdampfbarkeit auf.

Der Entflammungspunkt steht hingegen in keiner festen und unmittelbaren Beziehung zum Schmierwert des Öles.

Der Entzündungspunkt der Öle hat eine untergeordnete Bedeutung, weil er stets höher als der Entflammungspunkt liegt und der Unterschied zwischen beiden nur ziemlich gering ist.

Erstarrungspunkt.

Bei allen für Kraftfahrzeuge sowie für feststehende Explosionsmotoren dienenden Ölen, welche bei kalter Witterung und besonders im Winter niedrigen Temperaturen ausgesetzt sind, spielt der Erstarrungspunkt eine wichtige Rolle. Solche Öle dürfen, selbst unter Null abgekühlt, nicht erstarren.

Amerikanische und auch ein Teil der galizischen Öle (aus paraffinreichen Rohölen hergestellte) erstarren meistens schon nahe 0° C. Ein anderer Teil der galizischen Öle, welche aus naphthenreicheren Rohölen stammen, zeichnet sich durch tiefliegende Erstarrungspunkte —10 bis —25° C aus. Aber auch aus paraffinreichen Rohölen hat man in neuerer Zeit gelernt, Schmieröle mit sehr tiefen Erstarrungspunkten herzustellen, so z. B. aus Boryslaw Tustanowice-Rohöl hergestelltes Automobilöl mit —14 bis —18° C Erstarrungspunkt; russische Öle erstarren bei —10° C, sogar auch bei bis —25° C.

Der Erstarrungspunkt der Mineralöle verschiedener Herkunft ist von deren Zusammensetzung abhängig.

Das Paraffin und die gesättigten Kohlenwasserstoffe verursachen nämlich ein Erstarren der Öle schon nahe bei 0° C und daher erstarren im allgemeinen Öle bei um so niedrigerer Temperatur, je paraffinärmer das Rohöl ist, aus dem sie hergestellt werden und je vollkommener das Paraffin aus dem zur Ölerzeugung dienenden Zwischenprodukt abgeschieden wurde.

Obwohl amerikanische Rohöle verhältnismäßig wenig Paraffin enthalten, sind sie schwieriger von demselben zu befreien, und da sie fast nur gesättigte Kohlenwasserstoffe enthalten, so erstarren die Öle daraus auch schon nahe bei 0° C.

Russische, meist aus paraffinfreien oder -armen Rohölen hergestellte Öle enthalten größere Mengen von ungesättigten Kohlenwasserstoffen und erstarren daher nur schwierig, oft erst bei —25° C.

Galizische Rohöle haben, wie schon im Kapitel über die Verarbeitung des Erdöls angeführt wurde, verschiedene Zusammensetzung; manche derselben enthalten größere Mengen von ungesättigten Kohlenwasserstoffen, und aus solchen kann man Öle erzeugen, die erst bei —10° C bis —25° C erstarren.

Das durch Kälte verursachte Erstarren der Öle kann in den Schmiervorrichtungen oder Lagern einen großen Reibungswiderstand beim Anlassen der Maschine hervorrufen, namentlich aber kann ein Verstopfen der Lagerschmierkanäle stattfinden, welcher Umstand sogar schwere Betriebsstörungen verursachen kann.

Es ist vorgekommen, daß bei Verwendung eines paraffinhaltigen Motorenöles eine Betriebsstörung infolge Kolben- und Lagerachsenverreibung im Motor stattgefunden hat. Die Ursache war, daß das Öl schon bei +6° C breiartig wurde und Paraffin abgeschieden hat, welches das Sieb in der Zirkulationsschmierung verstopfte, so daß kein Öl in die Lager und den Zylinder gelangen konnte.

Man muß daher die Forderung aufstellen, daß das zur Verwendung gelangende Öl noch bis nahe bei 0° C klar bleibt, und daß die im Winter zur Benutzung kommenden Öle bei —10° C noch nicht erstarren.

Zwischen der Viskosität und dem Erstarrungspunkte der Öle besteht keinerlei Beziehung. Bei gleicher Viskosität kann der Erstarrungspunkt eines Öles in einem Falle hoch, im anderen tief liegen.

Um einen hohen Erstarrungspunkt eines Öles herabzusetzen, mischt man dasselbe mit einem Öle, das bei niedrigerer Temperatur erstarrt. Aber nicht jedes Öl eignet sich zu diesem Zwecke.

Folgendes Beispiel aus der Praxis möge dies erläutern. Um bei einem Automobilöl mit einer Viskosität von 10° E bei 50° C den Erstarrungspunkt von +4° C zu erniedrigen, mischte man es in gleichem Verhältnis mit einem Kompressorenöl mit einer Viskosität von 2° E bei 50° C und —22° C Erstarrungspunkt. Man erhielt zwar ein Gemisch, das bei etwa —9° C erstarrte, die Viskosität desselben sank aber bis auf 2,7° E bei 50° C. Ein solches Gemisch ist jedoch zum Schmieren eines Explosionsmotors seiner zu niedrigen Viskosität wegen nicht gut verwendbar.

Wenn man die beiden Öle im Verhältnis 2 Teile Automobilöl zu 1 Teil Kompressorenöl verschnitt, dann wies zwar die Mischung eine Viskosität von etwa 3,8° E bei 50° C auf, hingegen betrug aber der Erstarrungspunkt derselben nur etwa —1° C. Auch dieses Gemisch entspricht den Anforderungen nicht.

Es lassen sich daher durch bloßes Vermischen zweier beliebiger Öle nicht alle gewünschten Eigenschaften erzielen, man muß vielmehr je nach dem Verwendungszwecke hierzu geeignete Öle auswählen und das Ölgemisch einer neuerlichen Untersuchung unterwerfen. Hat man bezüglich des zu verwendenden Öles keine Wahl, dann darf man die vorhandenen eben nur derart vermischen, daß die gewünschte Verbesserung einer Eigenschaft keine der anderen Eigenschaften merklich nachteilig beeinflußt.

Schließlich sei noch bemerkt, daß, um ein vollständig homogenes Gemisch zu erhalten, dickflüssigere Öle beim Vermischen auf ungefähr 50° C zu erwärmen sind.

Unterscheidungsmerkmale der Öle nach Viskosität, Entflammungs- und Erstarrungspunkt.

Gute Öle für kleinere Explosions- und Kraftfahrzeugmotoren sollen eine Viskosität von 4,5—13° E bei 50° C und einen Entflammungspunkt von 180—235° C besitzen.

Für große Explosionsmotoren von 100 und mehr Pferdekräften eignen sich Öle mit einer Viskosität von 8—15° E bei 50° C und einem Entflammungspunkt von ungefähr 210° C.

Im Handel unterscheidet man zweierlei Öle, und zwar Sommeröle und Winteröle.

Sommeröle sind dickflüssiger, enthalten mehr Paraffin und erstarren regelmäßig schon bei etwa +1° C. Winteröle sind dünnflüssiger, paraffinärmer und erstarren erst unter 0° C.

Sommeröle für Kraftfahrzeuge haben eine Viskosität von 7—11° E bei 50° C und +4° bis —1° C Erstarrungspunkt.

Winteröle für Kraftfahrzeuge haben eine Viskosität von 4—7° E bei 50° C und gewöhnlich einen Erstarrungspunkt von —2° bis —12° C und manchmal noch tiefer.

Neutralität.

Gut raffinierte Öle dürfen die Metallflächen der von ihnen geschmierten Maschinenteile nicht angreifen, sie müssen daher eine vollkommen neutrale Reaktion zeigen.

Im allgemeinen beläuft sich der Säuregehalt von Maschinenölen, berechnet auf Schwefelsäureanhydrid, auf 0,01—0,03 Proz.

Die Menge der in Schmierölen vorhandenen sauren Bestandteile soll bei dunklen Ölen, berechnet auf Schwefelsäureanhydrid, höchstens 0,1 Proz. betragen.

Es ist zu beachten, daß durch unzweckmäßiges längeres Lagern und die hierbei auftretende Verharzung der Gehalt an sauerstoffhaltigen, die Metallflächen angreifenden Stoffen in den Ölen zunimmt.

Wenn ein Mineralöl Pflanzen- oder Tieröle bzw. -fette, wie z. B. Talg, enthält und zum Schmieren von Dampfmaschinenzylindern bei Hochdruck verwendet wird, so können dieselben durch die Einwirkung des heißen Dampfes in Glyzerin und Fettsäuren gespalten werden, welche letzteren die Maschinenzylinder im Laufe der Zeit stark angreifen. Pflanzen- und Tieröle erfahren nämlich durch heißen Dampf bei höherem Druck schon bei 250—300° C eine Zersetzung.

Harze und Asphaltstoffe.

Gut raffinierte Öle enthalten keine Harzstoffe, aber durch Einwirkung von Licht und Luftsauerstoff, die sog. Autooxydation, und vielleicht durch Polymerisation der im Öl anwesenden Terpene bilden sich in jedem Mineralöl, namentlich in der Wärme, säurehaltige Stoffe, Harzschmieren, und es scheidet sich dann schließlich eine schwarze, in Öl unlösliche Masse ab.

Russische Öle verharzen leichter als galizische oder amerikanische Öle.

Aus diesem Grunde empfiehlt es sich, Öle in gut verschlossenen, undurchsichtigen Gefäßen in einem kühlen Raume aufzubewahren, zu welchem das Sonnenlicht keinen direkten Zutritt hat und die Lagergefäße nicht erwärmen kann.

Helle, durchsichtige Öle enthalten höchstens 0,6 Proz. Harzstoffe, dunkle Öle höchstens 1,0 Proz., nur schlecht raffinierte Öle enthalten 3—3,5 Proz. Harzstoffe.

Sorgfältig raffinierte Öle sollen frei von Asphaltstoffen sein. Asphalthaltige Öle kleben an den Metallflächen und erhöhen in ungünstigem Maße die Reibung in den Lagern.

Bei billigen Ölen kann man 0,2 Proz. von hartem, in Benzin unlöslichem Asphalt zulassen. Weiche, in Alkoholäther unlösliche Asphaltstoffe schaden im Öle nicht, solange sie in demselben nur in geringeren Mengen vorhanden sind.

Dunkle Zylinderöle enthalten bis ungefähr 1,5 Proz., nur selten 2—3 Proz. weiche Asphaltstoffe.

Bei der Zirkulationsschmierung von Explosionsmotoren, bei welchen das Öl aus dem Ölbehälter durch eine kleine Pumpe in die Lagerkanäle getrieben wird und wieder in den Ölbehälter zurückläuft, bilden sich im Öle durch die Einwirkung der Wärme des heißen Motors allmählich Asphaltstoffe, besonders wenn das Öl schon ursprünglich solche enthalten hat.

Die Gegenwart von größeren Asphaltmengen kann aber zur Verharzung und zur Verschmierung der Lager und der Lagerkanäle bzw. auch zur Bildung von schädlichen Rückständen in den Zylindern Anlaß geben.

Aus diesem Grunde ist es nicht ratsam, bei der Zirkulationsschmierung das Öl im Ölbehälter allzu lange zu verwenden, selbst wenn das verbrauchte Öl durch frisches ergänzt wird. Es empfiehlt sich vielmehr, sobald das Öl dunkel und fast undurchsichtig geworden ist und stärker nach verbranntem Öl riecht, dasselbe durch frisches zu ersetzen.

Das gebrauchte Öl kann man immer noch zu einem anderen Zwecke verwenden, wie z. B. gemischt mit konsistentem Fett zum Schmieren des Differentialgetriebes usw. (s. S. 178).

Noch wichtiger als die Bestimmung von Asphaltstoffen im ursprünglichen Öle ist es, festzustellen, inwieweit der Asphaltstoffgehalt im Öl bei Verwendung in einer bestimmten Zeit wächst, weil dieser Umstand von der Art des Öles abhängig ist. Bei manchen Ölen ist die Bildung von Asphaltstoffen in der gleichen Verwendungsdauer größer, bei anderen Ölen je nach deren Herkunft bedeutend geringer.

Verharzungsfähigkeit, Teer- und Verteerungszahl.

Destillierte und gut raffinierte Mineralschmieröle verharzen nicht, selbst wenn sie auf 100° C. erwärmt werden. Dunkle, unraffinierte und auch unfiltrierte Öle, ebenso behandelt, verdicken sich, werden allmählich klebrig und verharzen schließlich. Die Verharzung ist umso vollständiger, je unreiner die Öle sind bzw. je mehr pech- und asphaltbildende Stoffe sie enthalten.

Was die Teer- und Verteerungszahl anbelangt, so kann
man keine endgültigen Grenzzahlen aufstellen, solange für diese
Methode keine genaue Vorschrift festgesetzt ist, weil die Ergebnisse von verschiedenen Faktoren, z. B. von der Oberfläche des erwärmten Öles, abhängig sind. Im allgemeinen kann man jedoch
sagen, daß je höher bei einem Öl diese Zahlen ausfallen, umso
veränderlicher das Öl im Betriebe ist.

In der nachfolgenden Tabelle sind Teer- und Verteerungszahlen von verschiedenen raffinierten und unraffinierten Auto-
mobil-Zylinderölen galizischen Ursprungs zusammengestellt, welche
bei der Beurteilung der Öle als eine Richtschnur dienen können.

In dieser Tabelle sind zum Vergleiche die Verteerungszahlen
angegeben, welche bei einer Erwärmung der Öle auf 100° C
während 100 Stunden und auf 150° C während 50 Stunden erhalten wurden. Die Oberfläche der erwärmten Öle betrug 16 □cm
bei einer Füllung von 50 g Öl in ein Becherglas von 75 ccm Inhalt.

Bezeichnung	Viskosität bei 50 C in Englergraden	Teerzahl	Verteerungszahl	
			bei 100° C	bei 150° C
Autoöl V, raffiniert	5,6	0,27	0,37	0,48
Schweres Maschinenöl, raffiniert	6,6	0,36	0,47	0,52
Autoöl K, raffiniert	7,3	0,36	0,52	0,56
Autoöl K, raffiniert	7,8	0,40	0,43	0,46
Autoöl R, raffiniert	9,7	0,44	0,52	—
Autoöl P, schwach raffiniert. .	10,8	0,36	0,50	—
Autoöl P, raffiniert	11,3	0,25	0,35	—
Autoöl K, nicht raffiniert . . .	4,5	0,83	0,92	0,99
Autoöl K, nicht raffiniert . . .	5,5	0,80	1,00	1,21
Autoöl K, nicht raffiniert . . .	6,5	0,85	0,98	1,03
Autoöl II, nicht raffiniert . . .	7,1	0,89	—	—
Autoöl I, nicht raffiniert . . .	8,6	0,95	—	—
Autoöl Z, nicht raffiniert . . .	9,6	0,97	1,46	—
Autoöl P, nicht raffiniert . . .	11,7	1,39	1,50	—
Autoöl R, nicht raffiniert . . .	12,4	0,84	0,96	—
Autoöl A.B, nicht raffiniert . .	13,0	1,17	1,40	—

Seifen- und Kautschukgehalt.

Öle, welche zum Schmieren der Zylinder von Explosionsmotoren dienen, sollen weder Seifen- noch Kautschukzusatz enthalten; solche Zusätze erhöhen zwar die Viskosität eines Öles,
diese sinkt jedoch wieder, wie schon früher erwähnt, wenn das
Öl erhitzt wurde.

Die mit Kautschuk und Seifen zubereiteten Öle bilden in den Zylindern Schmieren und schädliche Rückstände. Es ist daher der Zusatz von Seifen und Kautschuk zu den Motorenölen als Verfälschung anzusehen.

Pflanzen- und Tieröle bzw. Fette in Mineralschmierölen.

Neben einzelnen Mineralölfraktionen und Gemischen verschiedener solcher Fraktionen kommen Mischungen von Mineralölen mit Pflanzen- und Tierölen und -fetten, wie z. B. Kompoundöle und -fette, in den Handel.

Pflanzen- und Tieröle werden gegenwärtig hauptsächlich nur zu denjenigen Ölen zugesetzt, welche zum Schmieren kaltlaufender Maschinenteile dienen sollen.

Jedoch soll man zu diesem Zwecke keine trocknenden Öle verwenden, welche beim Gebrauch schon nach kurzer Zeit klebrig werden.

In Betracht kommen hauptsächlich rohes und raffiniertes **Rüböl, Olivenöl, Baumöl**[1]), **Baumwollsamenöl (Kotonöl), Rizinusöl** und **Palmöl,** ferner **Talg** und **Knochenöl** und schließlich **Wollfett.**

Öle, welche zum Schmieren von Explosionsmotoren verwendet werden sollen, dürfen keine fetten Öle enthalten, weil diese in den Zylindern Schmieren und Rückstände bilden.

Der Zusatz von fetten Ölen zu den Mineralölen, welche zum Schmieren kaltlaufender Maschinenteile dienen sollen, darf in seinen Wirkungen nicht unterschätzt werden. Durch den Zusatz von fetten Ölen zu Mineralölen kann man gewisse Eigenschaften, wie Viskosität, Entflammungs- und Erstarrungspunkt usw. regeln und die Schmierleistung günstig beeinflussen; ferner werden Mineralöle durch den Zusatz von fettem Öl schlüpfriger.

Es scheint, daß der Widerstand gegen diejenige Kraft, welche das Öl aus dem Zwischenraum zwischen Lager und Welle herauszupressen sucht, durch einen Zusatz von Pflanzen- oder Tieröl bzw. -fett steigt.

Manche fette Öle zeichnen sich durch hohe Viskosität, hohen Entflammungspunkt und niedrigen Erstarrungspunkt aus, im allgemeinen auch durch gutes Anhaftungsvermögen. Die Säurebildung aus fetten Ölen wird in Gemischen mit Mineralölen, soweit man solche Gemische in kaltem Zustande zum Schmieren verwendet, vermieden.

---

[1]) Baumöl ist eine geringere Sorte von Olivenöl, welches durch warmes Pressen der Oliven erhalten wird.

Die Viskosität der fetten Öle sinkt mit steigender Temperatur nicht so rasch wie jene der Mineralöle und schwankt größtenteils nur wenig, wogegen Mineralöle innerhalb enger Grenzen alle möglichen Konsistenzstufen zeigen.

Mineralöle verdampfen bei höheren Temperaturen schwierig, aber noch immer leichter als fette Öle; dagegen sind erstere weit weniger selbstentzündlich als Pflanzen- oder Tieröle und -fette, weshalb auch aus diesem Grunde zu gewissen Zwecken Mineralöle mit fetten Ölen vermischt werden.

Mischungen von Mineralölen mit fetten Ölen dürfen nicht als Verfälschung angesehen werden, wenn dieselben ausdrücklich als Mischungen bezeichnet sind oder wenn der Zusatz von fettem Öl dem Schmiermittel nützlich ist.

Mineralöle lassen sich mit fast allen Pflanzen- und Tierfetten (Ölen) mischen, nur Rizinusöl mischt sich mit Mineralölen schwierig. Solches Öl muß man vorher mit wenigstens 10 Proz. mit Mineralöl gut mischbaren fetten Ölen verrühren und dann erst mit dem Mineralöl mischen.

Erhitzt man Rizinusöl rasch auf ungefähr 300° C, so erhält man eine zähflüssige Masse, welche aus Triundezylensäureanhydrid besteht und in den Handel unter dem Namen »Floricin« kommt. Dieses Produkt mischt sich im Gegensatz zu Rizinusöl in jedem Verhältnis mit Mineralschmieröl, nimmt demgemäß auch beliebige Mengen Zeresin und Vaselin auf und demzufolge ist es besonders zur Herstellung viskoser Schmieröle geeignet. Es vermag auch Wasser in beträchtlichen Mengen aufzunehmen, selbst bei Anwesenheit von Mineralöl[1]).

Erhitzt man Rüböl oder Baumwollsamenöl auf etwa 70—120° C unter gleichzeitiger Einleitung von Luft bzw. Sauerstoff, bis das spez. Gewicht auf ungefähr 0,97, d. i. dasjenige des Rizinusöles, gestiegen ist, so erhält man das sogenannte geblasene oder oxydierte Rüböl bzw. Baumwollsamenöl. Das so behandelte Öl wird auch als lösliches Rizinusöl (Blown Oil, Thickened Oil) in den Handel gebracht und ist im Benzin und Mineralöl leicht löslich. Mischungen von Mineralölen mit diesem Öl werden unter dem Namen »Marineöl« zum Schmieren von Schiffsmaschinen benutzt.

Geblasene Rüböle und Baumwollsamenöle zeigen höhere Viskosität, niedrigeren Entflammungspunkt, höhere Verseifungszahl und niedrigere Jodzahl (s. S. 152 u. 155).

Gemische von Mineralölen mit Olivenöl (Baumöl), rohem

---

[1]) Mit absolutem und mit 90proz. Alkohol mischt sich Floricin nicht, wogegen Rizinusöl darin bei 25° C löslich ist.

Rüböl, Baumwollsamen- oder Rizinusöl und verdickten Ölen werden am häufigsten bei der Marine und den Bahnen verwendet.

In der nachstehenden Tabelle sind die Viskositäten sowie die Entflammungs- und Erstarrungspunkte einiger hier in Frage kommender Öle angeführt.

	Viskosität (Englergrade)		Entflammungs-punkt ° C	Erstarrungs-punkt ° C
	bei 20° C	bei 50° C		
Rüböl	13	5	305	0 bis —16
Oxydiertes Rüböl .	—	12	210	0 bis —16
Olivenöl (Baumöl) .	11—13	3,8	205	0 bis —10
Baumwollsamenöl .	9—10	4,2	286	0 bis —7
Rizinusöl	140	16,5	275	—10 bis —18
Sesamöl	10	—	245	—3 bis —18
Knochenöl	12	—	153	— 5

Stein- und Braunkohlenteeröle, Buchenholzteer- und Harzöle.

Stein- und Braunkohlenteeröle werden nur zu billigen Ölen zugesetzt, und deren Vorhandensein ist durch den Kreosotgeruch erkennbar. Zu diesem Zwecke finden schwere, durch Abpressung des Anthrazens erhaltene dunkle Öle (Anthrazenöl, Grünöl) Verwendung. Soweit sie nicht sauer sind, Schaden sie den Lagern nicht, haben jedoch eine geringe Viskosität.

Steinkohlenteeröle haben ein spezifisches Gewicht über 1,0 und eine Viskosität von 2,3—4,6° E bei 20° C.

Braunkohlenteeröle zeigen ein spezifisches Gewicht von 0,890—0,970, eine Viskosität von 1,5—3,0° E bei 20° C und einen Entflammungspunkt von etwa 120° C.

Auch Buchenholzteeröle werden mitunter minderwertigen Schmierölen beigemischt; sie haben einen charakteristischen durchdringenden, leicht erkennbaren Geruch nach Kreosol.

Harzöle sind verhältnismäßig teuer und werden daher Mineralölen selten beigemischt; auch eignen sie sich zu diesem Zwecke nicht, da sie ziemlich schnell verharzen.

Nichtraffinierte Harzöle werden bei der Erzeugung von Wagenfetten verwendet, die zum Schmieren der Wagenachsen dienen.

Graphitzusatz.

Um die trockene Reibung herabzusetzen, welche namentlich bei kleinen Geschwindigkeiten oder hohem Druck neben der Flüssigkeitsreibung auftreten kann, wenn Zapfen und Lager sich berühren, wird Graphit in feinster Form als Zusatz zum Öl verwendet; Graphit hat nämlich die Eigenschaft, die Unebenheiten der Metallflächen durch Überziehen derselben mit einer weichen Schichte auszugleichen.

Eine Verwendung von bloßem Graphit zum Schmieren ist unzulässig, da Graphit seiner Natur nach nicht in alle zu schmierenden Teile eindringen kann. Der zu Schmierzwecken verwendete Graphit, am besten Flockengraphit, muß vollständig rein und ganz frei von anderen Mineralstoffen sein.

Im Handel kommen verschiedene Präparate vor, so z. B. Oildag, eine äußerst feine Emulsion von reinem Graphit, sog. Achesongraphit in Öl. Die Emulsion wird durch einen kleinen Zusatz von Tannin, Ammoniak und Wasser befördert. Ein ähnliches Erzeugnis stellt Kollag dar[1]).

Diese besonders zubereiteten Graphite setzen sich nicht zum Boden des Öles ab, sondern bleiben im Öle in feinster Verteilung schweben.

Durch einen Zusatz von 1—2 Proz. dieser vorbehandelten Graphite soll man bis 50 Proz. Öl ersparen können.

Zum Schmieren der Zylinder von Explosionsmotoren, namentlich bei Zirkulationsschmierung, eignet sich jedoch der Graphit nicht, da er im Zylinder nicht verbrennt und somit allmählich in demselben feste Rückstände bilden würde.

Konsistente Fette.

Beim Betriebe der Automobile verwendet man aus Sparsamkeits- und Reinlichkeitsgründen neben Mineralölen zum Schmieren der Zapfen, der Räderkugellager und der schwierig zugänglichen kaltlaufenden Teile konsistente Fette. Gemischt mit Ölen werden konsistente Fette zum Schmieren von Zahnradwechsel- und Differentialgetriebe, von Zahnradsteuerung usw. verwendet, weil bei diesen Bestandteilen die Überwachung des Schmierprozesses eine schwierige ist.

Die zur Verwendung gelangenden konsistenten Fette müssen homogen salbenartig sein und dürfen nicht unter 70—80° C schmelzen. Sie dürfen weder beim Stehen noch während des

---

[1]) Kollag ist ein Erzeugnis der chemischen Fabrik »List« in Seelze bei Hannover. Siehe auch H. Freundlich, Die Graphitschmierung, Chem.-Ztg. 1916, S. 358. Siehe ferner L. Ubellohde, Kombinierte Öl- und Graphitschmierung, Zeitschr. Petroleum Bd. VIII, S. 965; H. Putz und Fr. H. Putz, Kombinierte Öl- und Graphitschmierung, Zeitschr. Petroleum Bd. IX, S. 613.

Gebrauches Öl oder Seife absondern, bei längerem Lagern keine schädlichen Veränderungen erleiden und natürlich auch keine Beschwerungsmittel wie Talg, Baryt, Stärke usw. enthalten; dagegen ist bei konsistenten Fetten ein Gehalt an Graphit von Vorteil.

Ökonomie der Öle.

Das Schmieröl soll stets in gleichmäßiger Beschaffenheit geliefert werden. Von großer Bedeutung ist es, neben den analytischen Untersuchungen auch praktisch festzustellen, welche Eigenschaften ein für einen bestimmten Zweck verwendetes Öl nach längerer Verwendung bekommt.

Außer der Zusammensetzung und den Eigenschaften eines Öles muß man auch die wirtschaftliche Seite (Ökonomie), d. i. die Schmierkosten, in Betracht ziehen.

Nicht selten kann man durch praktische Erprobung die Erfahrung gewinnen, daß es auch bezüglich des Kostenpunktes vorteilhafter ist, ein bis dahin angewandtes billiges Öl durch ein teureres zu ersetzen, weil Ölverbrauch, Maschinenabnutzung und Kraftverlust bei Verwendung des letzteren geringer sind. Andererseits macht man heute nur allzu häufig die bedauerliche Beobachtung, daß für unter allerlei Phantasienamen besonders angepriesene und daher besonders teure Öle unnütz Geld herausgeworfen wird, obwohl mit einem billigeren, dafür aber richtig gewählten Öle dieselben Ergebnisse erzielt werden könnten.

Mitunter erweist das Ergebnis einer praktischen Probe, daß man bei Verwendung eines anderen oder eines gemischten Öles bei sonst gleichem Effekt billiger fährt, weil dieses im Verbrauch sparsamer ist. Man muß daher alle Umstände in Erwägung ziehen, bevor man sich für eine bestimmte Ölsorte entscheidet.

Vom wirtschaftlichen Standpunkte ist es ferner wichtig, auch gebrauchte Öle, eventuell nach geeigneter Behandlung, von neuem, wenngleich zu einem anderen Zwecke, zu verwenden.

Die für die Schmierung der kaltlaufenden Maschinenteile schon gebrauchten Öle enthalten meistens Wasser und mechanische Verunreinigungen. Solche Schmiermittel lassen sich neuerlich mit Erfolg verwenden, wenn sie angewärmt mit geschmolzenem neutralem Kalziumchlorid oder trockenem Kochsalz gehörig geschüttelt, warm über Sägespäne filtriert und schließlich durch Erwärmen auf 105° C von den letzten Spuren Wasser befreit werden.

So gereinigte Öle sind regelmäßig dunkler; spezifisches Gewicht und Viskosität derselben können zwar infolge während der

Verwendung eingetretener Verdunstung leichter siedender Anteile gegenüber den diesbezüglichen Werten des ursprünglichen Öles eine Erhöhung erfahren, der Schmierwert solcher Öle wird jedoch im allgemeinen nicht größer werden.

Enthalten die Öle fette Öle, so soll man das bereits einmal gebrauchte Öl vor dessen Wiederverwendung unbedingt auch auf den Säuregehalt untersuchen.

Zur Schmierung der heißlaufenden Teile der Explosionsmotoren bereits verwendete Öle sind durch Zersetzungsprodukte, durch gebildete Schmieren und Asphaltstoffe verunreinigt, können aber nach sorgfältiger, in der Wärme über Leinwand eventuell unter Zuhilfenahme von Entfärbungsmitteln (Knochenkohle, Bleicherde) vorgenommener Filtration, noch gemischt mit konsistenten Fetten zum Schmieren des Zahnradwechsel-, des Differentialgetriebes usw. verwendet werden.

Technischer Teil.

Besondere Eigenschaften und Verwendbarkeit der Brennstoffe.

Zum Betriebe von Explosionsmotoren werden im allgemeinen folgende Brennstoffe verwendet:

1. **Aliphatische Kohlenwasserstoffe:** gereinigtes oder rohes Benzin aus Erdöl, rohes oder gereinigtes Petroleum, Solaröl, Gasöl und schließlich Azetylen.

2. **Aromatische Kohlenwasserstoffe:** Erzeugnisse aus Steinkohlenteer, und zwar Benzol, Toluol und Xylol (Leichtbenzol, Schwerbenzol, Solventnaphtha usw.), Naphthalin.

3. **Gemische von aliphatischen und aromatischen Kohlenwasserstoffen,** wie Benzin aus Braunkohlenteer und aus dem Teer von bituminösen Schiefern, leichtes Solaröl aus Braunkohlenteer, Krackprodukte, verflüssigtes Ölgas usw.

4. **Äthylalkohol, bzw. Methylalkohol.**

Zum Betriebe von Kraftwagenmotoren verwendet man gegenwärtig Benzin, Benzol, bzw. Spiritus, und zwar entweder für sich allein oder in Gemischen, manchmal unter Zusatz von Petroleum, Azeton, Äther, Schwefelkohlenstoff usw.

Jeder der genannten Betriebsstoffe hat seine besonderen Vorzüge, aber auch gewisse Nachteile, welche letzteren jedoch durch die Beimischung von geeigneten Stoffen mehr oder weniger verringert werden können.

Vom technischen Standpunkt aus wird gefordert, daß ein zum Betriebe von Explosionsmotoren und namentlich von Kraftfahrzeugmotoren verwendeter Betriebsstoff eine möglichst gleichmäßige Zusammensetzung besitze, leicht und gleichmäßig ohne äußere Wärmezufuhr vergase, leicht entzündlich sei, ohne nennenswerten Rückstand und ohne Entwickelung eines unangenehmen Geruches verbrenne, daß derselbe ferner möglichst wenig feuergefährlich sei und schließlich einen möglichst hohen Heizwert und somit eine möglichst hohe Leistung aufweise.

Allen vorstehend genannten Forderungen kann aber kein Brennstoff gleichzeitig nachkommen und dies um so weniger, als außer den verlangten Eigenschaften auch der Preis des Betriebsstoffes eine äußerst wichtige Rolle spielt, welcher ein möglichst niedriger sein muß, damit der Betrieb billiger sei.

Letzterer Umstand fällt hier besonders ins Gewicht, weil, wie bekannt, der Nutzeffekt eines Brennstoffes in einem Explosionsmotor nur 20—25 Proz. des Heizwertes beträgt. Diesen Fragen werden in den nächsten Kapiteln eingehende Besprechungen über einzelne Betriebsstoffe und deren Anwendung zum Explosionsmotorenbetrieb gewidmet.

Benzin.

Von sämtlichen zum Motorenbetriebe angewandten oder vorgeschlagenen Betriebsstoffen ist, was Eigenschaften und Leistungsfähigkeit anbelangt, das aus dem Erdöl durch Destillation, Rektifikation, bzw. auch durch Raffination erzeugte Benzin der beste.

Unter Benzin versteht man wohl auch bestimmte Fraktionen aus dem Braunkohlenteer, aus bituminösen Schiefern und auch, wie wir später sehen werden, Erzeugnisse aus Erdölrückständen. Früher wurden unter dieser Bezeichnung Steinkohlenteerbenzin (Benzol) oder überhaupt alle genannten Flüssigkeiten verstanden.

Sowohl leichtes als auch mittleres Petroleumbenzin verdunstet leicht und gibt im Motorenzylinder mit Luft ein verhältnismäßig homogenes Gemisch, welcher Umstand für eine vollkommene Verbrennung im Motor wichtig ist; beide Benzinarten verbrennen auch fast ohne Geruchsentwickelung. Das Ankurbeln und die Inbetriebsetzung des Motors machen deshalb keine Schwierigkeiten.

Schweres Benzin verdunstet bei gewöhnlicher Temperatur schwieriger als leichtes und mittleres Benzin, weil es meistens aus erst bei höherer Temperatur siedenden Bestandteilen zusammengesetzt ist. Nachdem die unter gewöhnlichen Verhältnissen im Vergaser nicht verdampften, höher siedenden Anteile durch den Luftstrom bis in den Motor mitgerissen werden, so kann ein besonders schweres Benzin ein ungleichmäßig explosives Gemisch geben, und da ein solches Benzin auch verhältnismäßig wenig leicht verdunstende Anteile enthält, so kann die Inbetriebsetzung des Motors, wenigstens solange er kalt ist, gewisse Schwierigkeiten bereiten.

Dieser schwierigen Inbetriebsetzung des Motors bei Verwendung eines schweren Benzins kann man jedoch dadurch abhelfen, daß man vorher in Motorenzylinder ein leichtes Benzin einspritzt oder dem zum Anlassen verwendeten Benzin selbst eine gewisse Menge von Benzol oder leichtem Benzin beimischt; eine gleichmäßige Vergasung erzielt man durch eine geeignete Anwärmung des Vergasers oder durch Zufuhr von warmer Luft in den Vergaser.

Sobald der Motor nach kurzem Lauf heiß wird, arbeitet er schon gleichmäßig, so daß auch die Verwendung von schwerem Benzin keine besonderen Schwierigkeiten verursacht.

Vom Azetylen abgesehen, hat das Benzin von den oben angeführten Brennstoffen den höchsten Heizwert. Dieser gestattet einen Schluß auf die Arbeit, welche eine bestimmte Brennstoffmenge zu leisten vermag (Meterkilogramme); der Heizwert gibt aber kein Bild über die Leistung des Motors (Sekundenmeterkilogramme).

Läßt man in einem Motor einerseits größere Mengen eines Brennstoffes von geringerem Heizwert rasch verbrennen, andererseits kleinere Mengen eines Brennstoffes von größerem Heizwert langsamer verbrennen, so kann die Leistung des Motors, in Pferdestärken ausgedrückt, bei beiden Brennstoffen in jeder Sekunde die gleiche bleiben.

Nachdem z. B. Spiritus, eine sauerstoffhaltige Verbindung, zu seiner Verbrennung viel weniger Luft braucht als Benzin oder Benzol, welche sauerstofffrei sind, so kann die Füllung oder der Inhalt des Motorenzylinders fast die gleiche Energie entwickeln, gleichgültig, ob der Zylinder mit dem günstigsten Benzin-, Benzol- oder Spiritusluftgemisch gefüllt wird.

Man kann daher durch Zufuhr von größeren Mengen von Spiritus in den Motor eine fast gleiche Leistung erzielen wie mit Benzin oder Benzol, die Betriebskosten werden sich aber dadurch natürlich bedeutend erhöhen.

In nachstehender Tabelle sind die Heizwerte einiger Brennstoffe, welche zum Motorenbetriebe verwendet werden, bzw. als Zusätze zu denselben dienen können, angeführt. Bei Verbrennung entwickelt 1 kg

	Kalorien
Azetylen	12 200
Hexan (im Benzin vorkommend)	11 500
Heptan (im Benzin vorkommend)	11 370
Benzin	11 160—11 225
Xylol	10 220
Petroleum (je nach der Sorte)	9 960—11 160
Benzol	9 500—10 038
Naphthalin	9 700
Schwefeläther	8 920
Azeton	6 720
Äthylalkohol (95 Proz.)	5 875—5 940
Methylalkohol	5 300
Schwefelkohlenstoff	3 300

Das aus dem Braunkohlenteer durch Destillation gewonnene Benzin (leichtes Solaröl oder Photogen) enthält sowohl gesättigte als auch ungesättigte aliphatische, sowie auch aromatische Kohlenwasserstoffe (Heptan, Oktan, Nonan, Olefine, Naphthene, Benzol); es hat ein spezifisches Gewicht 0,780—0,810, fängt erst bei 100° C an zu sieden, gibt nur 20 Proz. bis 150° C siedender Anteile und hat einen Endsiedepunkt von 250° C. Aus diesem Grunde wird es nur bei feststehenden Motoren, wie z. B. bei den Daimlermotoren, verwendet.

Das Benzin ist ein äußerst feuergefährlicher, leicht entzündbarer Körper; in flüssigem Zustande ist dasselbe weder explosiv noch selbstentzündlich, wenn man aber dessen Dämpfe mit Luft oder Sauerstoff in bestimmten Verhältnissen mischt und entzündet, so ist dieses Gemisch hervorragend explosiv.

Manche bisher noch nicht aufgeklärte, durch Selbstentzündung von Benzin verursachte Brände werden dem eigentümlichen Umstande zugeschrieben, demzufolge durch Reibung des Benzins an Metallflächen, wenn z. B. Benzin durch enge Metallröhren getrieben wird, Elektrizität von ziemlich hoher Spannung hervorgerufen wird, welche beim Durchschlagen als elektrischer Funke das Benzin zur Entzündung bringt.

Um die Entzündlichkeit des Benzins infolge elektrischer Erregung zu vermindern oder gar zu vermeiden, setzt man in den Kleiderreinigungsanstalten demselben verschiedene Stoffe, benzinlösliche Seifen, wie 0,01—0,1 Proz. ölsaure Magnesia (Antibenzipyrin, Richterol) zu[1]). Die hohe Feuergefährlichkeit infolge Selbstentzündung sucht man durch leitende Verbindung der Metallgefäße, in denen das Benzin aufbewahrt wird, mit der Erde zu vermeiden.

Bei Annäherung einer Flamme entzündet sich das Benzin auch bei niedrigen Temperaturen sehr leicht, und zwar um so leichter, je niedriger siedende Fraktionen es enthält.

Nachstehend sind die Entflammungs- und Entzündungspunkte einiger Benzine angegeben:

---

[1]) Holde hat die Leitfähigkeit und die elektrische Erregbarkeit flüssiger Isolatoren eingehend studiert und die Richterschen Vorschläge zweckmäßig gefunden. Er stellte ferner fest, daß ein Zusatz von nur 4 Volumenprozent 96,5 Alkohol oder von nur 0,1 Prozent Essigsäure zum Benzin seine spez. Leitfähigkeit bereits wesentlich erhöht, so daß erst durch sehr hohen Druck oder sehr erhöhte Reibung eine gefährliche elektrische Erregbarkeit erzeugt wird. Bei Metallgefäßen läßt sich jedoch der Zusatz von Essigsäure schwer verwenden. (Die Leitfähigkeit und die elektrische Erregbarkeit flüssiger Isolatoren, Chem. Ztg. 1915, S. 819.)

Siedegrenzen (Fraktionen)
50—60°　60—78°　80—115°　100—150° C

Entflammungspunkt	—58	—39	—21	+10° C
Entzündungspunkt	—	—34	—19	+16° C

Der Entflammungspunkt von Benzol beträgt ungefähr —8° C, jener von 94proz. Alkohol. +18° C.

Die Begriffe der Entzündbarkeit (Brennbarkeit) und der Explosionsfähigkeit werden nicht selten verwechselt. Brennbar oder entzündbar sind alle Erzeugnisse aus Erdöl und aus Teer. Die Benzindämpfe sind jedoch nur dann explosiv, wenn sie mit Luft bzw. Sauerstoff in einem bestimmten Verhältnisse vermischt sind. Unter oder über einer gewissen Luft- bzw. Sauerstoffgehaltsgrenze explodieren jedoch solche Gemische durch Entzündung nicht.

Man unterscheidet danach eine untere und eine obere Grenze der Explosionsfähigkeit eines Benzinluftgemisches; die erstere ist durch einen Luftüberschuß und Benzindampfmangel, die letztere durch einen Benzindampfüberschuß und Luftmangel bedingt; durch beide wird der Explosionsbereich begrenzt.

Man versteht daher unter der unteren Grenze des Explosionsbereiches den höchsten prozentischen Volumgehalt von Benzindämpfen in der Luft, bei welchem ein solches Gemisch, zur Entzündung gebracht, noch nicht explodiert.

Unter oberer Grenze des Explosionsbereiches versteht man den höchsten prozentischen Volumgehalt von Benzindämpfen in der Luft, bei welchem ein solches Gemisch, zur Entzündung gebracht, nicht mehr explodiert.

Die Grenzen des Explosionsbereiches von Benzindämpfen in der Luft nach ihrem Volumprozentgehalt, welche von Bunte[1]) mit einer Gasbürette bestimmt wurden, sind ungefähr folgende:

keine Explosion　　Explosionsbereich　　keine Explosion
2,3　　　　　　　　2,5—4,8　　　　　　　5,0

Dieser Explosionsbereich kann jedoch mit der Größe des Raumes, mit der Art der Zündung, mit der Raumtemperatur, mit dem Drucke und schließlich je nach der Herkunft der Benzindämpfe aus leichteren oder schwereren Benzinsorten wechseln.

Der Explosionsbereich der Benzindämpfe ist zwar ein ziemlich enger, da aber das Vorhandensein geringer Mengen von Benzindampf in der Luft genügt, um ein explosives Gemisch zu bilden, so ist trotzdem die Gefahr einer Explosion groß genug.

Zum Vergleiche führe ich hier den Explosionsbereich des

---

[1]) Journ. f. Gasbeleuchtung usw. 1901, 44, S. 835.

Leuchtgases an: untere Grenze (keine Explosion) 7,8, Explosionsbereich 8,0—19,0, obere Grenze (keine Explosion) 19,2.

Bei Gasen drückt man die Explosionsgrenze nach Volumprozenten des brennbaren Gases aus, aber bei den Benzindämpfen,
welche aus verschieden siedenden Fraktionen bestehen und deren
Dampftension auch verschieden ist, wäre dies nicht zweckmäßig.
Man kennzeichnet daher besser die untere Explosionsgrenze
durch jene Temperatur des Benzins, bei welcher die Dampftension
so groß ist, daß die darüberstehende Luft mit schwacher Explosion
zündbar wird und die obere Explosionsgrenze diejenige Temperatur, bei welcher das Benzindampf-Luftgemisch beim An-
zünden gerade zu explodieren aufhört und nur ruhig verbrennt.

Für Explosionsmotoren ist es stets erforderlich, das Benzin-
luftgemisch an der unteren Grenze der Explosionsfähigkeit zu
halten, um mit möglichst geringen Dampfmengen möglichst hohe
Leistung des Motors zu erzielen.

Die Explosionsgefahr kann vor allem durch eine gute Lüftung
des Benzinlagerraumes verringert werden, wobei aber berücksichtigt werden muß, daß die Benzindämpfe $2^1/_2$ mal schwerer sind
als Luft und infolgedessen zu Boden sinken. Ferner muß man
zur Beleuchtung solcher Räume entweder besonders konstruierte
(gesicherte) Lampen (Davylampen) oder zu diesem Zwecke besonders abgedichtete elektrische Lampen, am besten entsprechend
von außen angebracht, verwenden.

Näheres darüber siehe Kapitel über feuer- und explosivsichere
Lagerung von Benzin und Benzol.

Benzin verbrennt bei genügendem Luftzutritt hauptsächlich
zu Kohlensäure und Wasser. Unter Einwirkung des im Motorenzylinder herrschenden Druckes bildet sich bei der Verbrennung
auch Wasserstoff und Methan. Bei unvollständiger Verbrennung
entsteht auch Kohlenoxyd. Die Auspuffgase aus dem Motor enthalten außer den genannten Gasen auch Wasserdampf, Sauerstoff und Stickstoff aus der Luft und geringe Mengen von unver-
brannten Gasen und Dämpfen, welche der Verbrennung entweder
durch ungleichmäßige Mischung der Benzindämpfe mit Luft oder
infolge einer Fehlzündung im Motor entgangen sind.

Theoretisch verbraucht 1 kg Benzin zu seiner Verbrennung
11,8 m³ Luft, in Wirklichkeit jedoch mindestens um 20 Proz.
Luft mehr [1]).

Benzindämpfe betäuben; sie bewirken Kopfschmerzen, und
dies namentlich das im leichten Benzin anwesende Pentan.

---

[1]) Als Grundlage für die Berechnung wurde die Benzinzusammen-
setzung C_6H_{14} und die Menge des Sauerstoffs in der Luft mit 23,15 Proz.
angenommen.

Benzol.

Benzol ist ein aromatischer Kohlenwasserstoff, welcher aus Steinkohlenteer oder Leuchtgas gewonnen wird.

Die in den Handel kommenden Benzolsorten wie Handels-, Lösungs- und Motorenbenzole sind kein reines Benzol, sondern sie stellen, wie auf S. 103 eingehend besprochen wurde, hauptsächlich Gemische aus Benzol, Toluol und Xylol dar. Außerdem enthalten sie etwa 0,5 Proz. Thiophen, und wenn sie nicht genügend gereinigt wurden, auch 4—6 Proz. Schwefelkohlenstoff.

Das zum Motorenbetriebe verwendete Benzol besteht aus ungefähr 70—90 Proz. Benzol, 8—25 Proz. Toluol und 2—5 Proz. Xylol.

Das Rohbenzol eignet sich zum Betriebe von Automobilmotoren nicht, weil sich aus demselben harzige schmierige Stoffe, wesentlich durch Polymerisation von dem im Rohbenzol enthaltenen Zyklopentadien bilden, deren Menge beim Lagern eines solchen Benzols wächst und sich nach einem Monate im Mittel verdoppelt. Diese Stoffe scheiden sich im Vergaser ab, verstopfen die feinen Düsenöffnungen und lagern sich auch in den Zylindern selbst, soweit sie sich der Verbrennung entziehen, ab und verschmutzen die Zylinder[1]).

Das Benzol hat eine unangenehme Eigenschaft, daß es nahe $0°$ C erstarrt (reines Benzol erstarrt bei $+5,5°$ C) und erst wieder bei $+7$ bis $+8°$ C schmilzt. Diesem Übelstande kann man durch einen Zusatz von Toluol, Xylol, Benzin oder Spiritus abhelfen; eingehende Angaben darüber findet man in dem den Gemischen gewidmeten Kapitel »Gemische von Betriebsstoffen«.

Wenn Benzol sehr allmählich abgekühlt und dabei der vollkommensten Ruhe überlassen wird, so kann seine Temperatur ziemlich tief unter Nullgrad erniedrigt werden, ohne daß es gefriert. Die geringste Erschütterung bewirkt aber augenblicklich die Erstarrung des Benzols, wobei die Temperatur durch die Kristallisationswärme sofort auf $0°$ steigt. Da aber Benzol erst über Nullgrad schmilzt, so dauert es längere Zeit, bevor Benzol beim Erwärmen wieder flüssig wird.

Dieser Umstand muß bei der Aufbewahrung des Benzols, sei es in Lagerräumen oder im Automobilbehälter, berücksichtigt werden.

Man unterscheidet im Handel Sommermotorenbenzole, welche bis 90 Proz. Benzol enthalten und schon nahe $0°$ C er-

---

[1]) A. Spilker, Untersuchungen über die Verwendbarkeit des Rohbenzols zum Betriebe von Automobilmotoren. Chem. Ztg. 1910, S. 478.

starren, und **Wintermotorenbenzole**, welche mit Toluol bzw. Xylol vermischt werden und infolgedessen erst tief unter $0\,^\circ$C erstarren (s. S. 60 u. 111).

Benzol verbrennt ähnlich wie Benzin zu Kohlensäure und Wasser. Theoretisch braucht 1 kg Benzol zu seiner Verbrennung 10,27 m³ Luft, in Wirklichkeit ist jedoch um 20 Proz. Luft mehr erforderlich[1]).

Da die Luftzufuhröffnungen in dem für Benzin eingerichteten Vergaser genügend groß berechnet sind, so genügen sie auch für die Luftzufuhr bei der Benzolverwendung.

Benzol rußt bei der Entzündung bedeutend mehr als Benzin. Wenn man dasselbe zum Motorenbetriebe verwendet und der Luftzutritt in den Vergaser ungenügend ist, so verrußen im Motor Ventile und Zündkerzen bedeutend, im Auspuffrohr des Motors setzt sich auch Ruß fest.

Wenn aber der Luftzutritt in den Vergaser genügend ist, so braucht man die Verrußung nicht zu befürchten.

Ich habe nach vielen Versuchsfahrten mit Benzol den Motor durchgesehen und fand, daß weder Ventilkammern noch Ventile und Zündkerzen mehr verrußt waren als bei Fahrten mit Benzin.

Wenn man beim Motorenbetriebe statt Benzin Benzol verwendet, so braucht man weder an der Öffnung der Düse noch an dem Schwimmer des Vergasers etwas zu ändern, wenn auch derselbe nur für Benzin vom spezifischen Gewichte 0,700—0,760 eingerichtet ist.

Der Schwimmer schließt infolge des höheren spezifischen Gewichtes des Benzols (0,880) zwar früher den Benzolzutritt in die Düse ab, infolge der sich bildenden Depression beim raschen Ansaugen der Luft durch den Motor fließt aber auch eine genügende Benzolmenge im Vergaser zu.

Bei der Benzolverwendung kann man fast dieselbe Motorleistung erzielen wie bei der Verwendung von schwerem Benzin; der Benzolverbrauch bei gleicher Motorleistung, bei gleicher Haupt- und Hilfsdüse des Vergasers wie beim Benzin, ist jedoch größer, und zwar steht derselbe im Verhältnis 1:1,05 bis 1:1,15, so daß 1 kg Benzin dem Verbrauch von 1,05—1,15 kg Benzol entspricht.

Obwohl Benzol ein größeres spezifisches Gewicht hat als Benzin und demzufolge ein bestimmtes Benzolvolum mehr wiegt als ein gleiches Benzinvolum, so legt man bei der Verwendung von

---

[1]) Als Grundlage der Berechnung wurde die Zusammensetzung des Benzols C_6H_6 und die Menge des Sauerstoffs in der Luft mit 23,15 Proz. angenommen.

Benzol infolge eines größeren Verbrauches bei gleichem Behälterinhalt nur eine unbedeutend größere Strecke als mit Benzin zurück.

Die Behauptung, daß ein mit Benzol betriebenes Automobil bei gleichem Behälterinhalt eine bedeutend größere Strecke zurücklegen kann als ein mit Benzin betriebenes, ist unrichtig (s. auch die später unten angeführten Tabellen über den Benzolverbrauch im Motor).

Benzol hat zwar eine gleichmäßigere Zusammensetzung als Benzin, da es größtenteils einen bei ungefähr 81 ° C siedenden Anteil enthält, es vergast jedoch bei gleicher Temperatur etwas schlechter als ein leichtes oder mittleres Benzin; nichtsdestoweniger bietet das Ankurbeln des Motors, namentlich bei warmer Witterung, keine Schwierigkeiten.

Wenn Benzol größere Schwefelkohlenstoffmengen enthält, so bildet sich beim Verbrennen Schwefeldioxyd; bei einer längeren Verwendung eines solchen schwefelkohlenstoffhaltigen Benzols kann das Schwefeldioxyd allmählich die glatten Ventilsitze sowie die Ventilköpfe angreifen und somit nicht nur eine Undichtigkeit des Motors verursachen, sondern auch die Zündkerzen angreifen; aus diesen Gründen soll man dafür sorgen, daß das Benzol möglichst von Schwefelkohlenstoff befreit sei[1]).

Es wird behauptet, daß die Verbrennungsprodukte des Schwefels, Schwefeldioxyd und Schwefeltrioxyd, auf den Motor nicht schädlich einwirken können, da das Angreifen der Metalle nur bei Anwesenheit von Wasser stattfinden kann, dieses aber im Motor nur in dampfförmigem Zustande sich befindet und daher die Oxyde des Schwefels nicht auflöst, weshalb kein Angreifen der Metallflächen herbeigeführt werden kann. Die Erfahrung lehrt aber, daß Schwefeldioxyd bei Anwesenheit von heißem Wasserdampf und bei längerer Einwirkung doch Ventile und Ventilsitze angreifen kann.

Geringe Mengen von Thiophen (der schwefelhaltigen Verbindung) in Benzol schaden nicht merklich. Da das Thiophen bei 84 ° C siedet, so läßt es sich vom Benzol, welches bei 80,5 ° C siedet, durch Destillation nicht entfernen[2]).

---

[1]) Von Schwefelkohlenstoff wird das Benzol außer durch fraktionierte Destillation durch wiederholtes teilweises Erstarrenlassen des Benzols bei 4° C und Absaugen des flüssig gebliebenen Anteiles befreit; bequemer aber geschieht dies durch Behandeln des Benzols mit 2—3 Proz. einer 20proz. Kaliumhydroxydlösung in wasserfreiem Alkohol, wodurch Schwefelkohlenstoff in Kaliumxanthogenat übergeführt wird, welches durch nachheriges Waschen des Benzols mit Wasser beseitigt wird.

[2]) Von Thiophen wird Benzol durch wiederholtes Behandeln mit rauchender Schwefelsäure befreit.

Benzindämpfe sind selbstentzündlich bei einer Kompression von 3—5 Atmosphären und bei einer Temperatur von 380° C, wogegen Benzoldämpfe beim gleichen Druck erst bei 470° C selbstentzündlich sind. Wirkt auf Benzindämpfe ein höherer Druck als 5 Atmosphären, so findet bei einer höheren Temperatur eine vorzeitige Entzündung statt, wogegen Benzoldämpfe einen doppelten Druck vertragen können, ohne sich zu entzünden.

Diese Erscheinung hängt höchstwahrscheinlich mit der Beständigkeit des Benzins und Benzols zusammen: aliphatische Kohlenwasserstoffe werden verhältnismäßig leichter zerlegt, wogegen im Benzol und anderen aromatischen Kohlenwasserstoffen die Kohlenstoffatome zu einem festen Ring verbunden sind.

Das Benzol hat vor dem Benzin auch den Vorzug, daß man es vorteilhaft bei solchen Motoren verwenden kann, welche für eine größere Kompression eingerichtet sind als die üblichen Benzinmotoren, wodurch eine größere Motorleistung erzielt werden kann.

Verkleinert man auf eine geeignete Weise den Kompressionsraum eines für den Benzinbetrieb eingerichteten Motors, so kann man seine Leistung durch Anwendung von Benzol erhöhen, jedoch nur zu einer gewissen Grenze, d. i. nur so weit, als der Motor diesen Druck vertragen kann[1]).

Man kann z. B. den Kompressionsraum dadurch verkleinern, daß man an die Stirnseite des Kolbens einen Ansatz befestigt, oder aber die Zugstange des Kolbens verlängert.

Die Verwendung von Benzol (und das gilt auch für Spiritus) in einem für einen Benzinbetrieb eingerichteten Motor mit einer niedrigeren Kompression ist daher nicht wirtschaftlich, da Benzol bei einer niedrigeren Kompression, als sie zu seiner vollständigen Verbrennung erforderlich ist, schwieriger verbrennt.

Was die Brennbarkeit und die Explosionsfähigkeit anbelangt, so gilt vom Benzol im allgemeinen dasselbe, was von Benzin auf S. 183 gesagt wurde. Benzol in flüssigem Zustande ist weder explosiv, noch selbstentzündlich.

Trotzdem Benzol langsamer verdunstet als Benzin, ist es doch feuergefährlicher, weil die Grenzen seines Explosionsbereiches, wie nachstehend angegeben, $1\,^1/_2$ fach so groß als bei Benzin sind[2]).

Die Grenzen des Explosionsbereiches bei Gemischen von Benzoldämpfen mit Luft, ausgedrückt in Volumprozenten, sind nach Bunte folgende:

---

[1]) Siehe auch Koláček und Deinlein, Automobilversuche mit Spiritusantrieb, S. 7.

[2]) Siehe auch Martini und Hüneke, Entstehung und Verbrennung von Benzoldampf-Gemisch. Chem.-Ztg. 1916, S. 948.

keine Explosion   Explosionsbereich   keine Explosion
2,6   2,7—6,5   6,7

Die elektrische Erregbarkeit wird bei dem 90proz. mit Wasser gesättigten Benzol nach der Beobachtung von Holde nur durch starke Strömungsgeschwindigkeit bzw. hohe Reibung in sehr engem Rohr herbeigeführt, da ein solches Benzol eine verhältnismäßig hohe spez. Leitfähigkeit aufweist.

Benzoldämpfe sind betäubend, man muß also, falls man Benzol benutzt, vorsichtig sein. Da Benzol leicht Harze auflöst, so soll es mit den lackierten Motorteilen nicht in Berührung kommen; auch kann man es zum Reinigen solcher Maschinenteile nicht verwenden.

Spiritus.

Spiritus allein kann auch als Betriebsmittel für Kraftmotoren und Automobile verwendet werden [1]). Zum Motorenbetriebe verwendet man jedoch keinen reinen versteuerten, rektifizierten Spiritus, sondern den unversteuerten, sog. Abfallspiritus, von der Spiritusrektifikation.

Dieser Motorspiritus besteht aus einem Gemisch vom ersten Destillate der Spiritusrektifikation, dem sog. Vorlauf, und dem Schlußdestillate, dem sog. Nachlauf.

Außer veränderlichen Wassermengen (5—10 Proz.) enthält ein solcher Spiritus 5—10 Proz. Azetaldehyd, bis 5 Proz. Amylalkohole (Fuselöl), geringe Mengen von Butyl- und Propylalkohol, Äthyl- und Amylazetat sowie anderen Estern.

Obzwar Spiritus bei einer ziemlich niedrigen Temperatur siedet (reiner Äthylalkohol bei 78° C, reiner Methylalkohol schon bei 66° C), so vergast er bei gewöhnlicher Temperatur trotzdem nur schwierig [2]), aus welchem Grunde es nötig ist, die in den Vergaser zugeführte Luft durch die Auspuffgase des Motors anzuwärmen, was zwar eine besondere, jedoch im ganzen ziemlich einfache Einrichtung erfordert.

Da sich also der Motor im kalten Zustande nicht ankurbeln ließe, so verwendet man zur Inbetriebsetzung Benzin und führt dieses aus einem besonderen kleinen Behälter dem Vergaser zu. Sobald nach kurzem Gange der Motor und das Auspuffrohr, durch

---

[1]) Siehe auch Hempel, Ersatz des Benzins durch Spiritus. Zeitschr. f. angew. Chemie 1914, I, 8, S. 521; O. Mohr, Die Verwendung von Spiritus im Automobilmotor. Zeitschr. f. angew. Chemie 1914, S. 559.

[2]) Die Verdampfungswärme für 1 kg 95proz. Spiritus beträgt 270 Kalorien, wogegen eine solche für 1 kg Benzin nur 115 Kalorien und für 1 kg Benzol 128 Kalorien beträgt.

welches die in den Vergaser zugeführte Luft vorgewärmt wird, heiß geworden sind, stellt man die Benzinzufuhr ein und der Motor arbeitet nun weiter mit bloßem Spiritus.

Bei Verwendung von Spiritus soll der Durchschnitt der Düsenöffnung ungefähr um 60 Proz. größer sein als bei der Benzindüse, oder aber es soll die Luftdüse schmäler sein.

Das Benzindampfluftgemisch entzündet sich auch dann explosionsartig, wenn das Verhältnis zwischen Benzindämpfen und Luft nicht ganz richtig ist. Bei Spiritus muß jedoch das richtige Verhältnis zwischen Spiritusdampf und Luft möglichst genau eingehalten werden. Wenn nämlich in dem Spiritusdampfluftgemisch zu viel Luft enthalten ist, so wird ein solches Gemisch nur schwierig entzündet; bei ungenügendem Luftzutritt dagegen bildet sich infolge einer unvollständigen Verbrennung Azetaldehyd und Essigsäure.

Das unrichtige Vergasen des Spiritus verrät sich durch eine unregelmäßige Motorarbeit in einem bedeutend höheren Maße als bei Benzinverwendung, besonders wenn die Kolbenringe und Ventile nicht vollständig dichten.

Der Hauptbestandteil des Motorenspiritus, der Äthylalkohol, verbrennt bei genügendem Luftzutritt ähnlich wie Benzin zu Kohlensäure und Wasser; da aber der Motorenspiritus kein reiner Äthylalkohol ist und mitunter unvollständig verbrennt, so bilden sich beim Verbrennen desselben auch verschiedene andere Produkte.

Da Motorspiritus auch 5—10 Proz. Wasser enthält, so erhöht sich durch dieselben die bei der Verbrennung entstehende Wasserdampfmenge, aus welchem Grunde es sich empfiehlt, zum Betriebe einen Spiritus mit höchstens 5 Proz. Wasser zu verwenden. Geringere Mengen von Wasser im Spiritus sollen nicht nachteilig sein; es wird behauptet, daß der Wasserdampf zur besseren Fortpflanzung der Verbrennung beiträgt.

Nachdem Äthylalkohol gemäß seiner Zusammensetzung (C_2H_5OH) auch Sauerstoff enthält, so braucht 1 kg 95proz. Spiritus zu seiner Verbrennung theoretisch nur 6,61 m³ Luft (wasserfreier Äthylalkohol 7,0 m³).

Reiner Spiritus verbrennt ohne Geruch, da er aber als unversteuertes Erzeugnis zu industriellen Zwecken regelmäßig mit Pyridinbasen vergällt wird, und diese unvollständig verbrennen, so riechen seine Verbrennungsgase sehr unangenehm.

Für Betriebszwecke sollte daher Spiritus entweder mit Benzol oder mit Methylalkohol vergällt werden.

Spiritusdämpfe bilden mit Luft ein explosives Gemisch, wenn die Luft wenigstens 5,2 Volumprozente von Spiritusdämpfen enthält. Die Explosionsgefahr ist bei Spiritus bedeutend geringer als bei Benzin.

Der zum Motorenbetriebe verwendete Spiritus erstarrt je nach der Menge des enthaltenen Wassers erst ungefähr zwischen $-110°$ bis $-118°$ C, so daß man in Winterszeit das Einfrieren des Behälters nicht zu befürchten hat.

Es wird behauptet, daß bei dem Betrieb mit Spiritus die Motorenzylinder rosten. Diese Behauptung wird von anderen nicht anerkannt, weil beim Betriebe die Zylinder ununterbrochen selbsttätig mit Öl geschmiert werden und deshalb durch eine Ölschicht vor dem Rosten geschützt werden. Ein Rosten könnte nur dann vorkommen, wenn der Motor längere Zeit außer Tätigkeit wäre.

Ebenfalls ist die Behauptung, daß das aus dem verbrannten Spiritus herrührende kondensierte Wasser bis zu der Kurbelwelle und in die Lager des Motors gelangt, bei der gegenwärtigen Motorenkonstruktion nicht gut denkbar. Übrigens könnte man diesen Fehler vermeiden, wenn man den Motor, wie beim Anlassen, so auch vor dem Einstellen eine kurze Zeit noch mit Benzin laufen ließe, wie es üblich ist.

Man empfiehlt, zum Spiritus oder zu dessen Gemischen mit anderen Betriebsstoffen auf 100 l Flüssigkeit 1 l Motoröl zuzufügen, um das Rosten der Motorbestandteile zu vermeiden. Meiner Ansicht nach ist aber dieser Vorgang unzutreffend; es wird dadurch der Vergaser verschmutzt, durch Verbrennung eines solchen Gemisches verschmieren sich Ventile und Zündkerzen, und die aus dem Auspuffe strömenden Gase rauchen und riechen unangenehm.

Infolge des entsprechend geringeren Heizwertes des Spiritus ist die Leistung des Motors im Vergleiche zu derjenigen bei schwerem Benzin ungefähr um 10—15 Proz. geringer.

Dem Heizwerte nach sollte der Spiritusverbrauch bei gleicher Motorleistung theoretisch das Doppelte betragen, durch Bremsversuche wurde aber von Koláček und Deinlein gefunden, daß derselbe nur ungefähr um 60 Proz. größer als der Benzinverbrauch ist. Nach Angaben der genannten Autoren brauchte ein Motor von 32 PS auf eine Pferdekraftstunde bei 1150 Umdrehungen in der Minute und bei voller Belastung 485 g von 95proz. Spiritus gegen 270 g schweres Benzin oder 295 g Benzol.

Setzt man als Grundlage den Preis von 1 kg schweres Benzin 30 Heller, von 1 kg Benzol 36 Heller und 1 kg 95proz. Spiritus 46 Heller ein, so betragen die Betriebskosten bei diesem 32 PS-Motor für eine Pferdekraftstunde bei Benzin 8,1 Heller, bei Benzol 10,6 Heller und bei Spiritus 22,3 Heller.

Nähere Angaben über die Motorleistung bei Verwendung von Benzin, Spiritus, Benzol und Spiritus-Benzolgemisch findet man in einer Abhandlung: A. Koláček und A. Deinlein, Automobilversuche mit Spiritusantrieb[1]), welche Versuche in der Automobilabteilung der Ersten Böhmisch-Mährischen Maschinenfabrik in Prag durchgeführt wurden. Es ist nur zu bedauern, daß bei diesen Versuchen nicht gleichzeitig die Zusammensetzung des verwendeten Benzins und Benzols nach den Fraktionen festgestellt wurde.

Praktische Versuchsfahrten mit einem Automobil der obengenannten Fabrik führten zu ziemlich befriedigenden Resultaten und es wurde festgestellt, daß bei einer geeigneten Vergasereinrichtung statt Benzin auch Spiritus allein zum Automobilbetriebe verwendet werden kann.

Mit Rücksicht darauf, daß der Spiritusverbrauch für eine Pferdekraftstunde im Vergleiche zum Schwerbenzinverbrauch bedeutend vergrößert werden muß, wenn man eine fast gleiche Motorleistung erzielen will, daß sich ferner dadurch auch die Betriebskosten in normaler Zeit bedeutend höher stellen würden als bei der Benzinverwendung und da man weiter Spiritus nur bei einer entsprechenden Vergasereinrichtung verwenden kann, so ist es vorteilhafter, wenn man beabsichtigt oder überhaupt gezwungen ist, Spiritus zu verwenden, denselben mit Benzol zu vermischen, und zwar in einem solchen Verhältnisse, daß an dem Vergaser keine Veränderungen vorgenommen werden müssen.

Petroleum.

Die Frage der Petroleumverwendung zum Automobilbetriebe ist bisher noch nicht genügend gelöst worden. Nachdem Petroleum erst bei 170—250° C siedet und sich daher nur schwierig in Dämpfe verwandelt, so muß es vorher durch einen besonderen Brenner oder durch heiße Auspuffgase vorgewärmt werden. Aus diesem Grunde wird Petroleum nur bei stabilen Motoren, z. B. bei den Dieselmotoren, verwendet.

Beim Mangel an anderen Stoffen kann jedoch Petroleum in Gemischen mit Benzin oder Benzol als Notbehelf auch zum Automobilbetriebe verwendet werden.

Durch das Verbrennen von Petroleum im Motor bilden sich unangenehm riechende Gase, welche die Luft verunreinigen, und

---

[1]) Österr. Wochenschrift für den öffentlichen Baudienst 1914, Heft 52; diese Abhandlung ist auch als Sonderabzug erschienen.

aus diesem Grunde ist der Automobilbetrieb mit Petroleum in der Stadt unstatthaft.

Ein Gemisch von Petroleumdämpfen mit Luft läßt sich verhältnismäßig wenig komprimieren; es ist schon bei 4 Atmosphären Druck und bei einer Temperatur unter 380° C selbstentzündlich.

Naphthalin.

Naphthalin wäre als Betriebsstoff sehr geeignet, da es einen hohen Heizwert besitzt und sehr billig ist. Es wird in großen Mengen aus Steinkohlenteer gewonnen[1]), hat aber bisher auch in der Industrie nur eine beschränkte Verwendung gefunden.

Vom technischen Standpunkte eignet sich Naphthalin zum Automobilbetriebe nicht. Versuche, welche Chenier und Lion im Jahre 1904 unternommen haben, führten zu keinem befriedigenden Resultate und bis zum heutigen Tage ist die Frage über die Naphthalinverwendung zum Automobilbetriebe noch nicht günstig gelöst worden. Für stabile Motoren von dauerndem Betriebe. wird jedoch mitunter Naphthalin verwendet.

Da Naphthalin ein fester Stoff ist, so muß man es vorher durch Anwärmen in Dämpfe verwandeln (es schmilzt bei 79° C und siedet erst bei 218° C).

Zu diesem Zwecke ist eine besondere Vorrichtung nötig, welche am Automobil bei der bisherigen Motorenkonstruktion sehr umständlich wäre.

Bis es gelingen wird, das feste Naphthalin auf eine billige Weise in das flüssige Hydronaphthalin (Dekahydronaphthalin) zu überführen, dann wird die Frage über die Naphthalinverwertung für den Motorbetrieb gelöst sein.

Obwohl Naphthalin prozentisch mehr Kohlenstoff enthält als Benzol, so brennt es doch gut und verrußt die Ventile nicht. Der Grund liegt in der hohen Tension der Naphthalindämpfe. Man kann auch Naphthalin leicht aufbewahren und übertragen; dasselbe ist in festem Zustande weder feuergefährlich noch explosiv.

Azetylen.

Die Verwendung des Azetylengases zum Automobilbetriebe ist bisher noch nicht gelöst, obzwar Azetylen, was die Leistung anbelangt, an der Spitze der Betriebsmittel stehen würde, da sein Heizwert 12 000 Kalorien beträgt. Es wurde, in Azeton gelöst, zum Motorenbetriebe vorgeschlagen.

---

[1]) Der Steinkohlenteer enthält 5—10 Prozent Naphthalin, dagegen nur 1—1,5 Prozent rohes Benzol.

Erzeugnisse aus Erdöl- und Teerrückständen.

Infolge der außerordentlich raschen Verbreitung der Explosionsmotoren, namentlich der Automobile, stellte sich bald Benzinmangel ein; es wurden daher eingehende Versuche unternommen, Benzin künstlich zu erzeugen, und zwar einerseits aus hochsiedenden Rückständen von Erdöl und Braunkohlenteer, bzw. aus Destillaten von bituminösen Schiefern und Torf, andererseits durch Umwandlungen von Gemischen verschiedener Gase in flüssige benzinähnliche Kohlenwasserstoffe bei hohem Druck und hoher Temperatur.

Die Ergebnisse dieser Untersuchungen ermöglichten es, daß gegenwärtig ein künstlich erzeugtes Benzin in den Handel kommt, welches jedoch dem natürlichen Benzin in dessen Eigenschaften und dessen Ausgiebigkeit noch bedeutend nachsteht.

Bereits im Jahre 1861 wurde in einer amerikanischen Petroleumraffinerie zufälligerweise beobachtet, daß durch Berührung der Dämpfe hochsiedender Kohlenwasserstoffe mit den heißen Wänden des Destillationskessels niedrigsiedende Kohlenwasserstoffe entstehen. Diese Erscheinung wurde später eingehender erforscht und seit 30 Jahren ist in den Petroleumraffinerien das sog. Krackverfahren oder die Zersetzungsdestillation (destruktive Destillation) eingeführt.

Das Krackverfahren besteht darin, daß der nach Abdestillieren des Benzins, Petroleums und gewisser Ölfraktionen verbleibende Rückstand (Ölrückstand, Ölgoudron) in eisernen, besonders eingerichteten Kesseln stark überhitzt wird. Infolge ihrer Schwere verbleiben die Dämpfe der sich entwickelnden hochsiedenden Öle längere Zeit in dem oberen freien Raum des Kessels, woselbst sie an den, von außen geheizten, hocherhitzten Kesselwandungen eine weitgehende Zersetzung erfahren, bei welcher sich einerseits gasförmige und niedrigsiedende Kohlenwasserstoffe, andererseits noch höhersiedende Körper bilden. Die entweichenden Dämpfe werden in einem Kühler kondensiert, die unkondensierten Gase, Krackgase, entweder als solche zum Heizen verwendet oder in Komprimiermaschinen verflüssigt. Das Kracken der Rückstände wird so weit getrieben, bis im Kessel ein kohliger, koksähnlicher Rückstand, der Petroleumkoks, zurückbleibt.

Dem Krackverfahren ähnlich ist die sog. pyrogene Zersetzung, durch welche angestrebt wird, hauptsächlich gasförmige Kohlenwasserstoffe, flüssige Kohlenwasserstoffe dagegen nur in untergeordneter Menge zu erhalten.

Die beiden Verfahren unterscheiden sich durch die Apparatur und die erhaltenen Produkte. Das bei pyrogener Zersetzung erhaltene Gas wird durch Komprimieren bei niedriger Temperatur teilweise verflüssigt. Der verflüssigte Teil ist das sog. Hydrokarbon, welches hauptsächlich aromatische Kohlenwasserstoffe, und zwar ungefähr 70 Proz. Benzol enthält. Die übrigen 30 Proz. sind Toluol und höhere Kohlenwasserstoffe der Fettreihe, besonders Äthylene. Das Hydrokarbon wird zum Betriebe von feststehenden Motoren verwendet[1]).

Nachdem das Krackverfahren mit bedeutenden Verlusten verbunden ist und weder der Ertrag an Benzin noch dessen Qualität befriedigt, so ist man seit langem bestrebt, dieses Verfahren zu vervollkommnen. Demzufolge gibt es heute viele Verfahren zur Erzeugung von künstlichem Benzin, von denen sich jedoch nur wenige in der Praxis bewährt haben. Das erzeugte Benzin hat nämlich eine dunkle Farbe und einen faulen, widrigen Geruch, außerdem enthält es viele ungesättigte Kohlenwasserstoffe und Harzstoffe, welche beim Verbrennen viel Kohlenstoff abscheiden.

Es gelingt zwar durch Raffination, dieses Benzin zu entfärben und auch teilweise von seinem unangenehmen Geruche zu befreien; doch ist diese Reinigung mit weiteren bedeutenden Verlusten verbunden.

Vor drei Jahren wurde nun das Krackverfahren von Burton wesentlich verbessert und zuerst von den Fabriken der Standard Oil Comp. in die Praxis eingeführt. Diese Vervollkommnung des Verfahrens besteht darin, daß Petroleum unter bestimmtem Druck und bei bestimmter Temperatur destilliert wird.

Auf einer ähnlichen Grundlage soll es auch W. F. Rittmann[2]) gelungen sein, die Erzeugung von künstlichem Benzin zu verbessern. Nach diesem Verfahren werden Petroleumdämpfe bei einer Temperatur von 450°C und 6 Atmosphären Druck durch eiserne Röhren getrieben; bei höherer Temperatur und höherem Drucke soll Benzol und Toluol entstehen.

Vor Rittmann ist es schon Nikiforow gelungen, durch Erhitzen von Petroleum in Retorten bei einem höheren Drucke Benzol und Toluol zu gewinnen.

Ferner soll es Snelling[3]) gelungen sein, durch ein bestimmtes Verfahren aus Paraffin und Ölrückständen ein »Rohöl« und aus

---

[1]) Die Fabrik J. Pintsch in Wien gewinnt bei der Erzeugung des Ölgases aus besonderen Rohstoffen als Abfall einen Kohlenwasserstoff, der raffiniert zum Betriebe von Motoren dient. Die ganze Produktion beträgt aber nur einige Waggons jährlich. Der Stoff wurde bisher nicht näher untersucht.

[2]) Siehe Chem.-Ztg. 1915, S. 334, 485, 530.

[3]) W. O. Snelling, Die Gewinnung von Benzin aus »synthetischem« Rohöl, Chem.-Ztg. 1915, S. 359.

diesem reines, farbloses und nur wenig riechendes Benzin darzustellen.

Neuerdings hat Afee[1]) gefunden, daß durch die Einwirkung von Aluminiumchlorid bei der Petroleumdestillation niedrigsiedende, gesättigte Kohlenwasserstoffe entstehen.

Die Continental-Caoutchouc und Guttapercha-Compagnie hat sich ein Verfahren patentieren lassen, nach welchem Benzin durch Erhitzen von hochsiedendem Petroleum im Destillationskessel mit Kohlenwasserstoff-Halogenaluminium bzw. durch Leiten der Petroleum- oder Öldestillat-Dämpfe über poröse Massen, in welchen Kohlenwasserstoff-Halogenaluminium aufgesaugt wurde und als Katalysator dient, gewonnen wird[2]).

Eine wesentlich andere Erzeugung einer benzinähnlichen Flüssigkeit besteht darin, daß ein Gemisch von Methan, Äthylen bzw. Azetylen oder ein Gemisch von Kohlenoxyd und Wasserstoff im elektrischen Bogen bei einer Temperatur von 2000° C erhitzt wird.

Es wurde gefunden, daß hierbei poröse Stoffe, gepulverte Metalle und Metalloxyde einen bedeutenden Einfluß auf die Erhöhung der Benzinausbeute ausüben; diese Methode scheint jedoch noch keine Verbreitung in der Praxis gefunden zu haben.

Wie bekannt, verbrennt Wasserstoff besser als Kohlenstoff und hat auch einen bedeutend größeren Heizwert als Kohlenstoff; 1 kg Kohlenstoff gibt beim Verbrennen bloß 8040 Kalorien, 1 kg Wasserstoff dagegen 28 000 Kalorien. Je größere Mengen Wasserstoff daher ein Kohlenwasserstoff enthält, um so besser verbrennt er und einen um so größeren Heizwert besitzt derselbe. Aus diesem Grunde verbrennt Toluol und Xylol besser als Benzol.

Die Industrie trachtet deshalb, die kohlenstoffreichen und wasserstoffarmen Verbindungen, wie z. B. Benzol, Toluol, Xylol, Naphthalin usw., mit Wasserstoff anzureichern.

Dies kann nur dadurch geschehen, daß man solche wasserstoffarmen Kohlenwasserstoffe mit Jodwasserstoff und Phosphor oder bei Anwesenheit von Katalysatoren, wie Platinschwamm[3]), Nickeloxyd usw., mit Wasserstoff unter Druck erwärmt.

Auf diese Weise erhält man aus Benzol C_6H_6 Hexahydrobenzol C_6H_{12}, aus festem Naphthalin $C_{10}H_8$ flüssiges Dekahydronaphthalin $C_{10}H_{18}$, welche Verbindungen einen niedrigeren Siedepunkt als die ursprünglichen Verbindungen aufweisen und leichter verbrennen.

---

[1]) A. M. Mac Afee, Chem.-Ztg. 1916, S. 175.
[2]) Chem. Ztg. 1917. Chem.-techn. Übersicht S. 346.
[3]) Willstätter und Hatt, Ber. der deutschen chem. Gesellschaft in Berlin 1912, S. 1471.

Diese Art des Einbringens von Wasserstoff in aromatische Kohlenwasserstoffe nennt man Hydrieren.

Äthylalkohol enthält zwar im Verhältnisse zum Kohlenstoff größere Mengen von Wasserstoff, nachdem aber zwei seiner Wasserstoffatome im Verbrennungsprodukt an den ebenfalls anwesenden Sauerstoff gebunden bleiben, so kommen sie hier nicht zur Geltung, aus welchem Grunde der Heizwert von Äthylalkohol ein geringer ist.

Gemische von Betriebsstoffen.

In dem Bestreben, auch andere billige Stoffe zum Betriebe von Explosionsmotoren und Kraftfahrzeugen heranzuziehen, werden verschiedene mehr oder weniger zu diesen Zwecken geeignete Gemische hergestellt und in den Handel gebracht[1]).

Es sind dies hauptsächlich Gemische von Benzin, Benzol, Toluol, Spiritus und Petroleum, zu welchen Schwefeläther, Azeton oder Schwefelkohlenstoff zugesetzt werden, um deren Entzündbarkeit zu erhöhen.

Ein zur Erhöhung der Motorleistung mit Pikrinsäure versetzter Spiritus (Transformin) hat sich als Betriebsstoff nicht bewährt. Es besteht hiebei die Gefahr, daß sich unter Mitwirkung des im Spiritus anwesenden Wassers explosive Metallpikrate bilden.

Auch von einem Zusatz von Nitrobenzol, Ammoniumnitrat, Äthylnitrat und ähnlichen Stoffen wurde Abstand genommen, da durch die sich beim Verbrennen bildenden nitrosen Gase Zylinder, Ventile und Zündkerzen im Motor beschädigt werden.

Ein Naphthalinzusatz zu Spiritus oder Benzol kann ebenfalls nicht mit Erfolg Verwendung finden, weil Naphthalin bei niedriger Temperatur auskristallisiert, und, nachdem es bei gewöhnlicher Temperatur nicht verdampft, die Düse des Vergasers leicht verstopfen kann.

Wie in den vorstehenden Absätzen gezeigt wurde, besitzen die zu den Betriebsstoffgemischen verwendeten Körper gewisse Nachteile, so daß man diese letzteren nicht unter allen Umständen für sich allein verwenden kann. So kann noch weiter hinzugefügt werden, daß Benzol bei einer Temperatur nahe Null erstarrt, Spiritus und namentlich Petroleum ohne Vorwärmung nicht vergasen, daß Spiritus eine größere Öffnung der Düse im Vergaser als Benzin erfordert usw.

---

[1]) Vergleiche auch K. Dieterich, Vorschriften für Ersatzstoffe von Benzin und Benzol, Zeitschr. f. angew. Chemie 1914, I, S. 543.

Der Zweck einer Vermischung von verschiedenen Betriebsstoffen ist daher, nicht nur einen brauchbaren Ersatz für Benzin zu schaffen, sondern auch die Nachteile, derentwegen der eine oder der andere Ersatzstoff bei der üblichen Automobileinrichtung für sich allein nicht gut verwendbar wäre, zu beseitigen. Sieht man sich genötigt, solche Gemische zu verwenden, so darf deren Zubereitung keinerlei Änderung am Automobil bzw. am Vergaser bedingen.

Setzt man z. B. zum Spiritus eine genügende Menge von Benzol zu, so arbeitet der Motor mit diesem Gemische anstandslos ohne Vorwärmung der in den Vergaser eingesaugten Luft und ohne Veränderung der Düsenöffnung.

Mitunter ist man auf der Reise gezwungen, seinen Benzinvorrat zu ergänzen, um nicht wegen Benzinmangel stehen bleiben zu müssen; Benzin wäre aber erst an einem zu entfernten Orte erhältlich, dagegen wäre Benzol, Spiritus oder Petroleum vorhanden. In solchen Fällen muß man wohl wissen, welche Stoffe mit Erfolg miteinander mischbar sind, um den verfügbaren geringen Benzinvorrat nicht zu verderben.

Beabsichtigt man, oder ist man gezwungen, Brennstoffgemische zu verwenden, so tut man gut, diese selbst zuzubereiten; erstens kann man sich selbst jedes solche Gemisch billiger herstellen, als es im Handel käuflich ist, und zweitens weiß man, was man gemischt hat.

Aus all diesen Gründen ist es von großer Wichtigkeit, sowohl die Eigenschaften der einzelnen Betriebsstoffe, als auch diejenigen ihrer Gemische zu kennen.

Es soll daher die Zubereitung der Brennstoffgemische und deren Eigenschaften, soweit dies nicht in früheren Kapiteln und im analytischen Teile geschehen ist, eingehender besprochen werden.

Benzin und Benzol.

Benzin und Benzol kann man in jedem beliebigen Verhältnisse mischen, ohne daß eine Trübung entsteht, wenn auch das zum Mischen verwendete Benzol wasserhältig sein sollte.

Benzin hat den Vorteil, daß es erst bei tiefer Temperatur erstarrt, während Benzol schon nahe bei Null fest wird. Ein Zusatz von Benzin zum Benzol verhindert daher das Erstarren eines solchen Benzol-Benzingemisches bei niedriger Temperatur.

Ein Gemisch von 80—70 Volumteilen Benzol mit 20—30 Teilen Benzin trübt sich schon bei einer Abkühlung unter 0° C; bei —10° C entsteht durch die Benzolabscheidung ein dünner kristal-

linischer Brei und bei — 20° C erstarrt das Ganze zu einer dicken
breiartigen Masse.

Ein Benzol-Benzingemisch im Verhältnisse 50:50 bis 20:80
bleibt auch bei — 20° C noch flüssig; ein Gemisch von 50 proz.
Benzol (Benzol mit Toluol und Xylol gemischt) mit Benzin im
Verhältnisse 25:75 bis 75:25 erstarrt bei — 25° C noch nicht;
es findet auch keine Abscheidung von Benzolkristallen statt[1].

Wenn man daher in Winterszeit die Erstarrung von 90 proz.
Motorenbenzol vermeiden will, so muß man demselben wenigstens
40 Proz. Benzin beimischen.

Ich empfehle, zum Benzin stets ungefähr 20 Proz. Benzol zuzusetzen, weil durch Versuche festgestellt wurde, daß bei der
Verwendung von Benzin das durch Überlasten des Motors herbeigeführte unangenehme Klopfen desselben durch Benzolzusatz
meistens vermieden wird.

Benzin, Benzol und Spiritus.

Benzol und Spiritus kann man in jedem beliebigen Verhältnisse mischen, ohne daß eine Trübung entsteht. Mischt man aber
Benzin mit Spiritus oder Benzin mit Spiritus und Benzol, so kann
durch die Abscheidung des im Spiritus und im Benzol vorhandenen Wassers eine Trübung stattfinden. Ein solches Gemisch
läßt sich erst dann verwenden, wenn sich das ausgeschiedene
Wasser am Boden des Gefäßes abgesetzt hat; dies kann lange,
unter Umständen auch 8 Tage dauern.

Bei ungünstigem Verhältnisse von Benzin zu Spiritus, wenn
z. B. Benzin im Gemische obwaltet, scheidet sich allmählich Spiritus ab, weil sich ein wasserhaltiger Spiritus in Benzin nicht
auflöst[2].

Erst durch einen Zusatz von 5—6 Volumteilen Spiritus zu
einem Volumteile Benzin entsteht ein gleichmäßiges Gemisch,
das aber in der Praxis nicht verwendet wird.

Aus diesem Grunde empfiehlt es sich, Benzin nicht bloß mit
Spiritus, sondern gleichzeitig auch mit Benzol zu vermischen.

Wie ich durch Versuche festgestellt habe, kann man höchs-
stens 70 Volumteile Benzin mit 15 Volumteilen Benzol und 15 Volumteilen Spiritus vermischen, ohne daß eine Trübung entsteht.

Vermischt man aber 80—100 Volumteile Benzin mit 10 Volumteilen Benzol und 10 Volumteilen Spiritus, so entsteht in-

---

[1] Vergleiche auch K. Dieterich, Die Motorbetriebsstoffe und Kühl-
wasser bei großer Kälte. Allgem. Automobil-Zeitung Nr. 8, Berlin 1917.

[2] Mit wasserfreiem Alkohol mischt sich Benzin in jedem Verhältnisse.

folge der Wasserabscheidung aus dem Spiritus eine Trübung, und es scheidet sich bei längerem Stehen eines solchen Gemisches allmählich auch der Spiritus aus.

Die günstigsten Benzin-Benzol-Spiritusgemische sind also demnach 20—25 Volumprozente Benzin, 50—25 Volumprozente Benzol und 25—50 Volumprozente Spiritus.

Bei der Darstellung dieser Gemische gießt man zuerst Benzol in Spiritus, rührt um, gießt dann allmählich Benzin zu und rührt gleichzeitig wiederum durch.

Gemische von Benzol mit Spiritus werden in den verschiedensten Mischungsverhältnissen verwendet.

Mit einem Gemische von 60 Volumteilen Spiritus und 40 Volumteilen Benzol arbeitet der Automobilmotor bei warmer Witterung gut, hingegen mit einem Gemische von 75 Volumteilen Spiritus und 25 Volumteilen Benzol ohne Vorwärmung der in den Vergaser zugeführten Luft schlecht[1]).

Bei Verwendung solcher Benzol-Spiritusgemische ist die Motorleistung natürlich auch eine größere als bei Verwendung von Spiritus allein, außerdem hat der Benzolzusatz noch den Vorteil, daß Benzol die Spiritusverbrennung fördert.

Mit bezug auf den Verbrennngsvorgang eines Benzol-Spiritusgemisches ist es am vorteilhaftesten, zwei Gewichts- oder Volumteile Benzol mit einem Gewichts- oder Volumteile Spiritus zu vermischen.

Beim Vermischen gießt man stets Benzol in Spiritus und nicht umgekehrt, weil sonst das Gemisch durch das aus dem Spiritus abgeschiedene Wasser getrübt wird und es eine längere Zeit braucht, bevor sich dieses wieder aufgelöst hat.

Ein weiterer Vorzug des Benzol-Spiritusgemisches besteht darin, daß Spiritus das Erstarren von Benzol bei niedrigen Temperaturen verhindert.

Bei der Darstellung von Gemischen muß auch berücksichtigt werden, daß bei niedriger Temperatur aus denselben einzelne Bestandteile sich ausscheiden können; so z. B. scheidet sich aus einem Gemische von 70 Teilen Benzol und 30 Teilen Spiritus bei —10°C Benzol als feste kristallinische Masse ab; ein Betriebsmittel muß jedoch im Winter bei —10 bis —20°C noch vollkommen flüssig sein.

Die Abscheidung einzelner Bestandteile aus einem Gemische wird um so schwieriger und der Erstarrungspunkt des Gemisches liegt um so niedriger, je weiter die einzelnen Bestandteile vom

---

[1]) Die Autobusgesellschaften verwenden gleiche Teile von Benzol und Spiritus.

Sättigungspunkte in einem Lösungsmittel entfernt sind, und je mehr Bestandteile miteinander vermischt werden.

Ein Benzol-Spiritusgemisch verhält sich daher um so günstiger, je mehr Spiritus dasselbe enthält. Es ist ferner vorteilhaft, zu dem Gemische noch Benzin zuzusetzen, weil dieses den Erstarrungspunkt erniedrigt und die Benzolabscheidung verhindert.

Setzt man z. B. zu einem Gemische von 80 Teilen Benzol und 20 Teilen Spiritus 40 Teile Benzin zu, so erstarrt dieses Gemisch bei $-15°$ C; setzt man zu 50 Teilen Benzol 50 Teile Spiritus und 20 Teile Benzin zu, so erstarrt das Gemisch erst bei $-18°$ C.

Das günstigste Gemisch wäre wohl jenes von Benzol, Spiritus, Benzin und Petroleum; solche Gemische verbrennen jedoch unregelmäßig, und man kann dieselben daher nur in einem ganz bestimmten, praktisch erprobten Verhältnisse verwenden.

Die mit Gemischen von Benzol und Spiritus durchgeführten Erstarrungsversuche lieferten folgende Ergebnisse:

Ein Gemisch von 80—50 Volumteilen Benzol mit 20—50 Volumteilen Spiritus trübt sich beim Abkühlen unter $0°$ C; bei $-10°$ C verwandelt sich dasselbe in eine dicke, breiartige Masse und erstarrt bei $-20°$ C vollständig.

Ein Gemisch von 20—25 Volumteilen Benzol mit 80—75 Volumteilen Spiritus hingegen ist noch bei $-20°$ C flüssig.

Ein Gemisch von 25—75 Volumteilen 50proz. Benzol mit 75 bis 25 Volumteilen Spiritus erstarrt selbst bei $-25°$ C noch nicht.

Verwendet man statt Benzin Benzol-Spiritusgemisch, welches wenigstens die Hälfte Benzol enthält, so braucht weder an der Öffnung der Benzindüse noch an dem Durchmesser der Luftdüse des Vergasers eine Änderung vorgenommen zu werden. Da Benzol mehr und Spiritus weniger Luft zur Verbrennung braucht, so kann man dieses Gemisch auch bei empfindlichen Vergasern mit gleichem Erfolg wie für Benzin verwenden.

Aus einer Mischung von Benzol und Spiritus scheidet sich kein Wasser ab. Sollte beim Automobilbetriebe trotzdem auf irgendeine Weise etwas Wasser in den Betriebsstoff oder in die Schwimmerkammer gelangen[1]), so würde dieses von einem Benzol-Spiritusgemische, allerdings nur in geringeren Mengen, aufgenommen werden, wogegen Benzin Wasser nicht aufzunehmen vermag.

---

[1]) Das Wasser kann sich im Benzinbehälter beispielsweise aus der Druckluft, namentlich bei nasser oder nebeliger Witterung bzw. aus den Druckgasen, welche zum Treiben des Brennstoffes in den Vergaser dienen, allmählich abscheiden und von dem Behälter in die Schwimmerkammer gelangen, wo es infolge des größeren spez. Gewichtes den Brennstoffzufluß in die Düse verhindert und somit eine unregelmäßige Arbeit des Motors verursacht.

Benzin, Benzol, Petroleum und Spiritus.

Sowohl Benzin als auch Benzol und deren Gemische kann man mit Petroleum in jedem Verhältnisse mischen.

Aus einem Gemische von Petroleum mit Spiritus scheidet sich jedoch der Spiritus wieder allmählich aus. Auch aus einem Gemische von Benzin, Petroleum und Spiritus scheidet sich dieser gleich oder nach längerem Stehen aus, wenn zum Benzin zugleich viel Spiritus und viel Petroleum zugesetzt wurde. Diese Abscheidung von Spiritus aus einem Benzin-Petroleum-Spiritusgemische kann man jedoch durch einen Zusatz von Schwefeläther, Benzol, Azeton oder Äthylazetat vermeiden.

Ein bewährtes Gemisch stellt man folgendermaßen dar: Man mischt zuerst 25 Volumteile Petroleum mit 25 Teilen Benzol gut durch, setzt dann 50 Teile Spiritus zu und rührt wiederum um. Um die Abscheidung von Spiritus zu verhindern, fügt man auf 10 l des Gemisches 0,5—1 l technischen Schwefeläther zu. Bei kalter Witterung läßt sich jedoch ein solches Gemisch ohne Vorwärmer nicht verwenden.

Ein Gemisch von Benzin oder Benzol mit Petroleum wird jedoch in einem nur für Benzinspeisung eingerichteten Motor unvo lständig verbrannt, und demzufolge riechen die Auspuffgase unangenehm.

Verschiedene andere Gemische.

In der Automobilabteilung der Ersten Böhmisch-Mährischen Maschinenfabrik in Prag wurde in Fällen von Benzinmangel ein Gemisch von 1 Teil Spiritus, 1 Teil Benzin und 1 Teil Benzol verwendet, später sogar 50 Teile Spiritus, 25 Teile Benzol und 25 Teile Benzin. Beide Gemische wurden bei warmer Witterung ohne Vornahme irgendwelcher Abänderung am Vergaser verwendet, bei kälterer Witterung erforderten dieselben jedoch eine stärkere Luftvorwärmung.

Bei den genannten Gemischen wurde nur ein einziger, wohl untergeordneter Nachteil festgestellt. In der Mündung der aus Messing hergestellten Düse bildete sich, wenn die Kraftwagen längere Zeit, z. B. 14 Tage, außer Betrieb standen, Grünspan, welcher die Düse verstopfte; es mußte der Vergaser vor Inbetriebsetzung stets gereinigt werden.

Die Automobilfabrik Laurin & Klement in Jungbunzlau verwendete zur Zeit der Benzinnot und zur Zeit hoher Benzinpreise ein Gemisch von 1 Teil schwerem Benzin und 1 Teil Benzol, aber mit einem Luftvorwärmer am Vergaser und schließlich ein Gemisch von 1 Teile Schwerbenzin vom spezifischen Gewichte 0,750 bis 0,760 und 1 Teile Petroleum.

Bei der Verwendung dieses Gemisches wurden die Düsenöffnungen des Vergasers um 0,1—0,2 mm vergrößert und ebenfalls Luftvorwärmer benutzt.

Der Verbrauch an diesem Gemische war wohl größer als bei normalem Betriebe mit reinem Benzin; am Motor wurden aber keine störenden Erscheinungen beobachtet. Nur das Anlassen des Motors mußte durch Einspritzen von Benzin in die Zylinder erleichtert werden.

Ein mit Spiritus vermischtes Benzin wurde im Motor nur an der Bremsvorrichtung probiert; dabei mußte das Rohr, welches das Gemisch in den Vergaser brachte, um die Auspuffröhre geführt werden, damit es möglichst warm werde. Die Düsenöffnungen mußten vergrößert werden, wodurch natürlich der Betriebsstoffverbrauch stieg. Mit Dücksicht darauf, daß die Betriebskosten ziemlich hoch ausfielen, wurde dieses Gemisch weiter nicht mehr verwendet.

Bei Verwendung von reinem Benzol wurde die Vergaserdüse verkleinert.

Die Automobilfabrik Walter & Comp. in Jinonic bei Prag verwendete ohne Anstand ein Gemisch von 1 Teil Benzol und 1 Teil Spiritus, später auch ein Gemisch von 70 Teilen Spiritus, 29 Teilen Petroleum und 1 Teil Petroleumäther. Die Vergaserdüse mußte um 10 Proz. gegen diejenige bei Benzin vom spezifischen Gewichte 0,720 vergrößert werden.

In Prag wurden, soweit mir bekannt, nachfolgend angeführte, besonders benannte Ersatzstoffe in den Handel gebracht: Benzinersatz, Etol, Motorit, Benzolin und Benzolit.

Benzinersatz hatte ein spezifisches Gewicht von 0,880 und enthielt 58 Proz. Benzol, 32 Proz. Toluol und 8 Proz. Xylol; es war demnach nichts anderes als technisches Benzol.

Etol hatte ein spezifisches Gewicht von 0,787 und bestand aus 25 Proz. Petroleum, 50 Proz. Spiritus und 25 Proz. Schwefeläther. Das Gemisch war wohl infolge seines hohen Äthergehaltes leicht entzündbar, bei seiner Verwendung wurde jedoch außer einem bedeutenden Verbrauche noch beobachtet, daß sich die Zylinder bald überhitzten und die Motorleistung alsbald sank.

Motorit enthielt 25 Proz. Petroleum, 25 Proz. Benzol und 50 Proz. Spiritus.

Benzolin stellte ein Gemisch von Benzol, Spiritus und Schwefelkohlenstoff dar, welches durch seinen Gehalt an Schwefelkohlenstoff dem Motor nachteilig war.

Im Deutschen Reiche kommen Gemische von Benzol, Toluol, Spiritus, Azeton und Petroleum unter verschiedenen Namen, wie Autin, Ergin, Autonaphtha, Motonaphtha, Motorkraft usw., vor.

Man verwendet in den Gemischen auch technisches Azeton, hauptsächlich aber nur zu dem Zwecke, um das Entzünden des Gemisches zu erleichtern. Azeton hat ein spezifisches Gewicht von 0,810 und siedet schon bei 56° C, vergast ziemlich leicht, es stellt sich aber verhältnismäßig teurer als die anderen Betriebsstoffe.

Man mischt z. B. 50 Teile 90proz. Spiritus mit 20 Teilen Azeton und setzt 30 Teile Benzol zu. Oder es werden 50 Teile Spiritus mit 20 Teilen Azeton und 30 Teilen Benzin gemischt.

Auch wird Spiritus mit Azeton im Verhältnis 50:50 bis 70:30 vermischt und auf 100 l der Mischung 1 l Motoröl zugesetzt, wodurch ein möglichenfalls eintretendes Rosten des Motors vermieden werden soll (vgl. auch S. 192).

Wenn man ein Gemisch von Spiritus und Azeton verwendet, so ist es erforderlich, die Öffnung der Benzindüse zu vergrößern und die in den Vergaser zugeführte Luft vorzuwärmen.

Versuche über die Verdampfung verschiedener Benzin- und Benzolsorten im Vergaser.

Im analytischen Teile dieses Buches wurde gezeigt, wie sich einzelne Benzinfraktionen und Benzine überhaupt bei freiem Verdunsten und bei beschleunigtem Verdampfen durch Absaugen von Luft verhalten (s. S. 54). Ähnliche Verdampfungsversuche wurden auch im Vergaser unternommen, um zu sehen, wie das Verdampfen in demselben vor sich geht.

Zu diesem Zwecke wurde der Zenithvergaser verwendet und die Versuchsanordnung wurde folgendermaßen gewählt: Das Benzinzuleitungsrohr zum Vergaser wurde durch einen Gummischlauch mit einer Glasflasche verbunden, welche als Benzinbehälter diente. Die Flasche wurde über dem Vergaser so hoch auf ein Gestell befestigt, daß das Benzin unter mäßigem Drucke, ähnlich wie beim Automobil in die Schwimmerkammer gelangte.

An die Öffnung, wo das Benzin-Luftgemisch vom Vergaser in den Motor einströmte, wurde ein 50 cm langes Rohr, von demselben inneren Durchmesser wie die Öffnung des Vergasers befestigt. Dieses Rohr wurde mit einer Vakuumpumpe verbunden, welche in einer Minute 500 l Luft von 20° C absog.

Ein Kraftwagenmotor saugt die Luft zwar nicht ununterbrochen wie eine Luftpumpe ein, aber die Unterbrechungsperioden sind sehr gering, so daß von einer dementsprechenden Absaugungsanordnung abgesehen werden konnte; die angeführte Anordnung reichte zum Vergleiche des Verhaltens einzelner Fraktionen beim Verdampfen im Vergaser vollständig aus.

Der Verlauf der Verdampfung wurde in dem Glasrohr sowie in den unteren Öffnungen des Vergasers, durch welche die Luft angesogen wurde, beobachtet.

Es wurde nun festgestellt, daß Benzinfraktionen, welche im Vergaser nicht mehr verdampften, aus der Mündung der Benzindüse durch den starken Luftstrom in winzigen Tröpfchen fortgerissen wurden; ein Teil von diesen Tröpfchen schwebte in der Luft und verdampfte allmählich; größtenteils prallten die Benzintröpfchen jedoch an die Wände der Luftdüse des Vergasers an und stiegen, durch den Luftstrom getrieben, an der Wand des Glasrohres unter gleichzeitiger Verdampfung empor, und zwar um so höher, je höher siedende Fraktionen in den Vergaser eingeführt wurden.

Die bis 100° C siedenden Fraktionen verdampften im Vergaser vollständig, die Fraktion 100—120° C verdampfte schwieriger und teilweise stieg sie an dem Glasrohre unter gleichzeitigem Verdunsten empor; die Fraktion 120—140° C verdampfte schon verhältnismäßig wenig und stieg größtenteils an dem Rohre unter gleichzeitigem Verdunsten noch höher; die Fraktion 140—160° C wurde aus der Vergaserdüse größtenteils in Tröpfchen fortgerissen, welche bis zur Hälfte des Rohres emporstiegen. Die Fraktionen 160—200° C stiegen an der ganzen Länge des Glasrohres empor und wurden bis in den Benzinfänger, der zwischen Vergaser und Saugpumpe eingereiht war, fortgerissen.

Reines Benzol verdampfte im Vergaser fast vollständig und stieg an der Glasröhre nur wenig empor. Toluol wurde durch den Luftstrom teils in Tröpfchen mitgerissen, teils stieg es an dem Glasrohre höher als Benzol empor, wogegen Xylol bis über den Rand des Rohres in einer dünnen Schicht emporstieg.

Von den in der Tabelle I angeführten Benzinsorten verdampfte das leichte Benzin Nr. 1 (spez. Gewicht 0,696) im Vergaser fast vollständig, das mittlere Benzin Nr. 8 (spez. Gewicht 0,740) verdampfte auch gut und stieg an der Glasröhre nur wenig empor. Schweres Benzin Nr. 14 (spez. Gewicht 0,760) verdampfte nur teilweise, größtenteils stieg es in dünner Schicht an dem Glasrohre empor.

Das Verbindungsrohr zwischen dem Vergaser und dem Automobilmotor ist jedoch kurz, man kann daher nach dem vorher Gesagten annehmen, daß schweres Benzin bis in den Motor teils an den Wandungen des Verbindungsrohres, teils in Tröpfchen gelangt und dort erst bei höherer Temperatur verdampft.

Da das Verbindungsrohr die Wärme von dem heißen Motor erhält, so wird die Verdampfung des an dem Rohre emporsteigenden und mitgerissenen Benzins nicht nur durch die warme Luft, sondern namentlich auch durch das warme Verbindungsrohr unterstützt.

Über den Verbrauch und die Leistungsfähigkeit verschiedener Benzin- und Benzolsorten beim Motorenbetriebe.

Ich habe bei den Automobilfahrten bemerkt, daß der Verbrauch von verschiedenen Benzinsorten bei gleich großer und unter gleichen Umständen zurückgelegter Strecke den Benzineigenschaften entsprechend verschieden war.

Diese Beobachtung veranlaßte mich, durch eingehende Versuche festzustellen, ob und in welchem Maße die Zusammensetzung von Benzin oder Benzol einen Einfluß auf deren Verbrauch und die Arbeitsleistung des Motors ausübt, und zwar einerseits durch Bremsversuche, andererseits durch praktische Automobilfahrten.

Zu diesem Zwecke wurden verschiedene Handelsbenzine, sowie einzelne Benzinfraktionen und Benzole verwendet, deren Zusammensetzung vorher durch fraktionierte Destillation festgestellt wurde.

Versuche an der Bremsvorrichtung.

Die Bremsversuche wurden in der Automobilabteilung der Ersten Böhmisch-Mährischen Maschinenfabrik in Prag durchgeführt.

Zu denselben wurde die elektrische Bremse von der Fabrik »La Francaise Electrique« in Paris verwendet, welche im Prinzip aus einer Dynamomaschine besteht, deren Anker mit der Welle des zu untersuchenden Motors gekuppelt wird, wogegen das sonst feststehende Gehäuse, welches die Elektromagnete trägt, um die Achse des Ankers drehbar gemacht worden ist.

Außerdem ist am Gehäuse ein Gegengewicht angebracht, welches dem Meßgewicht in der Nullstellung das Gleichgewicht hält.

Wird der Anker des Bremsgenerators durch den Motor in Umdrehung versetzt, so sucht der sich drehende Anker durch den entstehenden Induktionsstrom das bewegliche Gehäuse mitzunehmen und in Drehung zu bringen.

Die Windungen des durch den Benzinmotor bewegten Rotors durchschneiden die Kraftkurven des magnetischen Feldes des Dynamos und rufen ein elektromagnetisches Moment hervor.

Dasselbe wird bei einem normal konstruierten Dynamo durch die Grundschrauben des Stators aufgefangen; hier kann es jedoch durch ein Gewicht ausgewogen und gemessen werden, welches an einem an dem pendelnden Kasten des bremsenden Dynamos befestigten Arm verschoben werden kann.

Wird beim Einspielen des Hebels am Hebelarm l, in Metern ausgedrückt, eine Kraft P, in Kilogramm ausgedrückt, ermittelt, so ist der Motor mit dem Drehmoment

$$M = P . l . \text{mkg}$$

belastet, welches bei n Umdrehungen der Welle per Minute (Tourenzahl) einer Motorleistung

$$Ne = \frac{M.n}{716} = \frac{P.l.n}{716} PSe$$

entspricht, wobei 716 eine Konstante und PSe effektive Pferdestärken bedeuten.

Um die Umfangskraft am konstanten Arm ablesen zu können, was für eine schnelle Berechnung der Motorleistung vorteilhaft ist, ist die Einteilung am Arm in Kilogramm ausgeführt.

Wenn

l_1 die Entfernung einer beliebigen Lage des Schiebgewichts von der Dynamoachse,

l den Arm, auf welchen das Gewicht des Schiebgewichtes g reduziert wird, und

P jenes reduzierte Gewicht bedeutet, so gilt die Gleichung

$$P . l = g . l_1$$

Aus dieser Gleichung werden für verschiedene l_1 reduzierte Gewichte P berechnet und durch dieselben werden die betreffenden Gewichtslagen bezeichnet.

Die Größe $\dfrac{l}{716}$ bleibt für alle Versuche stets die gleiche und bildet daher eine Konstante C.

Da im vorliegenden Falle $l = 1{,}35$ m beträgt, so ergibt sich die Konstante $C = \dfrac{1{,}35}{716} = 0{,}001885$.

Dann ist $Ne = 0{,}001885 . P . n$, wobei P am Hebelarm, die Umdrehungen n am Tourenzähler abgelesen werden.

Der zu den Bremsversuchen verwendete Benzinmotor war vierzylindrig von 39 HP und hatte 105 mm Bohrung und 160 mm Hub.

Der Zenithvergaser mit der Bezeichnung ABC 42 hatte die Luftdüse 26 mm, die Hauptspritzdüse 1,1 mm und die Ausgleichdüse 1,31 mm im Durchmesser.

Zu den Versuchen wurden ein leichtes, ein mittleres und ein schweres Benzin, ferner die Benzinfraktionen 60—80°, 80—100°, 100—120° und 120—140° und schließlich das 90proz. Motorenbenzol gewählt. Ihre Zusammensetzung nach den Fraktionen von 20° zu 20° C ist aus der nachstehenden Tabelle ersichtlich [1]).

Brennstoffart	Leichtes Benzin	Mittleres Benzin	Schweres Benzin	Fraktion 60—80° C	Fraktion 80—100° C	Fraktion 100—120° C	Fraktion 120—140° C	Benzol
Spezifisches Gewicht	0,6930	0,7360	0,7619	0,6990	0,7370	0,7500	0,7598	0,8833
Fraktionen								
bis 40° C	2,7	0,4	—	—	—	—	—	—
40—60°	31,5	3,0	0,2	5,0	—	—	—	—
60—80°	34,5	15,6	0,4	91,0	4,0	—	—	56,2
80—100°	17,3	38,7	5,2	4,0	92,9	5,0	—	43,8
100—120°	9,8	25,0	27,0	—	3,1	93,5	4,0	—
120—140°		13,7	32,0	—	—	1,5	92,7	—
140—160°	3,9		24,5	—	—	—	3,2	—
160—175°		3,3	7,7	—	—	—	—	—
Rückstand			3,0	—	—	—	—	—
	99,7	99,7	100,0	100,0	100,0	100,0	99,9	100,0

Die Benzinsorten wurden so gewählt, daß im leichten Benzin die Fraktionen 40—80° C, im mittleren Benzin die Fraktionen 80—120° C und im schweren Benzin die Fraktionen 100—160° C obwalteten.

Vor den Hauptversuchen wurde die Genauigkeit der Methode erprobt. Zu diesem Zwecke wurde ein schweres Benzin vom spezifischen Gewichte 0,750 verwendet und die Arbeitsleistung des Motors sowie der Verbrauch des Benzins zweimal nacheinander festgestellt.

In ersterem Falle betrug der Benzinverbrauch auf 1 Stunde und 1 Pferdestärke 312 g, in letzterem 310 g, welcher Unterschied ungefähr 0,6 Proz. entspricht. Man kann daher die Bremsversuche mit einer Genauigkeit auf etwa $^1/_{200}$ bestimmen.

---

[1]) In der Tabelle ist die Benzolzusammensetzung nach den Fraktionen von 20° zu 20° C angegeben; nach der üblichen fraktionierten Destillation enthält das Benzol 96,0 Proz. der bis 85° C siedenden Anteile, von 85° bis 100° C 4,0 Proz.

Tabelle IV.

Benzinsorte	Verbrennungszeit in Minuten	Reduzierte Zeit in Minuten	Bremsgewicht Pkg	Motorleistung PS	Brennstoffverbrauch in kg
Leichtes Benzin	0 3,44 7,31 11,20	 11,33[1)	21,0 20,9 20,9 20,8		
Durchschnitt		3,78	20,9	39,4	0,280
Mittleres Benzin	0 3,39 7,21 11,04	 11,06	21,1 21,0 21,0 19,9		
Durchschnitt		3,69	21,0	39,6	0,302
Schweres Benzin	0 3,46 7,31 11,18	 11,30	20,7 20,7 20,7 20,7		
		3,37	20,7	39,0	0,311
Fraktion 60—80° C	0 1,53[2) 3,46	 3,77	21,0 21,0 21,0		
Durchschnitt		3,77	21,0	39,7	0,280
Fraktion 80—100° C	0 3,56 7,49 11,40	 11,66	20,9 20,8 20,8 20,7		
Durchschnitt		3,89	20,8	39,2	0,290
Fraktion 100—120° C	0 3,50 7,42 11,32	 11,54	20,7 20,6 20,7 20,7		
Durchschnitt		3,85	20,67	39,0	0,300
Fraktion 120—140° C	0 4,07	 4,11	19,6 19,6		
Durchschnitt		4,11	19,6	37,0	0,300
Benzol	0 4.10 8,27 12,27	 12,45	21,1 21,0 21,0 20,9		
Durchschnitt		4,15	21,0	39,6	0,322

[1) Minuten im Dezimalsystem ausgedrückt.
[2) Verbrennungszeit für je einen halben Liter.

Bei allen Versuchen wurde dieselbe Hauptspritz- als auch die Ausgleichdüse des Vergasers behalten. Die Tourenzahl des Motors per Minute wurde während der Versuche bei 1000 und die Temperatur des Kühlwassers bei 60° C gehalten.

Die Ergebnisse der Bremsversuche sind in der nebenstehenden Tabelle zusammengestellt.

In dieser Tabelle bedeuten die Zahlen in der zweiten Kolonne die Zeit, in Minuten ausgedrückt, welche zur Verbrennung des ersten, des zweiten, bzw. des dritten Liters von Brennstoff verbraucht wurde, die dritte Kolonne zeigt die durchschnittliche reduzierte Zeit in Minuten an; die vierte Kolonne gibt das Gewicht an, welches den Widerstand des Motors ausgleicht, die fünfte Kolonne gibt die Motorleistung in Pferdestärken an und die sechste Kolonne gibt schließlich den Brennstoffverbrauch in Kilogramm auf 1 Pferdestärke und 1 Stunde gerechnet an.

Aus dieser Tabelle ergibt sich der geringste Verbrauch bei leichtem Benzin, der größte Verbrauch bei Benzol. Die höchste Motorleistung wurde nun bei derselben Haupt- und Ausgleichdüse mit mittlerem Benzin erreicht.

Was die einzelnen Benzinfraktionen anbelangt, so zeigt sich, daß mit der Zunahme der Siedepunkte der Fraktionen der Brennstoffverbrauch steigt, während die Motorleistung sinkt.

Versuchsfahrten mit Automobil.

Zu den Versuchsfahrten wurde ein Automobil Type Praga »Mignon« von 16 HP der Ersten Böhmisch-Mährischen Automobilfabrik verwendet, dessen vierzylindriger Motor die Bohrung 70 mm und den Hub 120 mm hatte.

Die Fahrten wurden auf den ziemlich ebenen Strecken Prag-Schwarz Kosteletz (35 km) und Prag-Böhmisch Brod, Sadská, Poděbrad, Chlumetz (80 km) unternommen. Außerdem wurde auch eine Bergstrecke Prag-Beneschau (41 km) gewählt. Diese Strecken wurden stets hin und zurück ohne Unterbrechung gefahren.

Die Versuchsfahrten wurden zu einer Zeit unternommen, wo sich die Temperatur der Luft nur wenig veränderte oder bei bewölktem Himmel und bei trockener Witterung. Sämtliche Strecken waren in gutem Zustande, die beiden ersten Strecken waren gewalzt.

Vor jeder Fahrt wurde der Motor sorgfältig geprüft, die Kompression und die Zündvorrichtung erprobt, sämtliche bewegliche Bestandteile wurden gut geschmiert, in den Luftschläuchen der

Gummimäntel der gleiche Druck erhalten, kurz, es wurden sämtliche Umstände berücksichtigt, welche auf den Benzinverbrauch einen Einfluß haben könnten. Das Benzin wurde sorgfältigst filtriert, damit sich die Vergaserdüse nicht verstopfen könne, und im Benzinbehälter wurde während der Fahrt ein gleicher Druck erhalten. Außerdem wurde durch eine von mir konstruierte Vorrichtung die Luft, welche vom Motor in den Karburator angesogen wurde, filtriert.

Bei sämtlichen Versuchsfahrten blieb die Öffnung der Haupt- und Hilfsdüse des Vergasers unverändert, obwohl die spezifischen Gewichte von leichtem und schwerem Benzin, namentlich von Benzol, bedeutend voneinander abweichen. Der Durchmesser der Hauptbenzindüse betrug 0,7 mm, jener der Hilfsdüse 0,9 mm.

Der Benzinbehälter wurde genau abgemessen und nach jeder Fahrt wurde die verbrauchte Benzinmenge sogleich festgestellt.

In der beigeschlossenen Tabelle V sind verschiedene Benzine und Benzole zusammengestellt, und zwar aufsteigend nach ihrem spezifischen Gewichte und nach den Fraktionen. In den unteren Spalten findet man die Anzahl der Kilometer, welche mit 1 kg oder mit 1 l Benzin zurückgelegt wurden, und außerdem den Benzinverbrauch für eine 10 km-Strecke; es sind Durchschnittszahlen aus einer Reihe von Versuchen.

Aus dieser Tabelle ergibt sich vor allem, daß mit den leichten Benzinen Nr. 1 und 2, welche 66—78 Proz. zwischen 25 und 80° C siedender Fraktionen und 18—30 Proz. zwischen 80 und 130° C siedender Fraktionen enthielten, eine kürzere Strecke zurückgelegt wurde als mit den mittleren Benzinen Nr. 4 und 5, welche nur 32—36 Proz. zwischen 25 und 80° C siedender Fraktionen, dagegen aber 56—64 Proz. zwischen 80 und 130° C siedender Fraktionen enthielten.

Nach diesen Befunden und dem Verhalten der einzelnen Fraktionen im Vergaser vermutete ich, daß die zwischen 80 und 120° C siedenden Benzinanteile am sparsamsten arbeiten, d. i. daß der Verbrauch an denselben auf eine bestimmte Anzahl von zurückgelegten Kilometern der geringste sei.

Um mich zu überzeugen, wie weit meine Annahme richtig sei, vermischte ich die nötigen Mengen von den durch fraktionierte Destillation dargestellten Fraktionen 80—100° C und 100 bis 120° C ungefähr im Verhältnisse 1 : 1. Mit diesem Gemische, dessen Zusammensetzung aus der Tabelle V unter Nr. 6 ersichtlich ist, wurde eine längere Versuchsfahrt unternommen und dabei festgestellt, daß der Verbrauch an Benzin auf 10 km 0,77 kg betrug und also im ganzen den mittleren Benzinen Nr. 4 und 5 entsprochen hat.

Tabelle V.

Fraktion °C	Benzin								Benzol	
	1	2	3	4	5	6	7	8	9	10
	$D = 0{,}700$	$D = 0{,}700$	$D = 0{,}705$	$D = 0{,}720$	$D = 0{,}720$	$D = 0{,}740$	$D = 0{,}760$	$D = 0{,}760$	$D = 0{,}881$	$D = 0{,}887$
25—60	23,0	14,2	25,0	1,6	1,1	—	—	—	—	—
60—80	43,0	63,8	38,5	34,5	31,0	4,7	—	1,4	5,4	8,7
80—100	18,3	12,5	23,5	34,8	39,2	41,7	3,2	5,5	73,2	77,5
100—130	11,6	6,0	7,5		23,2	44,4	53,3	45,1	15,7	10,9
130—150							28,7	23,6	4,2	1,4
über 150	3,4	2,5	5,0	28,7	4,5	9,2			1,4	1,3
und Rückstand							14,6	24,4 [1]		
	99,3	99,0	99,5	99,6	99,0	100,0	99,8	100,0	99,9	99,8

Motor 16 HP.	zurückgelegte Strecke mit	Benzin								Benzol	
	1 kg	9,5 km		10—11 km	12—14 km	12,3 km	13,0 km	10,3 km	9 km	10 km	10 km
	1 l	7,0 km		7—7,7 km	8,6—10km	8,8 km	9,6 km	7,7 km	6,7 km	8,8 km	8,9 km
	Verbrauch auf 10 km	1,05 kg		1,0—0,9kg	0,8—0,7kg	0,8 kg	0,77 kg	0,97 kg	1,1 kg	1 kg	1 kg

	Motor und Kühler heiß, mittlere Lufttemperatur 10° C				bereitet durch Vermischen der Fraktionen	¼ Kühlerfläche verdeckt		
						Lufttemperatur 10° C	2° C	

[1] 150—180° C = 19,4, Rückstand 5,0.

Bei den Versuchsfahrten mit den leichten Benzinen Nr. 1 und 2 wurde beobachtet, daß sich der Motor trotz der verhältnismäßig niedrigen Temperatur bedeutend mehr erhitzt hat, als bei der Verwendung von Benzinen Nr. 4—6 bzw. bei der Verwendung von schwerem Benzin.

Der größere Verbrauch an leichtem Benzin gegen denjenigen an mittlerem Benzin kann daher der sehr leichten Verdunstbarbeit seiner niedriger siedenden Fraktionen, namentlich bei Einwirkung der Wärme des stark erhitzten Motors zugerechnet werden.

Die geringere Erhitzung des Motors beim Betriebe mit mittlerem oder schwerem Benzin bei sonst gleicher Kühlung kann man sich folgendermaßen erklären: Die leicht flüchtigen Fraktionen des leichten Benzins gelangen in den Motor als warme Dämpfe. Die höher siedenden und schwierig verdampfenden Fraktionen gelangen in den Motor, wie schon angeführt wurde, in kleinen Tröpfchen, werden erst dort in Dämpfe verwandelt und dann verbrannt.

Zur Umwandlung des schweren Benzins in Dämpfe ist jedoch verhältnismäßig mehr Wärme erforderlich, diese wird dem heißen Motor entzogen und daher wird derselbe weniger erhitzt.

Wenn man die schweren Benzine Nr. 7 und Nr. 8 in Betracht zieht, so findet man, daß der Verbrauch des schweren Benzins gegenüber dem mittleren Benzin wieder größer ist, namentlich bei dem Benzin Nr. 8; der noch größere Verbrauch an Benzin Nr. 8 gegenüber dem Benzin Nr. 7 hängt höchstwahrscheinlich mit seiner Zusammensetzung zusammen, nach welcher es einen bedeutend größeren Anteil von über 150° C siedenden Fraktionen enthält. Diesen größeren Verbrauch kann man sich allerdings durch den Verlust von hochsiedenden, im Vergaser nicht verdampfenden Fraktionen erklären.

Bei Fahrten mit schwerem Benzin bei kälterer Witterung wurde ein Viertel der unteren Kühlerfläche verdeckt, damit der Motor nicht zu sehr abgekühlt werde; ich habe nämlich festgestellt, daß in diesem Falle bei ganz unverdecktem Kühler bei niedriger Temperatur (in unserem Falle nur 2° C) infolge zu starker Kühlung Benzin unvollständig vergaste und der Motor ziemlich unregelmäßig arbeitete.

Im Sommer braucht man sich vor dieser Störung nicht zu fürchten, denn sobald der Motor nach kurzem Laufen warm wird, vergast auch schweres Benzin.

Wenn man den Verbrauch an schwerem Benzin mit dem Verbrauch an leichtem Benzin vergleicht, so findet man, daß unter gewissen Umständen beide gleich sind. Da das schwere Benzin bedeutend billiger ist als das leichte, so ist die Verwendung des schweren Benzins vorteilhafter, wenn man sich mit einer geringeren Motorleistung begnügt.

In einem Falle wurde die Versuchsfahrt bei regnerischem Wetter auf einer aufgeweichten Straße Prag—Böhmisch Brod—Kuttenberg—Schwarz Kosteletz (90 km) mit dem Benzin Nr. 5 unternommen. Es wurde dabei durchschnittlich auf 10 km Strecke 1 kg Benzin verbraucht, ein verhältnismäßig günstiges Ergebnis.

Was das Benzol anbelangt, so findet man, daß sein Verbrauch ungefähr so groß ist wie derjenige an schwerem Benzin Nr. 7; da Benzol billig ist, so ist der Betrieb mit Benzol auch wirtschaftlich.

Vergleicht man die Ergebnisse der Automobilversuchsfahrten mit denjenigen der Bremsversuche, so findet man den Verbrauch des Brennstoffes im Einklang bis auf die Versuche mit leichtem Benzin.

Den größeren Verbrauch an leichtem Benzin als an mittlerem Benzin bei den Automobilfahrten und den geringeren Verbrauch an leichtem Benzin gegen denjenigen an mittlerem Benzin bei den Bremsversuchen erkläre ich mir dadurch, daß der unter der Automobilhaube gedeckte Motor sich bei der Fahrt stark erhitzte und die Temperatur im Wasserkühler ungefähr 90° C betrug, wogegen bei den Versuchen an der Bremse der Motor frei stand und die Temperatur des Kühlwassers stets auf 60° C gehalten wurde.

Soweit ich die Literatur durchgesehen habe, wurden ähnliche Versuche auf Grundlage der Benzin- und Benzolanalysen überhaupt nicht veröffentlicht; ich nehme daher an, daß solche auch überhaupt nicht unternommen wurden.

In der Schrift von v. Löw, Brennstoffmischungen usw., wurden zwar einige wenige Versuchsfahrten mit Benzol und Spiritus angeführt, der Zweck dieser Versuche war jedoch eher der, nachzuweisen, daß man sowohl Benzol als auch Spiritus als Betriebsstoffe gerade ebenso wie Benzin verwenden kann; dabei wurde jedoch die Zusammensetzung des Handelsbenzols und des Spiritus nicht berücksichtigt.

Weitere eingehendere und umfassendere Versuche, namentlich mit verschiedenen Gemischen von Benzin, Benzol und Spiritus waren mir derzeit unmöglich.

Nachdem mit einem mittlere Fraktionen enthaltenden Benzin die längste Strecke zurückgelegt und die höchste Arbeitsleistung des Motors erzielt werden kann und das mittlere Benzin auch billiger ist als das leichte Benzin, so empfiehlt es sich, Benzine zu verwenden, welche möglichst zwischen 80 bis

120° C siedende Fraktionen enthalten. Solche Benzine sind, wie aus der Tabelle I und II ersichtlich ist, im Handel ohne Schwierigkeiten erhältlich. Siehe S. 4, 50 und 52.

In der Sommerzeit kann man ein schwereres Mittelbenzin von spezifischem Gewichte ungefähr 0,720—0,740, in der Winterzeit ein leichteres Mittelbenzin von spezifischem Gewichte 0,700 bis 0,720 verwenden (vergleiche auch Kapitel »Benzin und Benzol«, S. 200).

Berechnung der Betriebskosten für Brennstoffe.

Zur Berechnung und gegenseitigem Vergleich der Betriebskosten sind in der nachstehenden Tabelle der Brennstoffpreise die hier geltenden niedrigsten und die höchsten Preise für 100 kg Benzin, 100 kg Benzol und für 100 Hektolitergrade Spiritus in Kronen angeführt, und zwar in den letzten 8 Jahren. Behufs Vereinfachung sind in der Tabelle nur drei Sorten von Benzin angeführt.

Tabelle der Brennstoffpreise.

Jahrgang	Benzin			Benzol	Spiritus
	spez. Gew. 0,680—0,700	spez. Gew. 0,725—0,740	spez. Gew. 0,750—0,760	90 %	
1910	28—33	18	16	38—43	31
1911	33—37	21—24	20	38—43	46
1912	35—63	23—36	21	38—43	35
1913	56—72	37—41	31	33—38	30
1914	52—72	33—76	50—60	35—38	55
1915	100—195	85—140[2]	85—100	48—110	90
1916	75—77[1]	59—61[2]	40	48—60	90
1917	78[1]	63[2]	45	75—80	99
1918	—	84[3]	50—55	56—60	—

Die Benzinprisee waren im Jahre 1915 sehr verschiedene und ungewöhnt hoch, weil von Raffinerien damals wenig oder gar kein Benzin infolge Erschöpfung der Vorräte geliefert werden konnte. Ende Dezember 1915 kamen die von der Regierung festgesetzten Maximalpreise in Geltung. Die Benzolpreise stiegen infolge des Benzinmangels.

---

[1]) Spez. Gewicht 0,690—0,700.
[2]) Spez. Gewicht 0,725—0,735.
[3]) Spez. Gewicht 0,700—0,720.

Benzin und Spiritus unterliegen der Versteuerung. Die Benzinsteuer beträgt in Österreich für 100 kg 13 Kronen; die Spiritussteuer betrug in Österreich im Jahre 1914 140—160 Kronen und stieg bis heute auf 240—260 Kronen. Die Preise von Benzin und Spiritus sind in der Tabelle ohne Steuergebühr, also für steuerfreie Ware, angegeben. Zum Motorenbetriebe darf unversteuertes Benzin und unversteuerter Spiritus verwendet werden. Die Gebühr für die Vergällung (Kontrollgebühr) von unversteuertem Spiritus beträgt 3 Kronen für 100 Hektolitergrade und ist in den angeführten Spirituspreisen nicht eingerechnet.

Der zum Motorenbetriebe verwendete Spiritus enthält 5 bis 10 Proz. Wasser, gewöhnlich 6 Proz. Da die in der Tabelle angeführten Preise sich für 100 Hektolitergrade verstehen, so beträgt z. B. der Preis des 95proz. Spiritus bei einem Grundpreise von 30 Kronen $0,95 \times 30 = 29,5$ Kronen.

Will man die Liter von 95proz. Spiritus annähernd auf Kilogramme umrechnen, so multipliziert man sie mit dem spezifischen Gewichte 0,816.

Innerhalb der Grenzen des Deutschen Reiches findet auf Grund des Bundesratsbeschlusses vom 4. August 1914 bis auf weiteres keine Versteuerung von Motorenbenzin statt und bleibt auch dasselbe bei der Einfuhr zollfrei. Eine innere Abgabe ruht auf Benzin nicht. Hiernach kann Benzin auch für Motorzwecke zoll- und steuerfrei verwendet werden.

Die Verbrauchsabgabe für Spiritus, der in den freien Verkehr übergeht, beträgt seit dem 1. Oktober 1909 unverändert 125 Mk. für das Hektoliter Alkohol (§ 2 des Branntweinversteuerungsgesetzes vom 15. Juli 1909).

Nach der Branntweinsteuerbefreiungsordnung werden besondere Gebühren für die Genehmigung des Auftrages auf Vornahme der Vergällung miterhoben.

Die Rückvergütung aus der Betriebsauflage beträgt nach der Bundesratsverordnung vom 12. Oktober 1916 (R.G.Bl. S. 1160) zurzeit 20 Mk. für das Hektoliter.

Erwägt man den Verbrauch und die Preise von allen drei genannten Betriebsstoffen, so findet man, daß der Betrieb mit Benzin der billigste ist, wogegen der Betrieb mit Spiritus mit Rücksicht auf dessen bedeutend größeren Verbrauch auch bei verhältnismäßig niedrigem Preise zu teuer ist.

Über einige Besserungen am Automobil.

Schützen des Vergasers gegen Abkühlung.

Zur Erzielung einer gleichmäßigen Vergasung ist es unter anderem erforderlich, sowohl den Vergaser als auch das Verbindungsrohr zwischen Vergaser und Motor vor der äußeren Abkühlung zu schützen und die Verdampfung des an dem Rohre emporsteigenden, sowie des mit der Luft mitgerissenen Benzins zu unterstützen (s. S. 205).

Die Verdampfung des Benzins bzw. eines anderen Betriebsstoffes kann einerseits durch die Zufuhr von warmer Luft in den Vergaser, teils durch Anwärmen des Verbindungsrohres zwischen Vergaser und Motor geschehen.

Durch das Verdampfen von Benzin wird der Vergaser um so mehr gekühlt, je leichter das Benzin ist; je mehr sich also der Vergaser abkühlt, um so geringer ist die Verdampfung und um so mehr unverdampftes Benzin, namentlich schwere Benzinfraktionen, kann in den Motor in Tröpfchen mitgerissen werden[1]). Das Ausstrahlen der Wärme aus dem Vergaser und dessen Abkühlung bei kalter Witterung kann man durch Vernickeln oder durch Verzinnen desselben in beträchtlichem Maße vermeiden. Reines Nickel und namentlich reines Zinn sind ziemlich gute Isolationsmittel.

Im Sommer strömt nun in den Vergaser die warme Luft vom warmen Wasserkühler, man kann sie aber, wie bekannt, auch teilweise durch ein besonderes Rohr, welches den Vergaser mit dem Motorkörper verbindet, zuführen.

Die Flanschen des Rohres, durch welches das Benzinluftgemisch vom Vergaser in den Motor angesaugt wird, muß man mit Bleipackung verdichten, wodurch die Wärmeleitung vom Motor zum Vergaser erleichtert und das Rohr selbst besser angewärmt wird. Gewöhnlich wird zur Verdichtung eine Asbestpackung verwendet; da aber Asbest ein schlechter Wärmeleiter ist, so verhindert er die Wärmezuführung zum Vergaser.

---

[1]) Einige Fabriken versuchten durch Anbringen kleiner durch den Luftstrom sich drehender Windrädchen in das Ansaugrohr ein homogenes Benzin-Luftgemisch zu erzielen; diese Vorrichtung, durch welche das Benzin verstaubt werden sollte, ist jedoch kompliziert und hat sich nicht bewährt; es kann dabei die Geschwindigkeit des Luftstromes gewissermaßen aufgehalten werden. Übrigens trägt die Verschlußklappe über dem Vergaser schon teilweise zur Verstäubung des aus der Düse spritzenden Benzins bei.

Bei kälterer Witterung und namentlich im Winter wird das Verbindungsrohr zwischen Vergaser und Motor durch die vom Ventilator strömende kalte Luft stark gekühlt, wodurch einerseits Benzindämpfe teilweise verdichtet werden, andererseits das Verdampfen des an der Rohrwand emporsteigenden Benzins gehemmt wird.

Aus diesem Grunde ist es erforderlich, dieses Rohr durch Asbest- und darüber noch durch eine dicke Korkschicht vor Abkühlung zu schützen.

Motorkühlvorrichtungen.

Bei Kühlvorrichtungen am Automobil werden die Grundsätze der Kühlung nicht genügend berücksichtigt. Der Kühler wird mit einer Bronzelackfarbe angestrichen, auch der ganze Motorblock wird samt den Verbindungsrohren zum Kühler teilweise schwarz emailliert, teilweise mit Bronzelackfarbe angestrichen. Die Lackfarben sind jedoch schlechte Wärmeleiter und halten die Ausstrahlung der Wärme auf. Aus diesem Grunde sollte kein Automobilbestandteil, der als Kühlvorrichtung dient, angestrichen, sondern poliert werden und der Motorblock sollte von außen verkupfert sein, da Kupfer der beste Wärmeleiter ist; durch diese Anordnung wird die Motorkühlung unterstützt.

Im Winter wird gewöhnlich der obere Teil des Wasserkühlers verdeckt, damit sich das Wasser nicht zu sehr abkühlt und der Motor warm bleibt. Dieser Vorgang ist nicht ganz richtig, vor allem aus dem Grunde, weil das zum Boden des Kühlers sinkende, schon kältere Wasser durch die kalte, den Kühler durchströmende Luft überkältet werden kann und somit auch der Motor überkühlt wird.

Wenn man zum Betriebe schweres Benzin verwendet, so kann die Motorarbeit infolge des unregelmäßigen Benzinvergasens auch nur eine unregelmäßige sein. Außerdem wird der Vergaser von der direkt den unteren Kühlerteil durchströmenden kalten Luft stark abgekühlt. Dies hat zur Folge, daß das Benzin im Vergaser schlecht verdampft und der Motor unregelmäßig arbeitet.

Aus diesen Gründen verdecke ich, je nach der Witterung, teilweise den unteren Teil des Kühlers mit drei dünnen, aus Aluminium oder lackierter Pappe hergestellten 12, 16 und 20 cm hohen Streifen, welche in die vordere Stirnseite des Kühlers eingeschoben werden. Der Vergaser sowie auch der Motor können so nach Bedarf warm erhalten werden.

Auch die übliche Konstruktion des Flügelventilators am Automobil reicht in allen Fällen zur guten Motorkühlung nicht, wie die Erfahrung in heißen Sommertagen, namentlich bei Bergfahrten, lehrt.

Der Ventilator mit sechs Flügeln, der sog. Trombepropeller, Konstruktion der Fabrik E. Maelger in Berlin, der bisher nur zur Ventilation von Räumen verwendet wird, könnte jedenfalls, wohl mit verkehrt verbogenen Flügeln, am Automobil mit bedeutend größerem Vorteile verwendet werden als der bisherige Ventilator.

An dem Walterschen Dreiradwagen, dessen Motor nur mit Luft gekühlt war, habe ich diesen Trombepropeller zwei Jahre hindurch auch während der heißen Sommerwitterung mit bestem Erfolge verwendet. Am Automobil konnte ich mit diesem Ventilator vorläufig keine Versuche vornehmen, da mir die Fabrik diesen Ventilator mit verkehrt verbogenen Flügeln in der Kriegszeit nicht liefern konnte.

Filtration der in den Motor angesaugten Luft.

Bei Straßenfahrten und im Felde leidet, wie bekannt, der Motor und namentlich dessen Kolbenringe durch Staub und feinen Sand, der mit der durch den Ventilator getriebenen Luft in den Vergaser und von dort in den Motor gelangt, sich an den Ventilen absetzt, Zündkerzen beschmutzt und mit dem Öl im Motore eine Schmiere bildet, welche wie Schmirgel die Kolbenringe schleift, so daß der Motor allmählich die Kompression verliert.

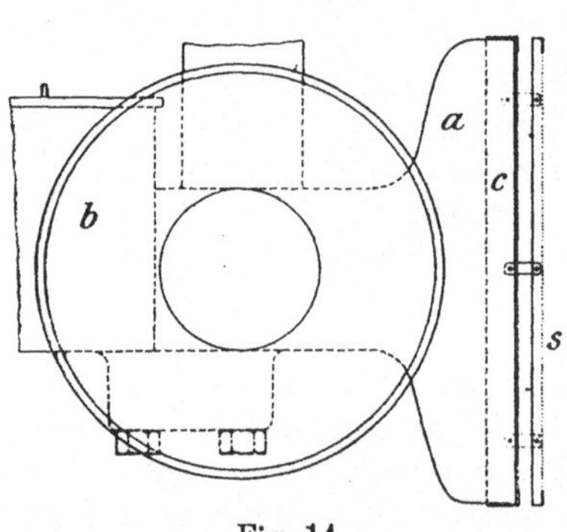

Fig. 14.

Außerdem setzen sich Staub und Sand mit Öl vermischt an den Zylinderwandungen ab und geben Anlaß zur Bildung von schädlichen Krusten.

Um diesem Übelstande abzuhelfen, verwende ich zwei besonders eingerichtete Filter in Form eines flachen Trichters (Fig. 14), deren breitere Öffnung wenigstens eine 20 mal größere Fläche hat als die Fläche der Luftöffnung des Vergasers. Auf diese Trichter (a und b) wird mittels Dichtungsringe ein halbdichter wollener Stoff c gespannt und die so eingerichteten Filter werden auf die Luftöffnungen des Vergasers aufgeschoben. Das größere gegen den Kühler gerichtete Filter a ist noch mit einem dichten Sieb s versehen, welches als Vorfilter zum Auffangen des groben Staubes und Sandes dient.

Das seitlich angebrachte Filter *b* ist etwas kleiner und läßt sich je nach Bedarf mit einer Klappe verschließen, z. B. damit in den Vergaser beim Ankurbeln des Motors weniger Luft kommt und der Motor leichter in Gang gesetzt werden kann.

Bei dieser Vorrichtung bleiben der Vergaser und der Motor rein. Auch der Oberteil der Schwimmerkammer wird durch einen besonderen Deckel gegen Staub vollständig abgedichtet. Das Filtertuch wird von Zeit zu Zeit mit einer kleinen Bürste gereinigt oder mit Benzin abgespült. Diese Filter haben auch den Vorzug, daß beim Einspritzen des Benzins auf das Filtertuch das Anlassen des kalten Motors sehr erleichtert wird.

Wie bekannt, erleichtert man sich das Anlassen des Motors dadurch, daß man in die Zylinder durch die Kompressionshähne etwas Benzin einspritzt; dieser Vorgang ist jedoch falsch; da das Benzin das an den Kolbenringen haftende Öl löst und dieses beim Anlassen des Motors verbrennt, so läuft auf diese Weise der Motor die ersten Augenblicke ohne Öl.

Die beschriebenen Luftfilter verwende ich schon seit drei Jahren mit bestem Erfolg.

Feuer- und explosionssichere Lagerung von Benzin und Benzol und Brände verhütende Vorrichtungen.

Ursachen der Brände.

In den Kapiteln »Benzin« und »Benzol« wurde die Feuergefährlichkeit dieser beiden Brennstoffe eingehend beschrieben. Der Zweck des vorliegenden Kapitels ist es nun, die Ursachen der Benzin- und Benzolbrände, sowie die Mittel zu deren möglichster Verhütung zu besprechen.

Ein Benzin- oder Benzolbrand kann durch Entzündung und Explosion des Luftgasgemisches erfolgen, wodurch auch die Entzündung des Brennstoffes in den Lagergefäßen herbeigeführt wird.

Das Inbrandgeraten der Brennstoffe kann aus verschiedenen Ursachen erfolgen, wie durch brennende, ungeschützte Lampen, durch Abwerfen glühender Zündhölzchen, sowie durch Betreten steinerner Fußböden mit benagelten Schuhen, weil die schweren Benzin- und Benzoldämpfe meistens am Boden lagern, ferner durch Übergreifen eines Brandes von einem benachbarten Objekte, sei es direkt oder durch Funkenflug, durch Blitzschlag und schließlich durch Selbstentzündung des Benzins.

In den Kleiderreinigungsanstalten wird nämlich beim Waschen der Stoffe in Benzin Reibungselektrizität erregt, wobei Wollstoffe oder Seide positiv, Benzin negativ elektrisch geladen werden. Die Entladung und somit die Zündung des Benzins erfolgt auf die Weise, daß die auf dem Stoff verteilte positive Elektrizität die negative Elektrizität der Erde anzieht, wobei meist die menschliche Hand und der Körper den Leiter bildet. Eine Funkenbildung erfolgt aber erst nach längerem Waschen und bei starkem Reiben.

Infolge der höheren Entzündungstemperatur des verwendeten Benzins sind nur weiße Funken (seltene Erscheinung) zündfähig, wogegen rote Funken nicht zünden.

Auch beim Überdrücken von Benzin durch eiserne Rohrleitungen von einem Reservoir in ein anderes wird Elektrizität erregt; dabei wird das Metallgefäß positiv, das Benzin negativ geladen.

Ich habe Versuche angestellt darüber, ob auch beim Automobilbetrieb im Benzinbehälter, in dem sich während der Fahrt das Benzin an den Wänden reibt, Elektrizität erregt wird, konnte aber keine solche, selbst mit Elektroskop, nachweisen.

Lagerung von feuergefährlichen Flüssigkeiten.

Zu den Schutzmaßregeln, welche Unfälle bei der Verwendung von Benzin und Benzol verhindern sollen, gehört die feuersichere Lagerung in zweckentsprechenden Räumen und geeigneten Gefäßen und der feuersichere Transport. Dazu zählen auch Einrichtungen, welche etwaige Brände raschestens zu unterdrücken ermöglichen.

Die feuersichere Benzin- und Benzollagerung muß in der Ausführung verschieden sein, je nachdem es sich um große oder kleine Mengen von Benzin oder Benzol handelt. Sie ist eine andere in den Petroleumraffinerien, in den Anlagen zur Versorgung von Schiffen mit Brennstoffen, in den Pulverfabriken und eine andere in kleineren Lagerräumen, Automobilfabriken, Kleiderreinigungsanstalten, Automobilgaragen usw., im Prinzip bleibt sie jedoch die gleiche.

Die große Ausbreitung des Automobilbetriebes und der Kleiderreinigungsanstalten machen es notwendig, verhältnismäßig größere Mengen von Benzin und Benzol, oft auch in bewohnten Häusern einzulagern, und in diesen Fällen ist eine um so größere Vorsicht geboten.

Einrichtung der Lagerräume.

Die erste Bedingung für die explosionssichere Lagerung von Benzin ist die, daß man hierzu Räume wählt, in welchen selbst im Winter keine zu niedrige Temperatur eintreten kann, sondern in welchen dieselbe stets gleichmäßig erhalten bleibt, und zwar aus folgenden Gründen.

Der obere Entflammungspunkt verschiedener Benzinsorten liegt nämlich zwischen ungefähr $-5°$ und $+10°$ C (s. S. 111) und ein in einem Behälter gelagertes Benzin ist um so explosionsgefährlicher, je höher sein oberer Entflammungspunkt liegt. Dieser kann aber durch die Erniedrigung der Temperatur der Außenluft leicht erreicht werden.

Bei uns erreicht die Temperatur im Winter recht häufig $-10°$ C, und bei niedrigen Temperaturen sind deshalb so ziemlich viele Benzinsorten explosionsgefährlich.

Benzinsorten, deren Explosionsgrenzen, d. i. deren Temperaturbereich zwischen unterem und oberem Flammpunkt mit der bei der Lagerung herrschenden Temperatur zusammenfällt, sind daher explosionsgefährlich, wogegen solche Sorten, deren oberer Flammpunkt unterhalb der geringsten Lagertemperatur (z. B. 0°) liegt, also sehr leichte Benzine, nicht explosionsgefährlich sind, weil in dem Raume über dem Benzine zufolge der hohen Dampftension nicht genügend Sauerstoff vorhanden ist.

Bei den schwereren Benzinen fällt hingegen die Lagertemperatur in den Explosionsbereich zwischen dem unteren und oberen Flammpunkt, und in diesem Sinne sind die schwereren Benzine im Lagerkessel explosionsgefährlicher als die leichten.

Die Explosionsgefahr außerhalb des Lagerkessels, wo stets Luft im Überfluß vorhanden ist, ist natürlich bei leichten Benzinen stets größer als bei schweren.

Das einfachste und beste Mittel, die Gefahr der Explosion möglichst herabzusetzen, ist daher, die Lagerbehälter mindestens 2 m tief unter die Erdoberfläche zu verlegen, da durch Beobachtungen festgestellt wurde, daß in dieser Tiefe die Temperatur nie unter $+4°$ C sinkt.

Es kann demnach in solchen Tiefen ein Benzin von einem oberen Entflammungspunkte von weniger als $+4°$ C explosionssicher gelagert werden. Natürlich bleibt aber dabei das Benzin selbst doch brennbar.

Die Lagerräume sollen mit den nötigen Ventilationsöffnungen, Türen und Fenstern versehen sein, welche sich schnell luftdicht schließen lassen. Die feuersicheren Türen System Schwarze-Brackwede sind besser als eiserne.

In Automobilgaragen, wo auch Benzin gelagert wird, soll unter der Einfahrtstür ein kurzer Ventilationskanal eingerichtet werden, welcher nach außen mündet, damit z. B. beim Ausschütten von Benzin oder Benzol die schweren Dämpfe einen Abzug finden.

Die Beleuchtung der Räume muß entweder von außen oder durch elektrisches Glühlicht mit Schutzglas erfolgen, alle Sicherungen, Schalter und Zuleitungen müssen außen angebracht sein (s. auch S. 185).

Die Böden der Lagerräume sollen in Holzstöckeln ausgeführt und Kanäle im Fußboden vermieden werden, weil sich in denselben explosible Gemische ansammeln können.

Elektromotoren und andere zeitweise funkengebende Maschinen dürfen in Benzinräumen nicht aufgestellt werden. Die Antriebsriemen z. B. in Waschanstalten dürfen nur mit Glyzerintalg geschmiert werden; harzige Adhäsionsmittel sind wegen der Bildung von Reibungselektrizität zu vermeiden.

Lagerung von größeren Benzin- und Benzolmengen.

In großen Fabriken, wie z. B. in Petroleumraffinerien, werden die Benzinreservoire nur selten unter Dach, sondern meist im Freien aufgestellt und zum Schutze gegen direkte Sonnenwärme ummauert; häufig werden Benzin enthaltende Reservoire mit einer Wasserbelag ermöglichenden Deckenkonstruktion versehen.

An der Decke werden in regelmäßigen Abständen Dunstschläuche (Ventilationsschläuche) angebracht, die man bis zu einer gewissen Tiefe an der Außenseite des Reservoirs hinabreichen läßt. In die einzelnen Flanschen kommen engmaschige Kupfernetze, die das Zurückschlagen einer Flamme verhindern.

Gegen das Inbrandgeraten durch Funkenflug schützt die Konstruktion der Mannlöcher, welche jederzeit geschlossen sein sollen und vorteilhaft mit Sand- oder Wasserverschluß versehen sind.

Die gewöhnliche Sicherung der Reservoire gegen Blitzschlag besteht in der Einrichtung von Blitzableitern.

Die Reservoirbestandteile dürfen niemals zur Befestigung von Stützen elektrischer Leitungen benutzt werden.

Die Einrichtungen zur feuersicheren Lagerung und Förderung von feuergefährlichen Flüssigkeiten in anderen Anstalten als in Petroleumraffinerien sind sehr mannigfaltig.

Man unterscheidet im allgemeinen zwei in der Praxis eingeführte Haupt- und mehrere Untergruppen von Lagerungssystemen:

I. Schutzgasverfahren; dazu gehören Systeme, bei welchen die im Lagergefäße entstehenden leeren Räume mit einem indifferenten Gas ausgefüllt werden, das die Bildung explosionsfähiger Gasluftgemische in den Leerräumen verhindert.

Dieses System wird wieder eingeteilt in:

a) das Drucksystem ohne Pumpenbetrieb, bei welchem die gelagerte Flüssigkeit unter einem Schutzgasdruck ungefähr 0,5—2 Atmosphären steht und dieser Druck zur Förderung der Flüssigkeit benutzt wird.

Hierher gehören die Systeme Martini & Hüneke, Hoffmann, Grümmer & Grünberg usw.

b) Das Drucksystem mit Pumpenbetrieb, bei welchem der Gasdruck im Behälter geringer gehalten wird als beim reinen Drucksystem und die Flüssigkeit hauptsächlich mit einer Pumpe befördert wird.

Man kann die Förderung der feuergefährlichen Flüssigkeit auch durch einen Kolbenmotor bewirken, der durch Druckluft oder ein Druckgas (z. B. Kohlensäure), das als Schutzgas dient, getrieben wird (Breddin in Cöln).

c) Das drucklose System mit Pumpenbetrieb, bei welchem das über der Flüssigkeit lagernde Schutzgas unter atmosphärischem Druck, also ohne Überdruck steht. Hierher gehört das System »Unterdruckverfahren« der Dampfapparatebaugesellschaft in Wien.

d) Das drucklose System ohne Pumpenbetrieb, wobei zwar der Druck der Schutzgase zur Beförderung der Flüssigkeit benutzt, das Schutzgas im Lagerbehälter jedoch überdruckfrei gehalten wird.

Hierher gehört das System »Automat« der Dampfapparatebaugesellschaft in Wien.

II. Verdrängeverfahren; dazu gehören Systeme, welche die Bildung von leeren Räumen im Lagerbehälter überhaupt vermeiden. Dieses System zerfällt in:

a) Systeme, bei welchen die feuergefährliche Flüssigkeit im Behälter durch eine indifferente Flüssigkeit ersetzt wird. Hierher sind zu zählen Systeme: Lange-Ruppel, Deyn-Kraft, Braun usw.

b) Systeme, bei welchen der Rauminhalt je nach der Menge der lagernden Flüssigkeit sich vergrößert oder verkleinert. Hierher gehört das »Volumenverfahren« der Dampfapparatebaugesellschaft.

Bei den Systemen der ersten Art kommt als Schutzgas Kohlensäure oder Stickstoff in Betracht.

Ein Gemisch von Benzindampf und Kohlensäure brennt zwar an der Luft, explodiert aber nicht, weil es keinen Sauerstoff enthält. Um die Explosionsfähigkeit des Benzindampfluftgemisches zu vermeiden, genügt es, wenn die Luft 25 Proz. Kohlensäure enthält.

Für Lagersysteme, welche mit Druckgas arbeiten, eignet sich besser Stickstoff, weil Kohlensäure unter Druck von Benzin in beträchtlichen Mengen absorbiert wird.

Nach den in meinem Laboratorium durchgeführten Versuchen absorbiert 1 Liter Benzin bei 6° C und bei einem Überdruck von 0,3 Atm. ungefähr 600—1170 ccm, bei einem Überdruck von 1 Atm. 2450—2950 ccm und bei einem Überdruck von 1,5 Atm. 3450—4500 ccm Kohlensäure. 1 Liter Benzol absorbiert bei 6° C und einem Überdruck von 0,3 Atm. ungefähr 750 ccm, bei einem Überdruck von 1 Atm. 3600 ccm und bei einem Überdruck von 1,5 Atm. 4700 ccm Kohlensäure.

Die Versuche wurden entsprechend den wirklichen Lagerungseinrichtungen derart angestellt, daß in ein kleineres, mit Benzin bzw. Benzol bis zur Hälfte gefülltes kupfernes Gefäß die Kohlensäure allmählich solange getrieben wurde, bis das an dem Gefäße angebrachte Manometer den gewünschten Druck von 0,3, 1,0 und 1,5 Atm. konstant zeigte und derselbe sich auch nach längerer Zeit nicht mehr veränderte.

Sodann wurde unter Einhaltung gewisser Vorsichtsmaßregeln die Kohlensäure in geeigneter Weise aus dem Benzin herausgetrieben und deren Menge in aufgefangenen Gasen chemisch-analytisch bestimmt.

Dabei wurde festgestellt, daß die Absorption der Kohlensäure, abgesehen von der Temperatur, auch von der Benzinsorte abhängig ist.

Leichte Benzine, welche gewöhnlich aufgelöste Gase (Methan, Äthan, Propan, Butan) enthalten, absorbieren Kohlensäure weniger als mittlere Benzine, und schwere Benzine absorbieren Kohlensäure wieder weniger.

Nach Literaturangaben soll 1 Liter Benzin bei 0,5 Atm. Überdruck und bei 15° C nur 150 ccm Stickstoff absorbieren.

Nach den hier in obiger Weise angestellten Versuchen absorbiert 1 Liter von mittlerem Benzin (spez. Gewicht 0,735) bei der Temperatur 6° C und bei einem Überdruck von 0,5 Atm. ungefähr 400 ccm, bei einem Überdurck von 1,0 Atm. 600 ccm und bei Überdruck von 1,5 Atm. 800 ccm Stickstoff.

Die mit kohlensäurehaltigem Benzin gewaschenen Stoffe werden gelb, deshalb eignet sich für Kleiderreinigungsanstalten nur Stickstoff als Schutzgas für Benzin.

Beim Druckverfahren muß dafür gesorgt werden, daß das Schutzgas tatsächlich dauernd im Behälter bleibt, also nicht entweichen kann und daß in die Behälter bei verschiedenen Manipulationen keine Luft eintreten kann.

Statt Kohlensäure oder Stickstoff wird als Schutzgas auch

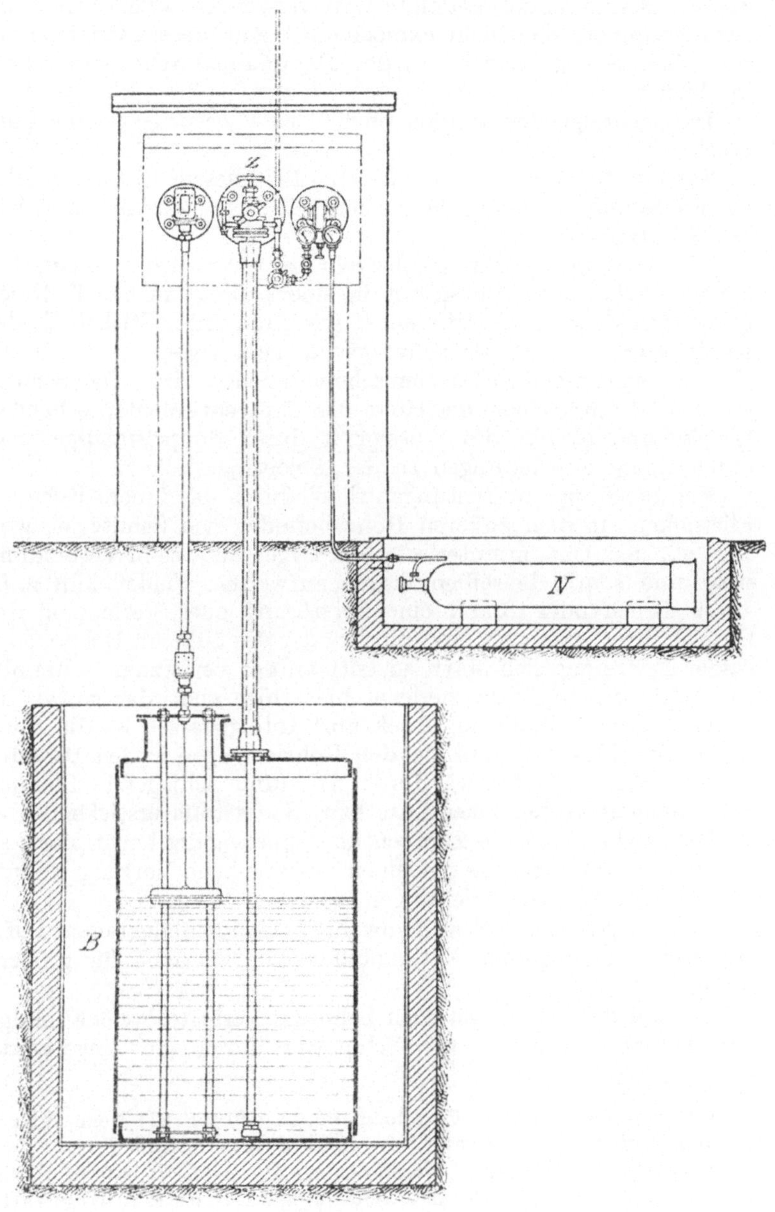

Fig. 15.

die mit Benzindampf gesättigte Luft verwendet, welches Gemisch zwar brennbar, aber nicht explosiv ist. Auf diesem Prinzipe beruht das »Sättigerverfahren« der Dampfapparatebaugesellschaft in Wien.

Im nachfolgenden werden einige der Lagerungssysteme kurz beschrieben[1]).

System Martini & Hüneke[2]). Bei diesem System erfolgt die Förderung der feuergefährlichen Flüssigkeit durch den Druck des Schutzgases.

Die Einrichtung (Fig. 15) besteht im wesentlichen darin, daß die feuergefährliche Flüssigkeit in einem direkt in das Erdreich gebetteten Behälter B aufbewahrt wird und unter Stickstoff oder Kohlensäure, welche als Schutzgas dienen, lagert, wodurch die Entstehung explosibler Gasgemische vermieden wird. Das Schutzgas[3]) steht unter einem der Höhe der Zapfventile entsprechenden Drucke und fördert die Flüssigkeit durch doppelwandige, sog. bruchsichere Rohrleitungen zu der Ableitungsstelle z.

Bei den Doppelrohrleitungen fließt durch das innere Rohr die Flüssigkeit, in dem äußeren Rohr befindet sich Schutzgas, welches mit dem Gas im unterirdischen Lagerbehälter in Verbindung steht und somit denselben Druck aufweist. Findet nun z. B. durch Bruch oder Brand eine Zerstörung oder Verletzung des Doppelrohres, entweder des inneren oder des äußeren Rohres oder beider Rohre zugleich statt, so tritt an der verletzten Rohrstelle das Schutzgas aus und zugleich bläst hier auch der ganze, im Lagerbehälter befindliche Druck ab. Infolgedessen ist die Flüssigkeit drucklos und muß aus den Rohrleitungen in den Behälter zurückfließen. Eine etwa durch das Rohr schlagende Flamme muß mangels vorhandener Luft bzw. Sauerstoffs ersticken.

Desgleichen sind die Zapfventile doppelwandig konstruiert, so daß bei einer Verletzung derselben der nämliche Vorgang eintritt wie bei den Doppelrohrleitungen.

Dieses System eignet sich sowohl für Automobilgaragen, Luftfahrtwerften, Drogerien, Automobilfabriken als auch für größere Anlagen.

Um bei den Drucksystemen Schutzgasverluste, welche infolge der Aufnahmefähigkeit für Schutzgas durch die eingelagerte

---

[1]) Siehe auch Zeitschr. Petroleum Bd. IX (1913) S. 27: Neue Patente auf dem Gebiete der Lagerung feuergefährlicher Flüssigkeiten.

[2]) Martini & Hüneke, Maschinenbau-Aktiengesellschaft in Berlin SW. 48; Alleinvertrieb für Österreich-Ungarn: Kommanditgesellschaft Rosenthal & Co. in Wien XX.

[3]) Das Schutzgas wird aus der Stahlflasche N entnommen.

Flüssigkeit entstehen können, zu verringern, hat man ein druckloses System mit Zapfpumpe eingeführt. Unter solche Systeme sind diejenigen der Dampfapparatebaugesellschaft in Wien zu zählen[1]).

Die Dampfapparatebaugesellschaft führt zwei Arten von Schutzgassystemen aus, und zwar **Pumpensystem** nach dem sog. **Unterdruckverfahren** für die Beförderung von größeren Flüssigkeitsmengen, etwa 1000 l in der Minute, und **Automattype** für kleinere Förderleistungen bis zu 50 l in der Minute. Beide Systeme beruhen darauf, daß über der Flüssigkeit im Lagerbehälter stets ein druckloses Schutzgas lagert.

Das Prinzip des **Unterdruckverfahrens mit Pumpenförderung** (System Ic, Fig. 16) ist das folgende:

Die als Schutzgas verwendete Kohlensäure[2]) tritt aus einer Stahlflasche (CO_2) durch einen Ejektor e aus und befördert einen Teil der feuergefährlichen Flüssigkeit in einen kleinen Hilfsbehälter h, welchen sie beständig ausfüllt.

Nach Überwindung des Flüssigkeitsverschlusses im Hilfsbehälter strömt die Kohlensäure in den Gasraum des Lagerbehälters B nach.

Gleichzeitig mit dem Einleiten der Kohlensäure wird eine durch eine Saugleitung s mit dem Lagerbehälter verbundene Pumpe P in Bewegung gesetzt, welche die Flüssigkeit zur Zapfstelle z bringt.

Die Flüssigkeit kann aber nur dann aus dem Lagerbehälter entnommen werden, wenn der Ejektor durch Kohlensäure betätigt und die entnommene Flüssigkeit durch Schutzgas ersetzt wird. Diese Wirkung wird dadurch erreicht, daß die Saugleitung der Pumpe durch die Nebensaugleitung s_1, welche mit dem Hilfsbehälter verbunden ist, Undichtigkeit der Pumpe bewirkt, und der

---

[1]) In Deutschland ist es die Deutsche Dampfapparatebaugesellschaft in Berlin-Tempelhof.

[2]) Kohlensäure wird verwendet, um eine Verwechslung des sonst üblichen Stickstoffes mit Sauerstoff zu vermeiden. Stickstoff ist ein Nebenprodukt der Sauerstofferzeugung, und es liegt die Gefahr der Verwechslung mit diesem nahe, wodurch schon einige große Explosionen stattgefunden haben.

Der Sauerstnff wird so erkannt, daß man aus der betreffenden Stahlflasche mittels des Druckregulierventils das Gas langsam herausströmen läßt und im Gasstrom einen glimmenden Holzspan hält. Derselbe entzündet sich und brennt mit lebhafter Flamme, wenn das Gas Sauerstoff war, wogegen im Stickstoffstrom der glimmende Holzspan erlischt.

Es empfiehlt sich vorsichtshalber die mit verschiedenen Gasen gefüllten Stahlflaschen mit verschiedenen Farben anzustreichen, so die mit Sauerstoff gefüllten rot, die mit Stickstoff gefüllten grün, die mit Kohlensäure gefüllten weiß und die mit Wasserstoff gefüllten blau.

Verschluß erfolgt erst durch die von der strömenden Kohlensäure beförderte Flüssigkeit im Hilfsbehälter.

Nach dem Einstellen des Pumpenbetriebes entleeren sich sämtliche über dem Erdboden liegenden Rohrleitungen selbsttätig und im Behälter herrscht kein Überduck.

Das Prinzip des Lagerungssystemes Type Automat (System I d) beruht darauf, daß die Energie der komprimierten Schutzgase

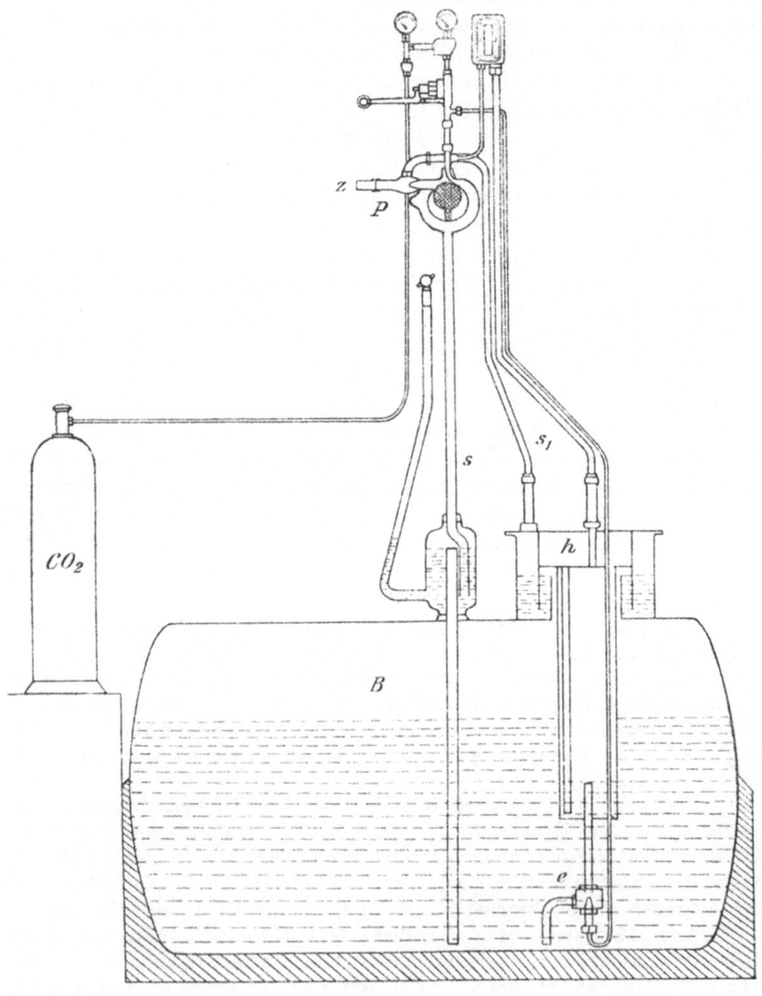

Fig. 16.

(Kohlensäure oder Stickstoff) in Stahlflaschen auch zur Förderung der Flüssigkeit aus dem Lagerbehälter benutzt, das Schutzgas im Lagerbehälter selbst jedoch drucklos gehalten wird. Die Förderung der Flüssigkeit geschieht mit Hilfe eines im Lagerbehälter befindlichen Hilfsbehälters unter Benutzung des unter Druck (0,3—0,4 Atm.) eingeführten Schutzgases.

Zur Zeit der Förderung der Flüssigkeit herrscht nur im Hilfsbehälter ein Überdruck, im Lagerbehälter selbst ist jedoch das Schutzgas vollkommen drucklos. Ohne Schutzgas mit höherer Spannung kann die Anlage nicht betrieben werden.

Im Ruhezustande steht die Flüssigkeit im Lagerbehälter wie auch im gefüllten Hilfsbehälter unter drucklosem Schutzgas und in den Rohrleitungen befindet sich keine Flüssigkeit.

Ohne Schutzgas arbeiten die Anlagen nach dem Sättigerverfahren bis zu Lagermengen von 1000 kg und nach dem Volumenverfahren für jede Menge des Brennstoffes.

Das Sättigerverfahren, welches sich nur für Leichtbenzin eignet, beruht darauf, daß aus dem Lagerbehälter nur dann Benzin entnommen werden kann, wenn das entnommene Flüssigkeitsvolumen durch nichtexplosibles Benzindampfluftgemisch ersetzt wird. Letzteren Zweck erreicht man dadurch, daß man die beim Pumpen von Flüssigkeit nachgesaugte Luft zwangsläufig über eine Vorrichtung, den sog. Sättiger leitet, in welchem die Luft mit Benzindämpfen gesättigt wird. Zum Durchsaugen der Luft durch den Sättiger wird zwangsweise ein Unterdruck hergestellt, welcher die Verdampfung des Benzins zur Herstellung des nichtexplosiblen Benzindampfluftgemisches begünstigt.

Die mit dem Lagerbehälter verbundene Saugleitung der Förderpumpe ist mit einem Membranventil in Verbindung, welches diese immer mit dem freien Behälterraum in Verbindung hält, daher das Absaugen der Pumpe insolange unmöglich macht, als der durch den Sättiger erzeugte Unterdruck nicht das Ventil und die Saugleitung abschließt.

Tritt Luft auf einem anderen Wege in den Lagerbehälter ein, als durch den Sättiger, z. B. bei Undichtheiten in den Leitungen oder im Behälter selbst, so ist dann die Anlage nicht betriebsfähig.

Nach beendeter Zapfung von Benzin tritt wieder die normale Atmosphärenspannung im Behälter ein und die gesamten Rohrleitungen oberhalb des Benzinbehälters entleeren sich. Zur weiteren Sicherung des Behälters ist eine Durchschlagsicherung vorgesehen, welche eine Zündung von außen des möglicherweise explosiblen Benzindampfluftgemisches im Behälter unter allen Umständen ausschließt.

Beim Volumenverfahren wird zum Unterschied von dem
Schutzgas- und Verdrängeverfahren die Entstehung von Leerräumen und deren Anfüllung mit Gasen oder fremden Flüssigkeiten überhaupt vermieden, indem zur Einlagerung der feuergefährlichen Flüssigkeit ein Gefäß benutzt wird, dessen Raum-

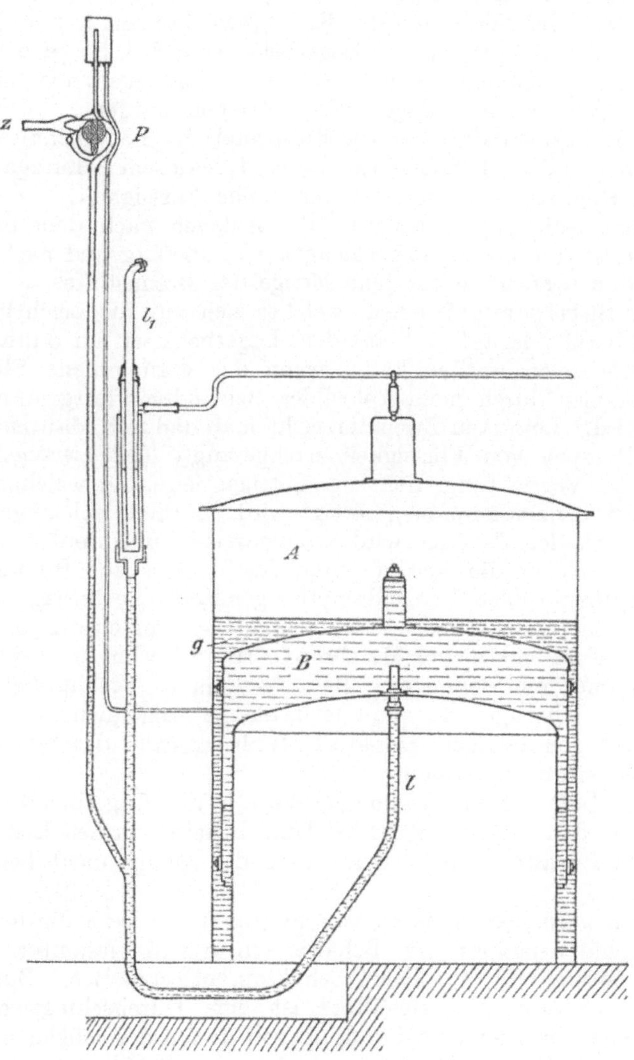

Fig. 17.

inhalt sich je nach der Menge der lagernden Flüssigkeit selbsttätig vergrößert oder verkleinert, so daß leere Räume überhaupt nicht entstehen können.

Die Konstruktion der Anlage (Fig. 17) beruht auf dem gleichen Grundsatze wie die zur Aufbewahrung von Gas benutzten Gasbehälter oder Gasometer in Glockenform.

In einen Behälter A taucht eine unten offene Glocke B ein. Der Raum zwischen den hierdurch entstehenden Doppelwandungen der Lagergefäße ist mit Glyzerin g ausgefüllt, welches sich mit Benzin oder Benzol nicht mischt.

Durch den Boden des Behälters geht eine Leitung l, welche sowohl zum Füllen als auch zur Entnahme des Brennstoffes dient. An diese Leitung ist eine Pumpe P angeschlossen, welche das Heben der Flüssigkeit aus dem Lagerbehälter besorgt. Die Leitung l_1 dient zum Füllen mit Brennstoff.

System Lange-Ruppel[1]). Bei diesem Systeme wird das Benzin im Behälter so gelagert, daß kein Gasraum beim Abziehen von Benzin entstehen kann.

Dies wird dadurch erreicht, daß das Benzin auf Wasser schwimmt und in dem Maße, als ersteres aus dem Lagergefäße entnommen wird, Wasser selbsttätig in entsprechender Menge von unten nachströmt.

Schutzgaserzeugung.

In großen Benzinanlagen pflegt man sich das Schutzgas selbst zu erzeugen, weil dessen Verbrauch ein bedeutender ist.

Die Erzeugung von Schutzgas, das ist Kohlensäure bzw. Stickstoff, geschieht durch Verbrennung eines Kohlenwasserstoffs, z. B. Benzin, unter Luftzufuhr. Hierbei verbindet sich der Kohlenwasserstoff unter Bildung von Wasserdampf mit dem Luftsauerstoff zu Kohlensäure, während der Luftstickstoff neben geringen Mengen von Sauerstoff (2—3 Proz.) frei bleibt.

Der Sauerstoffgehalt ist nicht zu vermeiden, da die Verbrennung stets mit Luftüberschuß erfolgen muß. Aber auch der käufliche Stickstoff, welcher von Sauerstoffanlagen als Abfallprodukt herrührt, enthält in der Regel einen Sauerstoffgehalt von 2—3 Proz.

Zur Schutzgaserzeugung dient eine von der Dampfapparatebaugesellschaft konstruierte Maschine, welche im Prinzip aus einem Verbrennungsmotor, in welchem Benzin verbrannt wird,

---

[1]) Julius Pintsch, Maschinenfabrik in Berlin O 27. Dieses System wird nach der Mitteilung der Fabrik gegenwärtig nicht gebaut.

und einem Kompressor, der die Verbrennungsgase verdichtet, besteht.

Die aus dem Auspuffrohr des Verbrennungsmotors entweichenden Gase, welche hauptsächlich aus Kohlensäure, Stickstoff und Wasserdampf bestehen, werden durch Abkühlung auf 25 bis 30°C von Wasser befreit, entölt, durch ein mit Kies und ein zweites mit Sägespänen gefülltes Filter gereinigt und schließlich durch den Kompressor bei 20 Atmosphären verdichtet. Die verdichteten Gase werden dann in ein Sammelgefäß getrieben, bzw. preßt man sie mit ungefähr 120 Atmosphären Spannung in Stahlflaschen. In diesem Zustande werden die Verbrennungsgase direkt als Schutzgas zur feuersicheren Lagerung von Benzin und Benzol verwendet[1]).

Lagerung und Transport
von kleineren Benzin- und Benzolmengen.

Zum Lagern und zum Transport von kleineren Benzinmengen dienen eiserne Fässer und Standgefäße.

Kleine Benzinmengen lagert man ohne Schutzgas. Man verwendet an den Behältern nur Rückschlagsicherungen, die auf der Wirkung der Davyschen Sicherheitsnetze beruhen; diese Netze bieten jedoch keine vollständige Sicherheit. Entwickelt sich nämlich aus irgendeinem Grunde bei einer Zündung von Benzindämpfen außerhalb des Netzes ein Gasdruck wie bei der Explosion, so wird die Flamme durch die Maschen des Netzes hindurchgetrieben und bewirkt eine Entzündung des zu schützenden Gasluftgemisches.

Deshalb wurden besonders konstruierte Sicherungen hergestellt, die diesem Zwecke besser entsprechen.

Solche Sicherungen sind z. B. die nach Henze[2]), Goliath[3]), Kapillarsicherung der Dampfapparatebaugesellschaft, Triumph[4]) usw.

Die Sicherung nach Henze besteht aus Zylindern, welche aus feinem Metalldrahtgewebe hergestellt sind; diese Zylinder sind in Schutzmäntel aus perforiertem Blech eingebracht. Die Schutz-

---

[1]) 1 m³ Schutzgas enthält ungefähr 0,15 m³ Kohlensäure und 0,85 m³ Stickstoff.

[2]) Fabrik explosionssicherer Gefäße Salzkotten (Westfalen), Vertrieb in Österreich-Ungarn: Jos. Rosenthal vorm. Gerson Böhm & Rosenthal in Wien XX.

[3]) Jos. Rosenthal vorm. Gerson Böhm & Rosenthal in Wien XX.

[4]) Schön in Wien.

mäntel sollen im Brandfalle die Wärme rasch ableiten und dadurch verhindern, daß der Drahtgewebezylinder glühend wird.

Der Sicherheitsverschluß Goliath ist ähnlich eingerichtet; derselbe besteht aus perforiertem Blechmantel mit außen umlegtem Drahtgewebe, der äußere Blechschutzmantel kommt somit in Wegfall.

An Benzingefäßen wird auch ein Druckventil angebracht, welches sich im Falle von Überdruck selbsttätig öffnet.

Es sei hier auch bemerkt, daß sich Benzin- bzw. Benzoldämpfe lange in den entleerten Gefäßen erhalten, weshalb bei etwaigen Reparaturen große Vorsicht geboten ist. Am besten ist es, aus solchen Gefäßen vor Inangriffnahme der Reparatur die feuergefährlichen Dämpfe durch längeres Einleiten von Wasserdampf zu entfernen.

Wer eine mit flüssiger Kohlensäure gefüllte Stahlflasche zur Verfügung hat, der kann sich die Benzinbeförderung bei kleineren Gefäßen selbst herstellen. Die mit einem Druckregler[1]) versehene Kohlensäureflasche wird mittels eines Kupferrohres von etwa 5 mm innerem Durchmesser mit dem Benzingefäße so verbunden, daß das Rohr durch den das Benzingefäß luftdicht verschließenden Stopfen nur bis unter den Hals des Gefäßes reicht und durch diesen Stopfen ein Ableitungsrohr geführt wird, welches bis fast zum Boden des Gefäßes reicht.

Durch den jeweiligen regulierbaren Druck der Kohlensäure kann die gewünschte Flüssigkeitsmenge bequem befördert werden. Es empfiehlt sich auch, das Gefäß mit einem Sicherheitsdruckventil zu versehen.

Die Kohlensäureflasche muß an einem kühlen Orte aufbewahrt werden. Die Temperatur darf nicht 30° C überschreiten, weil die kritische Temperatur, das ist diejenige Temperatur, bei welcher sich die Kohlensäure noch verflüssigen läßt, 31° C beträgt. Bei einer höheren Temperatur würde in der Flasche ein solcher Druck der Kohlensäure entstehen, den die Stahlflasche nicht auszuhalten vermag und es würde dann eine Explosion stattfinden.

Vermeidung der Explosionsgefahr durch Reibungselektrizität.

Um die elektrische Ladung zu verhindern, wird in den Wäschereien zum Vorratsbenzin Richterol zugesetzt, und zwar auf 1000 l Benzin $1\,^1/_4 - 1\,^1/_2$ l des mit Benzin verdünnten Richterols

---

[1]) Sehr gut eignet sich dazu ein einfaches Drosselventil von Ludwig Hormuth, Inh. W. Wetter in Heidelberg.

(1 kg Richterol auf 10 l Benzin). Der Richterolzusatz muß nach jeder Reinigung erneuert werden.

In gleicher Weise wirkt auch eine größere Menge von Benzinseife, welche aus ölsaurem Alkali besteht (s. auch S. 183).

Zur Feststellung der elektrischen Erregung dient ein Elektroskop, welches durch Auseinandergehen der Staniolblättchen dieselbe anzeigt.

Das Auftreten elektrischer Ladungen zeigt automatisch ein Feuerwarnapparat von O. Behm (Karlsruhe i. B.) an, welcher die geringste elektrische Erregung durch ein Glockensignal meldet.

Das Löschen von Benzin- und Benzolbränden.

Brennendes Benzin oder Benzol läßt sich nicht mittels Wassers löschen. Auch das Aufwerfen von Sand oder Asche hat in den meisten Fällen keinen Erfolg, wenn durch dasselbe keine rasche, völlige Abdeckung der Brandstelle, d. h. eine Verhinderung des Luftzutrittes erfolgen kann.

Das Löschen erfolgt am besten je nach den Verhältnissen mittels flammsicher imprägnierter Löschdecken (Asbestdecken sind zu schwer), durch Abschluß aller Fenster, Türöffnungen und Ventilationen, Einlassen von Dampf, Kohlensäure, Tetrachlorkohlenstoff, Ammoniakgas, durch Zerspringen gläserner Ammoniakflaschen, durch schaumbildende Körper, aber mit Ausschluß großer Wassermengen[1]), und schließlich durch Einschütten von pulverförmigem doppeltkohlensaurem Natron in die Flamme.

Selbstverständlich muß die Handhabung der Löschmittel wie Dampf, Kohlensäure, Ammoniak u. dgl. durch entsprechende Anordnung von außen ermöglicht werden.

Diese Vorrichtungen bezwecken: 1. den Luftzutritt zu den brennenden Objekten zu verhindern, 2. eine Explosion durch Verdünnen des explosiven Luftgemisches zu vermeiden und demzufolge den Brand selbst zu ersticken.

Zum Löschen des Brandes in Räumen, wo geringere Benzin- oder Benzolvorräte sich befinden, wie z. B. in Automobilfabriken, Automobilgaragen, Luftfahrtwerften, Kellern der Materialhandlungen, bei Motorfahrzeugen, Flugzeugen usw., werden verschiedene Löschapparate, auch Extinkteure genannt, verwendet.

Solche Extinkteure sind z. B. Handfeuerlöscher Minimax

---

[1]) Größere Wassermengen können den Brand unter Umständen noch vergrößern, da das Benzin infolge seines geringeren spezifischen Gewichtes auf Wasser schwimmt.

und Minimax-Tetra[1]), Handfeuerlöscher Excelsior[2]), Theo-Trockenfeuerlöscher[3]), welcher ein Pulver in die Flammen schüttet, das daselbst große Mengen Kohlensäure erzeugt usw.

Ferner werden zum Löschen des Brandes auch schaumbildende Körper benutzt.

Das sog. Schaumlöschverfahren besteht darin, daß auf die Oberfläche des brennenden Benzins oder einer brennenden Flüssigkeit überhaupt ein aus mit Kohlen- oder schwefliger Säure gefüllten Seifenbläschen bestehender dichter Schaum getrieben wird. Der Schaum wird z. B. durch die Einwirkung von Wasser auf ein Gemisch aus Aluminiumsulfat oder Oxalsäure mit doppeltkohlensaurem Natron oder Natriumbisulfit unter Zusatz von Saponin[4]) gebildet. Dieser Schaum ist leichter als Benzin oder Benzol und schwimmt daher auf dessen Oberfläche, so daß die brennende Flüssigkeit zufolge des Luftabschlusses erlischt.

Zu dieser Art der Vorrichtungen gehört vor allem das Stankö-Schaumlöschverfahren[5]), Perkeo-Feuerlöschhandapparat[6]), Perfekt-Feuerlöschapparat[7]), Apparate der Standard-Oil Comp. usw.

Der Schaumlöschapparat Stankö[8]) besteht aus einem zweiteiligen zylindrischen Eisengefäße, in welches zwei mit schaumbildenden Substanzen gefüllte Blechgefäße (Patronen) eingebracht sind. Eine Patrone ist mit Oxalsäure und Saponin und die andere mit doppeltkohlensaurem Natron gefüllt.

Der Apparat wird in die Schlauchleitung eingeschaltet oder ortsfest im Anschluß an das vorhandene Wasserleitungsnetz befestigt.

Läßt man in den Apparat Wasser unter entsprechendem Druck eintreten, so löst sich aus der kleineren Patrone Oxalsäure mit Saponin in Wasser auf, die Säure wirkt auf das doppeltkohlensaure Natron in der zweiten Patrone ein, wodurch Kohlensäure

[1]) Minimax-Apparate-Baugesellschaft, Wien IX und Berlin W 9.

[2]) Max Rentsch in Dresden.

[3]) Feuerlöschfabrik F. Rungius in Dessau.

[4]) Saponin ist ein Extrakt aus Seifenwurzel, Panamarinde u. dgl.

[5]) Stankö-Schaumlöschverfahren-Gesellschaft in Wien XX.

[6]) Fabrik explosionssicherer Gefäße Salzkotten, Vertrieb für Österreich-Ungarn: Jos. Rosenthal vorm. Gerson Böhm & Rosenthal in Wien XX.

[7]) Perfekt-Gesellschaft in Berlin.

[8]) Nach den Erfindern Stanzig und König, Brandmeistern in Wien, benannt.

freigemacht wird; diese bildet mit Saponin beträchtliche Mengen von Schaum, welcher auf die gewünschte Stelle getrieben wird.

Die mit obengenannten Substanzen gefüllten Patronen sind leicht auswechselbar, bleiben unverändert und frieren nicht ein.

Als weiteres Feuerlöschmittel hat sich Ammoniakwasser und dergleichen Präparate vorzüglich bewährt, welche in gläsernen Gefäßen gefüllt, in das Feuer geworfen werden. Zu diesen Vorrichtungen gehören z. B. Labbésche Löschbomben (Malthan & Dallmeier in Barmen).

Als ein bewährtes Löschungsmittel für brennendes Benzin oder Benzol hat sich der Wasserdampf erwiesen.

Trockener Wasserdampf, vom Dampfkessel in genügender Menge in den Benzinlagerraum geblasen, bewirkt die Verdünnung und somit die Volumveränderung der Gase innerhalb des explosiven Gemenges von Benzindampf und Luft, verhindert demnach bei ausgebrochenem Feuer die Explosion und unterdrückt schließlich die Flamme. Wasserdämpfe zerstreuen die Benzin- und Benzoldämpfe, welche jedoch von Wasserdampf nicht vernichtet werden. Sobald der wirbelnde Dampfdruck aufhört, schlägt sich der Wasserdampf als Wasser zu Boden nieder und die Gefahr des Brandes bzw. der Explosion ist wieder vorhanden, wie zuvor. Wie dabei vorgegangen werden soll, wird weiter unten besprochen.

Die Dampfleitung wird so eingerichtet, daß beim Öffnen des Ventiles außerhalb des Benzinraumes der Wasserdampf dicht am Fußboden ausströmt.

Die Fabrik F. G. L. Meyer in Bochum verfertigt Feuerlöschbrausen, die an die Dampfleitung angeschraubt werden und sich selbsttätig schon bei 50° Wärme bzw. bei einer gewünschten höheren Temperatur öffnen. Sie lassen sich überall auch über Benzingefäßen leicht anbringen.

Bei Ausbruch eines Benzinbrandes, z. B. im Waschraum einer Kleiderreinigungsanstalt, müssen zunächst die darin Beschäftigten herausflüchten und, falls ihre Kleidung brennt, in stets bereithängende, feuersichere (unentflammbare) Decken gehüllt werden.

Fenster und sonstige Öffnungen müssen sofort geschlossen werden, und in den Raum wird augenblicklich Dampf eingeblasen.

Man hüte sich aber davor, wenn die Flamme unterdrückt ist, die Türen des Raumes zu früh wieder zu öffnen, da die Explosionsgefahr noch eine Zeitlang weiterbesteht. Der Raum muß vorher mindestens eine Stunde lang unter Dampf gestanden haben.

Dann müssen alle glimmenden Gegenstände mit unentflammbaren Decken zugedeckt und bei nur auf kurze Zeit möglichst wenig geöffneter Tür herausgeholt werden.

Die Leute, welche die glimmenden Gegenstände herausholen, müssen sich dabei möglichst tief bücken, um im Dampf nicht zu Schaden zu kommen.

Erst dann, wenn alles etwa noch Glimmende aus dem Raum entfernt ist, dürfen Türen, Fenster und Ventilationen wieder geöffnet werden.

Zur Erstickung von Benzinbränden hat Gantsch vorgeschlagen, leicht verdampfende und dadurch stark wärmebindende Abkühlmittel, wie Kohlensäure, schweflige Säure, Ammoniak, in geschlossenen Kühlrohrsystemen ins Innere der Flüssigkeit zu leiten.

Beim Brande eines in Entleerung begriffenen Merzschen Benzinextraktors hat Ing. Hugo Bauer nach einer mir gemachten Mitteilung ein fast momentanes Ersticken des Brandes nach vergeblich versuchten anderen Mitteln durch Öffnen der Wasserzirkulation in die im unteren Teile des Gefäßes befindliche Kühlschlange und die dadurch herbeigeführte Wärmebindung erzielt.

Bei großen Objekten ist eine der wichtigsten Aufgaben die Lokalisierung des Brandes und der Schutz gegen das Übergreifen der Flamme auf benachbarte Objekte.

Benachbarte Reservoire werden durch ständiges Bespritzen mit kaltem Wasser gekühlt. Sand ist hier ganz wertlos, und Wasser in das brennende Benzin zu bringen, erhöht die Gefahr, weil größere Wassermengen den Inhalt des Reservoirs zum Überlaufen bringen können.

Meist brennt das Reservoir je nach der Qualität des Inhaltes mehr oder weniger ruhig ab.

Man öffnet zweckmäßig, wenn man zu den Armaturen gelangen kann, sofort die Pumpenleitung und beginnt den Inhalt während des Brandes auszupumpen oder läßt ihn durch die vorhandenen Rohrleitungen in eine ungefährdete Stelle, z. B. in ein tiefer stehendes Gefäß, abfließen.

Der Reservoirinhalt brennt nur, solange der Luftzutritt das Brennen gestattet. Oft gelingt es, den Brand durch Verhinderung des Luftzutrittes, durch Dampf, Schaumlöschverfahren usw. zu löschen.

Das Löschverfahren durch unbrennbare Gase hat bei großen Objekten den Nachteil, daß diese Gase von der Flamme, ehe sie die Oberfläche der brennenden Flüssigkeit erreichen, stark verweht und emporgerissen werden. Die Trocknungs-Anlagen-Gesellschaft in Berlin hat daher die folgende Löschvorrichtung an den Benzinbehältern eingeführt [1]).

---

[1]) Zeitschrift Petroleum Bd. XIII (1917) S. 89.

Der Lagerbehälter (Fig. 18) hat einen doppelten kegelförmigen Boden, der rings am Rande mit einem Kranz von Löchern versehen ist. Gegenüber der Kegelspitze des doppelten Bodens mündet das Zuleitungsrohr für Kohlensäure in den Behälter ein. Das aus dem Rohre unter einem etwa $1\frac{1}{2}$ Atm. Überdruck austretende Kohlensäuregas stößt auf die Kegelspitze, zieht durch Benzin nach allen Seiten nach dem Kranze von Löchern hindurch und steigt durch diese Löcher an die Benzinoberfläche empor, wo es sich mit der Luft mischt, so daß die Flamme mangels Luftsauerstoffs erlischt. Es wurde nachgewiesen, daß eine nur 40 Proz. Kohlensäure enthaltende Luft auch flammenerstickend wirkt. Es ist auch nicht nötig, daß das Gas an der ganzen Flüssigkeitsoberfläche herausströmt, es genügt, wenn es nur am Rande des Behälters austritt.

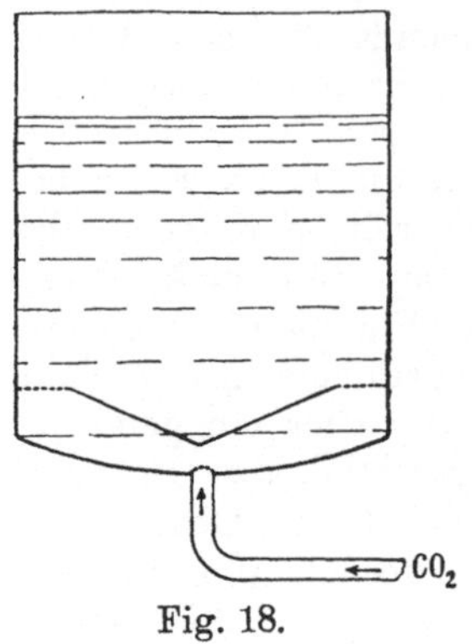

Fig. 18.

Erste Hilfe bei Unglückställen durch Benzinbetäubung.

Beim Vorliegen einer Benzin- oder Benzolbetäubung ist vor allem für rasche ärztliche Hilfe zu sorgen und festzustellen, ob der Bewußtlose noch atmet oder nicht. Im letzteren Falle ist so schnell als möglich künstliche Atmung herbeizuführen. Man entferne so rasch als nur möglich alle den Atmungsvorgang beengenden Kleidungsstücke und bringe den Verunglückten zwecks Vorsorge für frische Luft am besten ins Freie.

Hat man die obere Körperhälfte des Verunglückten entkleidet, so lege man ihm ein Polster oder zusammengerollte Kleider unter das Kreuz, so daß die Magengegend am höchsten zu liegen kommt, während Schulter und Hinterkopf den Boden berühren. Hierauf kniet man rittlings über den scheinbar Toten, setzt beide Hände unter den Brustwarzen auf seine Brust und drückt nun im ersten Tempo den Brustkorb langsam, aber mit voller Kraft zusammen, um denselben sodann im zweiten Tempo wieder loszulassen. Dieses Verfahren wiederholt man regelmäßig im Tempo des natürlichen Atmens, etwa wie ein gesunder Mensch im Schlafe atmet (20 mal in der Minute).

Der Druck muß so stark ausgeübt werden, daß die Luft mit hörbarem Geräusche aus den Luftwegen herausgetrieben wird.

Es darf aber nicht in ein Stoßen ausarten, sondern allmählich erfolgen.

Der Unterkiefer des scheinbar Toten ist derart nach vorn zu schieben, daß die untere Zahnreihe vor der oberen steht, wodurch der hintere Teil der Zunge, welche beim Scheintoten die Luftröhre verschließt, von dieser weggezogen wird, und die Luft freien Zu- und Austritt erhält.

Unter Umständen ist es erforderlich, zwecks besseren Luftein- und -austrittes den Mund durch Einschieben eines geeigneten Gegenstandes zwischen die Zahnreihen gewaltsam offen zu erhalten.

Läßt sich dies für den Fall, daß man allein ist, nicht ausführen, so lege man den Kopf des Bewußtlosen in schonender Weise auf die Seite, wodurch der hintere Teil der Zunge, wenigstens teilweise, einseitig von der Luftröhre weggezogen wird. Kündet sich durch allmähliche Rötung des Gesichtes und durch einen gewissen Widerstand, den die Brustwand den zusammendrückenden Händen entgegensetzt der erste selbständige Atemzug an, so wird mit der künstlichen Atmung für einen Augenblick ausgesetzt, aber sogleich wieder mit derselben begonnen, falls das Gesicht wieder abblaßt und keine weiteren selbsttätigen Atemzüge erfolgen. Wird die künstliche Atmung stetig fortgesetzt, so ist oft nach stundenlangem Scheintode die Wiederbelebung möglich.

Eine andere Ausführungsweise der künstlichen Atmung besteht in regelmäßiger und gleichzeitiger Bewegung beider Arme nach rückwärts und Rückbewegung derselben in die normale Lage, wodurch der Brustkorb sich abwechselnd erweitert, also frische Luft eingesaugt, und dann wieder zusammengepreßt, also verbrauchte Luft ausgestoßen wird.

Es empfiehlt sich, in allen Benzinlagerräumen Tafeln, enthaltend Maßnahmen bei Betäubungsfällen, anzubringen.

In allen Fällen empfiehlt sich, wenn zur Hand, Einleitung von Sauerstoffatmung mittels hierzu geeigneter Apparate, z. B. Drägers Pulmotors.

Weit geringer ist die Lebensgefahr, wenn ein Bewußtloser noch selbständig und ununterbrochen atmet. In diesem Falle sorge man für Zutritt frischer Luft an einem ruhigen Orte und mache höchstens Kaltwasserumschläge auf den Kopf und kalte Abreibungen des Oberkörpers.

Sollte aber das Atmen auffallend schwächer werden, bevor ärztliche Hilfe zur Stelle ist, so füge man zu den kalten Übergießungen des Kopfes kalte Anspritzungen der Brust und des Genickes, gebe starke Riechmittel, wie Äther, Hoffmannsche Tropfen, Eisessig und besonders Salmiakgeist. Falls erforderlich, käme auch die künstliche Atmung in Anwendung.

Einen zum Bewußtsein Gebrachten lege man in einem gut gelüfteten Raume zu Bett, reibe ihn unter der Bettdecke mit gewärmten Tüchern in der Richtung nach dem Herzen aufwärts und überwache in den ersten Stunden sorgfältig den Kranken.

Falls der Atem während des Schlafes aussetzen sollte, muß wieder künstliche Atmung angewendet werden. Kommt der Kranke zur Besinnung, so gebe man ihm unter Anrufen eßlöffelweise ein Labemittel, z. B. Grog, warmen Wein, oder Suppe, Schnaps, Tee, Kaffee oder auf einem Stück Zucker Hoffmannsche Tropfen (gleiche Teile von reinem Äther und Spiritus).

Auf jeden Fall, und dies sei wiederholt betont, ist bei Benzinbetäubungsfällen für rascheste Herbeischaffung eines Arztes zu sorgen, keinesfalls darf aber der Betäubte ohne Hilfe sich selbst überlassen bleiben, weil jede ohne Vornahme von Wiederbelebungsversuchen verstreichende Minute zum Verhängnis des Verunglückten werden kann.

Literaturquellen.

Für diejenigen, welche aus anderen Literaturquellen weitere Belehrungen über Erdöl-, Steinkohlen- und Braunkohlenerzeugnisse, deren Verwendung und Untersuchung, ferner über Pflanzen-, Tieröle und -fette und schließlich über die Verwendung der Brennstoffe und Schmiermittel sowie über die Einrichtung der Explosionsmotoren und der Kraftfahrzeuge schöpfen wollen, empfiehlt der Verfasser nachstehende Werke:

C. Engler und Höfer, Das Erdöl. Fünf Bände. Leipzig 1911—1916. Verlag von S. Hirzel.

M. und E. Albrecht, Das Erdöl und seine Produkte. Lagerung und Transport von der Quelle bis zum Verbraucher. Leipzig 1909. Verlag von S. Hirzel.

L. Singer, Die Technologie des Erdöls und seiner Produkte. Leipzig 1911. Verlag von S. Hirzel.

R. Kissling, Das Erdöl, seine Verarbeitung und Verwendung. Halle 1908. Verlag von W. Knapp.

R. Kissling, Chemische Technologie des Erdöls. Braunschweig 1915. Verlag von Fr. Vieweg & Sohn.

Arends, Handbuch für internationale Petroleum-Industrie. Berlin 1914. Finanzverlag.

Ubellohde, Handbuch der Chemie und Technologie der Öle. Leipzig 1908. Verlag von S. Hirzel.

L. Gurwitsch, Wissenschaftliche Grundlagen der Erdölverarbeitung. Berlin 1913. Verlag von J. Springer.

A. Weith, Das Erdöl (Petroleum) und seine Verarbeitung. Braunschweig 1892. Verlag von Fr. Vieweg & Sohn.

N. A. Kwjatkowsky, Anleitung zur Verarbeitung der Naphtha und ihrer Produkte. Berlin 1904. Verlag von J. Springer.

F. A. Rossmässler, Die Petroleum- und Schmierölfabrikation. Wien 1907.

L. Aisinmann, Taschenbuch für die Mineralölindustrie. Berlin 1896. Verlag von J. Springer.

Arthur Brugmann, Petroleum und Erdwachs. Wien-Pest-Leipzig 1897. A. Hartlebens Verlag.

G. Schulz, Die Chemie des Steinkohlenteers. Braunschweig 1900. Verlag von Fr. Vieweg & Sohn.

G. Lunge und H. Köhler, Die Industrie des Steinkohlenteers und Ammoniaks. Braunschweig 1900. Verlag von Fr. Vieweg und Sohn.

Musprats Chemie. Braunschweig 1905. Verlag von Fr. Vieweg & Sohn.

E. Gräfe, Die Braunkohlenteerindustrie. Halle 1908. Verlag von W. Knapp.

D. Holde, Untersuchung der Kohlenwasserstofföle und Fette, sowie der ihnen verwandten Stoffe. Berlin 1913. Verlag von J. Springer.

Lunge-Berl, Chemisch-technische Untersuchungsmethoden. III. Band.
Berlin 1911. Verlag von J. Springer.
R. Kissling, Laboratoriumsbuch für die Erdölindustrie. Halle 1908. Verlag von W. Knapp.
J. Marcusson, Laboratoriumsbuch für die Industrie der Öle und Fette.
Halle 1908. Verlag von W. Knapp.
M. A. Rakusin, Untersuchung des Erdöles und seiner Produkte. Braunschweig 1906. Verlag von Fr. Vieweg & Sohn.
M. A. Rakusin, Die Polarimetrie der Erdöle. Berlin 1910. Verlag für
Fachliteratur.
K. Dieterich, Die Analyse und Wertbestimmung der Motorenbenzine,
-Benzole und des Motorspiritus des Handels. Berlin 1915. Verlag von
Mitteleuropäischem Motorwagenverein, Heft Nr. 18.
K. Dieterich, Die Unterscheidung und Prüfung der leichten Motorenbetriebsstoffe und ihrer Kriegsersatzmittel. Berlin 1916. Verlag von
Mitteleuropäischem Motorwagenverein, Heft Nr. 19.
E. Gräfe, Laboratoriumsbuch für die Braunkohlenindustrie. Halle 1908.
Verlag von W. Knapp.
J. Lewkowitsch, Chemische Technologie und Analyse der Öle, Fette und
Wachse. Braunschweig 1905. Verlag von Fr. Vieweg & Sohn.
Benedikt-Ulzer, Analyse der Fette und Wachsarten. Berlin 1908. Verlag
von J. Springer.
W. Ostwald, Autlerchemie. Autotechnische Bibliothek Nr. 39. Berlin 1909.
Verlag von J. Schmidt.
E. Jaenichen, Die Automobilbetriebsstoffe, Autotechnische Bibliothek
Nr. 53. Berlin 1915. Verlag von J. Schmidt.
v. Löw, Brennstoffmischungen, Anlaßbehälter und moderne Vergaser.
Wiesbaden 1915. Verlag von W. Kreidel.
v. Löw, Das Automobil, sein Bau und sein Betrieb. Wiesbaden 1916.
Verlag von W. Kreidel.
A. Hoenig, Ballon- und Flugmotoren, ihre technische Entwicklung und
gegenwärtige Gestaltung. Verlag C. J. E. Volckmann Nachf. (E. Wette),
Rostock i. M.
Ch. Pohlmann, Neuere Rohölmotoren. Berlin-Charlottenburg 1912.
Verlag von C. J. Volckmann Nachf.

Zeitschriften und andere Publikationen.

Petroleum, Zeitschrift für die gesamten Interessen der Petroleumindustrie
und des Petroleumhandels. Berlin und Wien.
Die Rohölindustrie, Unabh. Spezialorgan für die Gesamtinteressen der
Rohölindustrie. Wien.
Braunkohle, Zeitschrift für Gewinnung und Verwertung der Braunkohle. Halle.
Beschlüsse (Mineralöle usw. betreffend) des deutschen Verbandes
für die Materialprüfungen der Technik. (Ausschuß 9.)
Beschlüsse der internationalen Kommission zur Vereinheitlichung
der Untersuchung von Petroleumprodukten. Wien 1912.

Mitteilungen aus dem Kgl. Materialprüfungsamt. Berlin-Groß-Lichter-felde.

Internationale Petroleumstatistik, bearb. von J. Mendel und Ing. Robert Schwarz.

Chemische Umschau auf dem Gebiete der Fette, Öle, Wachse und Harze (früher Chem. Revue über Fett- und Harzindustrie).. Stuttgart, Verlag von Hollauer & Insenhans.

Gummi-Zeitung, Fachblatt für die Gummi-, Guttapercha- und Asbest-Industrie. Dresden.

Journal für Gasbeleuchtung und verwandte Beleuchtungsarten sowie für Wasserversorgung. München.

Chemiker-Zeitung. Cöthen (Anhalt).

Zeitschrift für angewandte Chemie. Leipzig. Verlag von O. Spamer.

Zeitschrift für analytische Chemie. Wiesbaden. Verlag von C. W. Kreidel.

Allgemeine österr. Chemiker- und Techniker-Zeitung.

Journal für praktische Chemie. Leipzig.

Allgemeine Automobilzeitung. Berlin.

Automobilwelt—Flugwelt. Berlin.

Allgemeine Automobilzeitung. Wien.

Allgemeine Sportzeitung. Wien.

»**HP**«. Fachzeitschrift für Automobil- und Flugtechnik. Wien.

Der Ölmotor, Zeitschrift für die gesamten Fortschritte auf dem Gebiete der Verbrennungsmotoren.

Zeitschrift »Auto«, Halbmonatsschrift für Konstruktion und Behandlung des modernen Kraftwagens. Berlin.

Zeitschrift des Vereins deutscher Ingenieure.

Zeitschrift »Luftschiffahrt, Flugtechnik und Sport«.

Wiener Luftschiffer-Zeitung.

Automobil-Rundschau, Zeitschrift des Mitteleuropäischen Motorwagenvereins.

»Der Motorwagen«. Berlin.

Zeitschrift »Das Fahrzeug«. Eisenach.

Zeitschrift »Der Kraftwagen«. Dresden.

Zeitschrift »Autoliga«. Dresden.

Sächsische **Rad-** und Motorfahrer-**Zeitung.** Leipzig.

Zeitschrift »Das Deutsche Auto«. München.

Mitteilungen der Kraftfahrervereinigung deutscher Ärzte.

Autorenregister.

Abel 23, 84.
Afee 196.
Aisinmann 243.
Albrecht 243.
Allen 41.
Arends 243.

Baeyer 95.
Bannow 55, 58.
Baudouin 159.
Barbey 122.
Bauer, H. 239.
Bauer, W. 67.
Becchi 158.
Benedikt 156, 244.
Berl 3, 244.
Berthelot 87, 93.
Bötcher 71, 73.
Brenken 126.
Brugmann 126.
Bunte 48, 184, 189.
Burton 196.

Carles 162.
Chenier 194.

Deinlein 192, 193.
Del Monte 31.
Denigès 94.
Dieterich 5, 41, 61, 67, 68, 81, 97, 101, 105, 200, 244.
Dulong 87.

Engler 3, 39, 66, 115.

Formánek 159.
Frank 65.
Freundlich 177.
Fuss 48.

Gans 120.
Giambattista 96.
Gintl 158.
Glinski 43.
Grandmougin 159.
Gräfe 140, 149, 154, 161, 243, 244.
Gurwitsch 243.

Hager 160.
Halphen 158.
Hatt 197.
Hecker 6.

Hempel 90, 190.
Heußler 66.
Hock 14.
Hoffmann 79.
Holde 3, 40, 66, 81, 85, 115, 119, 123, 125, 139, 183, 190, 243.
Höfer 81.
Hönig 152.
von Hübl 74, 153.
Hünecke 189.

Jacobs 41.
Jänichen 244.
Jean 93, 95.
Junker 87.

Kantorowicz 122, 140.
Kenntman 94.
Kissling 39, 41, 43, 47, 61, 142, 243.
Koláček 192, 193.
Köhler 243.
Köttstorfer 150.
Krämer 56, 58, 71, 73, 78, 104.
Kwjatkowsky 243.

Lamansky 122.
Laurent 134.
Le Bel-Henniger 58.
Lender 57.
Lewkowitsch 154, 244.
Liebermann 67, 160.
Lion 194.
Lissenko 147.
von Löw 215, 244.
Lunge 3, 243, 244.

Mahler 87.
Marcusson 79, 126, 244.
Martens 126, 129.
Martini 189.
Mendelejeff 38.
Meyerheim 139.
Mohr 190.
Molin 123.
Morawski 141.
Mulliken 94.
Musprat 56, 74, 243.

Nikiforov 196.
Nobel 122.

Ostwald 92, 244.

Penski 83, 84, 125, 126, 129.
Peus 67.
Pohlmann 244.
Putz 177.
Pyhälä 123.

Rakusin 244.
Reedwood 122.
Richter 183.
Riegel 19.
Rittmann 196.
Roßmäßler 243.

Sailer 94.
Salkowski 160.
Sayboldt 122.
Scheller 47, 48.
Schenk 66.
Schulz, F. 66, 121, 123.
Schulz, G. 243.
Schütter 49.
Schwarz 138, 145.
Scudder 94.
Singer 243.
Snelling 196.
Soltsien 159.
Speedy 121.
Spilker 56, 58, 78, 104, 186.
Spitz 152.
Stepanoff 147.
Storch 67, 141.
Strache 83.

Ubellohde 40, 47, 115, 116, 120, 123, 177.
Ulzer 156, 244.

Valenta 149.
Votoček 65.

Waller 74, 153.
Weith 243.
Wellmann 158.
Wieben 154.
Wijs 74, 154.
Wischin 164.
Willstätter 197.

Zeiß 80.

Druck von Breitkopf & Härtel in Leipzig.